国家科学技术学术著作出版基金资助出版

基于稳定性能的预应力钢结构设计

葛家琪　著

科　学　出　版　社

北　京

内 容 简 介

本书是以预应力钢结构稳定性能为主要内容的工程设计研究著作,是葛家琪及其团队近二十年来所完成的预应力悬挑钢桁架、大跨度预应力钢桁架、塔柱斜拉结构、索网-钢桁架、平面张弦梁、空间张弦桁架、弦支穹顶、索穹顶、双层索网、张拉索膜结构等各类预应力钢结构典型工程稳定性能影响分析研究和工程设计实践的总结。

本书既可作为结构工程师和研究生教材,也可作为指导预应力钢结构设计施工实践的实用参考书。

图书在版编目(CIP)数据

基于稳定性能的预应力钢结构设计 / 葛家琪著 . —北京:科学出版社,2025.3

ISBN 978-7-03-077953-3

Ⅰ.①基⋯　Ⅱ.①葛⋯　Ⅲ.①预应力结构-钢结构　Ⅳ.①TU394

中国国家版本馆 CIP 数据核字(2024)第 031621 号

责任编辑:牛宇锋　乔丽维 / 责任校对:任苗苗
责任印制:肖　兴 / 封面设计:蓝正设计

科 学 出 版 社 出版
北京东黄城根北街 16 号
邮政编码:100717
http://www.sciencep.com
北京厚诚则铭印刷科技有限公司印刷
科学出版社发行　各地新华书店经销

*

2025 年 3 月第 一 版　开本:720×1000 1/16
2025 年 3 月第一次印刷　印张:23 1/2
字数:474 000
定价:228.00 元
(如有印装质量问题,我社负责调换)

序

随着国家经济实力增强和社会发展需要,近年来大跨度空间结构发展迅猛,工程实践数量增多,结构类型和形式趋向多样化,相关理论研究和设计技术也同步快速发展。空间结构形式复杂多样,其中张弦结构、索穹顶等张拉型体系均属于预应力钢结构类型,是公认的承载效率高、跨越能力强的高效钢结构体系,是国家建筑科技发展水平的重要标志。

中国航空规划设计研究总院有限公司葛家琪带领团队,结合数十项重大工程实践,长期聚焦大跨度预应力钢结构的体系创新及优化设计研究,开发了大跨度弦支穹顶、索穹顶及各类复杂预应力钢桁架等预应力钢结构创新体系,并解决了重大工程应用的系列关键科学技术问题。尤其值得指出的是,他们结合大型工程实践,对各类结构体系在不同荷载组合作用下的全过程结构响应进行了深入细致的分析,在此基础上,提出了基于整体稳定和结构延性的预应力钢结构性能化设计方法。这一成果具有理论创新意义,为预应力钢结构领域的发展作出了重要贡献。

《基于稳定性能的预应力钢结构设计》一书以多个不同结构体系的实际工程为例,将以往的设计研究成果与工程实践进行整理,既有针对不同体系的试验研究和理论分析,又给出了经作者系统总结的具有创新意义的预应力钢结构性能化设计方法,从书中可以领悟到作者对大跨度预应力钢结构深入的研究体会和丰富的工程实践经验。该书的出版必将为促进大跨度预应力钢结构技术在我国的健康发展提供有益的借鉴。爰为之序。

沈世钊

2022 年 11 月

前　言

　　预应力钢结构是公认的承载效率更高、跨越能力更强的钢结构体系，以索穹顶、弦支穹顶等为代表的预应力钢结构是一个国家建筑科技创新水平的重要标志，欧美发达国家从 20 世纪 80 年代起已广泛应用于大跨度建筑领域。随着我国城镇化进程的推进和城市公共建筑建设的加快，大跨度钢结构尤其是预应力钢结构作为新兴的结构分支，在体育场馆、博览建筑、会展中心、航站楼、铁路站厅等领域得到快速发展和应用。预应力钢结构在张拉找形与承载全过程中具有"体系变形大而索构件延性小"的显著特征，国内外现行设计方法没有充分考虑该特征，其相关规范仅提出弹性阶段安全设计指标，设计人员还需根据工程实际情况进行专项安全设计研究工作，因此很有必要为结构设计和工程技术人员撰写一本结合实际工程介绍各类预应力钢结构体系的专著，同时也可作为研究人员和学生的参考资料。

　　中国航空规划设计研究总院有限公司首席专家、全国工程勘察设计大师葛家琪带领团队长期聚焦预应力钢结构体系创新及安全稳定设计研究，近二十年来，团队研发并设计完成了大跨度弦支穹顶、索穹顶、开口式索膜整体张拉、体内预应力大悬挑、体外预应力大悬挑、体内预应力大跨度、索驳幕墙、双层索网、空间张弦梁、平面张弦梁、塔柱斜拉等十余种预应力钢结构体系，开展了系列模型试验、节点试验及仿真分析研究，在大跨度预应力钢结构新体系典型结构模型试验与工程实践基础上，提出了基于全过程仿真分析的预应力钢结构性能化设计方法，并提出了强度和位移性能化设计指标，解决了我国多个重大标志性钢结构工程应用关键科学技术问题；设计并建成了国际首个大跨度弦支穹顶结构、国内首个大跨度索穹顶结构，以及巨型桁架-索-膜结构、非对称开口式索膜张拉结构等不同预应力钢结构体系等二十余项工程，推进了该新型结构在我国的大量工程应用。葛家琪带领团队取得的成果获 2015 年国家科学技术进步奖二等奖、华夏建设科学技术奖一等奖、中国土木工程詹天佑奖（3 项）、中国钢结构协会科学技术奖特等奖（2 项）、北京市科学技术进步奖二等奖等。

　　本书以十几个典型工程为背景，对各种预应力钢结构体系研究成果进行整理和总结，不仅包括针对不同预应力钢结构体系所做的理论分析、设计研究，还包括对应的工程实践。全书共 7 章，第 1 章为绪论，包括预应力钢结构发展概况、结构形式与技术特点、钢结构稳定性能设计概述；第 2 章为预应力钢结构稳定性能，主要阐述预应力钢结构稳定性能影响因素及其性能化设计方法，相关成果也纳入了

《预应力钢结构技术标准》；第 3～5 章是结合具体工程对各种预应力结构体系的设计、分析和试验研究；第 6 章为钢结构节点试验与性能设计研究，结合节点试验和计算分析，提出其性能设计方法；第 7 章为预应力钢结构稳定性能设计，内容包括预应力索、杆构件性能设计，钢结构稳定性能设计及索钢节点性能设计。本书主要由葛家琪撰写，张国军参与了部分章节的撰写，王树、刘鑫刚、王明珠、管志忠、张玲等参与了相关项目的设计，马伯涛、黄威振参与了文稿整理工作，刘佳豪参与了画图工作。

感谢国家科学技术学术著作出版基金的资助，感谢北京工业大学张爱林教授在本书中的设计研究过程中给予的指导和支持，也感谢本书所涉及工程的参建各方对工程项目的支持和配合，希望本书的出版能对预应力钢结构行业的科学发展和工程实践有所帮助。

由于作者水平有限，书中难免存在不足之处，恳请各位读者批评指正。

目　录

第 1 章 绪 论

1.1 预应力钢结构发展概况

预应力技术是人类最古老的智慧结晶之一,广泛应用于日常生活和生产中,如木水桶,通过铁套箍施加预应力,使木水桶产生向心的压力,抵抗桶中水产生向外的推力;再如弓箭,通过张拉弓弦积蓄势能,使箭具有极大的初始动能。

预应力技术在现代工程的钢筋混凝土结构中首先得到研究和应用。1928 年,法国 Fregssinet 首次对高强度钢索提供预应力的方法开展应用研究[1];1934 年,德国 Dischiger 发明的预应力筋锚固方法[2]使得预应力技术的工程应用成为可能,并于 1937 年建造了世界上第一座预应力混凝土桥梁;美籍华人结构工程师林同炎于 1963 年提出了等效平衡荷载法[3],对预应力混凝土结构的分析、设计和工程应用起到了推动作用。

20 世纪 50 年代兴起的预应力钢结构是预应力技术与钢结构技术相结合而衍生出来的新的结构形式。预应力钢结构首先在平面结构体系中得到研究和工程应用,如 1952 年英国伦敦国际展览会会标塔 Skylon、1953 年比利时布鲁塞尔机场飞机库双跨预应力连续钢桁架门梁结构[4]。大量的工程实践证实了预应力钢结构体系的力学高效性、安全可靠性和经济合理性。自 20 世纪 70 年代起,预应力钢结构开始在网架和网壳等空间钢结构体系上得到应用,以 1988 年第二十四届夏季奥林匹克运动会体操馆索穹顶建成为标志,预应力钢结构已逐渐成为大跨度钢结构的主流体系。近几十年来,以奥运会和足球世界杯体育场馆为代表的大跨度屋盖结构采用预应力技术的达到 60% 以上。以索穹顶为代表的预应力整体张拉结构与传统钢结构相比,可节约钢材 50% 以上,预应力钢结构具有良好的力学性能和广阔的应用前景。

我国预应力钢结构学科研究工作起步于 20 世纪 50 年代,时值国家"一五"和"二五"建设时期,钢材量少而珍贵,节约钢材、提高结构效能是国家经济状况对土木工程科研设计工作者的要求。国家也高度重视预应力钢结构课题的研究,于 1956 年将其列入国家科技研究计划。按照该科技研究计划,清华大学对预应力钢压杆件及组合钢屋架进行理论和试验研究,建造了一座高 36m 的试验性预应力桅杆塔;哈尔滨工业大学进行了预应力钢屋架及钢梁的研究,主持了预应力输煤钢栈桥的设计与试验工作；西安冶金建筑学院对预应力钢桁架等开展过研究，将成果应用于国内工矿企业；1959 年由冶金工业部建筑研究总院主持召开了一次预应力钢结构学术会议。国内厂矿中也采用过一批预应力钢吊车梁及多座预应力钢栈桥，1961 年建成的直径 94m 的北京工人体育馆是国内最大的悬索结构屋盖，1969 年建成的浙江省人民体育馆采用双曲马鞍型悬索屋盖，取得了良好的经济效益，并且至今这些结构仍然使用良好。此后由于多方面原因，我国预应力钢结构的研究与应用基本上处于停滞不前的状态，与国外差距拉大。改革开放后，随着我国经济的迅速发展，预应力钢结构的研究和应用也开始恢复，20 世纪 80 年代前后建造了一批预应力平板网架、悬索及吊索屋盖，如江西省体育馆、攀枝花市体育馆、北京市朝阳体育馆等；以北京工业大学陆赐麟教授为代表的学者，开展了系统的预应力钢结构理论和试验研究。进入 21 世纪后，随着北京奥运会、上海世博会的相继举办，我国预应力技术研究与应用得到迅速发展，2007 年建成了当时国际上最大跨度的北京奥运会羽毛球馆弦支穹顶结构，2011 年建成了我国第一个大跨度索穹顶工程，尤其在预应力钢结构设计方法与设计指标研究方面取得了重要进展，预应力钢结构在我国已呈现出蓬勃发展势头[5]。

虽然目前我国钢产量远超世界其他国家，但随着我国进入高质量发展阶段，通过技术创新节约钢材仍然是国家发展战略要求；国家城镇化发展仍在持续，"一带一路"倡议中仍然有大量的基础设施需要建设；国家环境保护要求露天工业料厂、矿场进行封闭，对结构跨度提出更高要求；国家对建筑产业提出了工业化发展的战略，传统结构体系已难以适应，预应力技术将成为新体系研究与应用的发展方向。总之，预应力钢结构具有建筑简洁美观性、结构高效经济性和富于技术创新性，值得进一步深入全面研究与推广应用，为我国经济建设的高质量发展服务。

1.2　结构形式与技术特点

大跨度钢结构中，两端简支的钢桁架结构上弦受压、下弦受拉，悬挑结构上弦受拉、下弦受压。预应力钢结构是在受拉区布置索单元，并通过张拉索单元，在结构体系中建立一种与外部荷载方向相反且自平衡的预应力等效平衡荷载，有效降低钢结构内力和变形，从而减小结构高度、提高结构性能、节省钢材用量并降低工程造价。目前，预应力钢结构体系种类还没有确切的划分方法，本书以预应力索单元在结构体系中的作用形式将其划分为预应力钢桁架结构、张弦结构和整体张拉结构三类。

1.2.1　预应力钢桁架结构

预应力钢桁架结构是在桁架主弦杆所在受拉面内附加设置拉索的一类结构体

系,主要包括预应力悬挑钢桁架结构、预应力简支钢桁架结构和塔柱-拉索-钢桁架结构等。大悬挑钢桁架结构的拉索设置在桁架的上弦,两端简支钢桁架结构的拉索设置在桁架的下弦,多跨连续钢桁架拉索采用中间支座设置于上弦、跨中设置于下弦的布置方式。20 世纪 50～60 年代,一些设计师将桥梁的塔柱-拉索-钢桁架结构移植到大跨度建筑中,其传力特点是将屋盖的荷载通过吊索及塔柱传递至下部结构或地基基础。

预应力钢桁架结构的索单元截面尺寸和导入的预应力相对较小,结构受力仍以钢结构为主,预应力起改善结构性能的辅助性作用。典型结构工程有 1977 年建成的苏联伏尔日斯克商业中心,它是世界上首例预应力网架结构工程;1994 年建成的四川省攀枝花市体育馆,它是世界首例多次预应力钢网壳结构工程。

1.2.2　张弦结构

张弦结构一般是指以索单元直接代替钢桁架下弦拉杆的一类结构体系,主要包括平面张弦梁、空间张弦桁架和弦支穹顶结构等形式。张弦结构是通过张拉下凹预应力索,对撑杆产生向上等效平衡荷载的结构体系。

张弦梁结构是日本 Saitoh 教授于 20 世纪 80 年代初提出的,由上弦刚性构件、下弦柔性拉索和中间钢撑杆组成[6]。平面张弦梁的平面外稳定控制难度较大,为此发展出上弦为两根弦杆、腹杆为 V 形撑杆、下弦为拉索和上弦为三角形桁架、腹杆为单根撑杆、下弦为拉索两类空间张弦桁架体系。平面张弦梁建筑空间简洁,深受建筑师喜爱,1999 年建成的上海浦东机场航站楼屋盖采用了 93m 跨度的平面张弦梁结构,该项目的建成对我国预应力钢结构的推广应用起到了明显的推动作用。

弦支穹顶是由日本川口卫教授提出的,1994 年在光丘穹顶项目(跨度 35m)得到应用[7]。在竖向荷载作用下,弦支穹顶上弦钢网壳产生径向外推力,而下弦径向索施加向内预应力,形成了总体荷载效应平衡的高效率几何力学体系。弦支穹顶兼具建筑空间简洁、结构效率高的特点,但传统弦支穹顶下弦径向索呈向心放射状布置,与环索切线为几何垂直关系,在风、雪等不对称荷载作用下存在扭转失稳风险,限制了弦支穹顶在实际工程中的应用。2008 年北京奥运会羽毛球馆项目中,将径向索改成 V 形,解决了这个难题,建成了世界上首个跨度 93m 的真正意义上的大跨度弦支穹顶结构[8]。

1.2.3　整体张拉结构

整体张拉结构是通过结构几何形态优化以及预应力的导入,使结构上、下弦均处于受拉状态,并以索单元代替型钢构件,形成上、下弦均为索网,仅腹杆为钢压杆的一种新型结构体系,主要包括索穹顶结构和开口式整体张拉索膜结构。

　　索穹顶结构源于美国建筑师 Fuller 所提出的张拉整体结构理念[9]，通过预应力技术，尽可能减少受压构件，从而使结构处于连续的张拉状态，实现"压杆的孤岛存在于拉杆的海洋中"的理想结构。但是，张拉整体结构理念自提出之日起，除用于城市艺术雕塑与模型试验研究外，并没有建成功能性建筑。20 世纪 80 年代，美国结构工程师 Geiger 对 Fuller 对张拉整体结构理念进行了拓展，他们认为空间的跨越可以由连续的张拉索和不连续的压杆完成，并提出了一种由内层径向索、环索、撑杆和外层径向脊索、谷索构成，向内锚固于中心点刚性拉环，向外锚固于外周受压钢环梁（桁架），通过施加预应力形成可承载的索穹顶结构。1986 年，索穹顶结构首次成功应用于第二十四届夏季奥林匹克运动会体操馆（跨度 119.8m）。1989 年，位于佛罗里达州的太阳海岸穹顶[10]（跨度 210m）建设完成。2012 年，内蒙古伊金霍洛旗全民健身体育活动中心（跨度 71.2m）建设完成[11]，这也是我国第一座大跨度索穹顶结构工程。

　　索穹顶结构的内部空间实现了 Fuller 提出的张拉整体结构理念，但是如果没有外周受压钢环梁（桁架）的支撑，整体将无法成为稳定结构。因此，从几何力学概念方面看，索穹顶并不是理想状态的张拉整体结构。索穹顶在预应力张拉前是不稳定的机构，从机构到结构的预应力张拉过程是工程建造与承载安全的关键。受限于施工力学非线性分析技术及施工张拉同步控制技术，索穹顶结构发展前期基本采用"临时支撑、分批张拉、逐次成型"的建造方法，费时、费工且施工过程安全风险大。近十年来，随着非线性分析方法和张拉同步控制技术的发展，索穹顶建造实现了"地面组装、整体张拉、一次成型"，成为真正意义上的建设与承载高效率结构。索穹顶的几何力学原理和预应力整体张拉成形方式均有别于张拉整体结构，为此将该类体系定义为预应力整体张拉结构。尽管整体张拉结构只在内部实现了张拉整体结构的几何力学理念，外周钢环梁的用钢量甚至会大于内部所有结构的用钢量，但是索穹顶结构总体用钢量仍比传统大跨度钢结构节省 50% 以上，且具有简洁流畅的建筑美学效果，成为现代大跨度体育建筑的主要体系之一。

　　20 世纪 90 年代预应力整体张拉结构得到了进一步拓展，将索穹顶中心点刚性拉环扩展为大口径柔性内环索，与外周钢压力环及径向索网构建出建筑造型丰富、结构轻巧的开口式整体张拉索膜结构，广泛应用于体育场罩棚。不同于索穹顶结构在我国应用滞后的情况，开口式整体张拉结构在我国率先得到了应用，如1999 年建成的青岛颐中体育场、2002 年建成的芜湖市体育场、2006 年建成的佛山世纪莲体育中心体育场、2011 年建成的深圳宝安体育场、2013 年建成的盘锦市体育中心体育场、2017 年建成的长春奥体中心体育场等，其中芜湖市体育场、盘锦市体育中心体育场等罩棚内部无钢压杆，为开口式全索系整体张拉结构。

1.2.4　技术特点

预应力技术在钢筋混凝土结构中的作用主要有两个方面：一是发挥预应力钢绞线高强度性能，减少用钢量；二是控制混凝土裂缝，从而减小构件尺寸。预应力钢绞线的几何尺寸（刚度）与钢筋混凝土构件相比很小，张拉钢绞线过程中结构的变形较小，预应力对钢筋混凝土结构的作用效应也仅局限于构件层面。预应力技术对钢筋混凝土结构以改善优化构件性能为主要目标，其预应力单元尺寸、预应力值、预应力施加程度及张拉过程基本是可以预测和直接检测验证的。

预应力技术在钢结构中的作用主要体现在：充分利用索材料的高强度潜能，减少结构用钢量，实现良好的经济性；调整结构的内力分布，降低构件的局部应力峰值，改善结构的力学性能；提高结构等效刚度，减小结构高度或结构变形，并提高体系稳定性能；构成新的结构体系和建筑形态，满足建筑功能和美观要求。预应力钢桁架结构的预应力作用效应与预应力混凝土结构基本类似，然而张弦结构和整体张拉结构的预应力作用效应主要体现在结构体系层面，这是预应力钢结构技术与预应力混凝土结构技术显著不同的特点。

1.3　钢结构稳定性能设计概述

1.3.1　性能化设计方法

从结构设计方法的演变和发展过程看，基于性能的设计方法代表了发展方向。性能化设计（performance-based design）是一种运用工程方法达到既定结构性能目标的设计方法。通过高效的结构高等非线性分析计算，预测结构在各种条件下，尤其是不同荷载组合作用下的结构响应，从而评估结构性能是否满足业主要求和规范（标准）规定的性能指标。

1.3.2　安全稳定性能与性能指标

1. 安全稳定性能

对于不同组合的"荷载源＋结构体＋性能目标"，安全稳定性能有着不同的科学内涵。环境荷载对建筑结构造成的劣化损伤不断累积，以及地震、强风等突发荷载增量作用，会使结构进入危险状态，从现象上分为结构损伤屈服和倒塌破坏两种危险极限状态。现代工程将广义的安全性定义为各种荷载作用下结构损伤量可接受、设施不受损坏坠落、人员不受伤害的能力和结构不破坏倒塌的能力，是结构工程最重要的质量指标。工程结构或构件在各种荷载作用下处于某种平衡状态,或在外界荷载扰动下虽然偏离其平衡位置,但外界扰动停止后仍能自动回到初始平衡位置,称其具有稳定性,即结构具有防倒塌破坏的能力。因此,广义上的工程结构安全性包含了结构稳定性,但是在实际工程安全风险控制时,将前一种能力定义为安全性能,后一种能力定义为稳定性能,已成为工程界的习惯和共识。

建筑结构在日常风吹、日晒、雨雪、人类活动荷载、地基沉降、工业振动、地震等多物理场耦合作用下会发生老化、裂缝、变形、强度降低等劣化损伤效应,当这些劣化损伤总量控制在人类正常生产、活动所能接受的状态时,即定义为安全极限状态,反之就为不安全极限状态。当建筑结构的劣化损伤累积量达到某一临界状态时,会由量变发生质变,即在荷载源物理场增量微小(甚至不增加)的情况下,劣化损伤量仍持续加大直至整体结构失去平衡,定义为达到"稳定"极限状态而倒塌破坏。

2. 安全稳定承载机理与性能指标

安全性与稳定性是结构本体抵抗各类荷载造成劣化损伤的能力,它与劣化损伤累积量之间有着内在联系的科学规律,即结构有其自身的承载机理。结构安全稳定性能是其自身所具备的能力,它与环境荷载无关,而是取决于结构自身材料、构造连接方式及其连接界面性能、建造过程、整体几何形制等基本性能要素。结构安全稳定承载机理的研究是建立合理的数值分析模型、试验模型,应用理论分析与试验研究相结合的方法,逐级增加荷载量,获得结构劣化损伤积累不断加大到不安全状态、再到失稳临界点,直至破坏的"环境风险源耦合的荷载增加量-结构劣化损伤累积效应"非线性全过程性能曲线(简称加载-效应性能曲线),如图1.1所示。

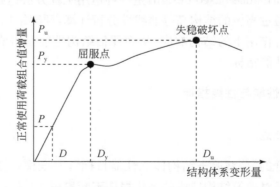

图 1.1　典型大跨度钢结构性能曲线(加载-效应性能曲线)

通过结构分析得到结构加载-效应性能曲线后,判别结构是否处于不可接受的损伤极限状态,还需要研究风险判别准则,即结构的安全指标与稳定指标。安全指标是指结构在原始状态或者采用当时经济和科技能力下的性能提升措施装备后,各类日常风险源荷载组合对结构造成的劣化损伤程度,为人们的认识可以接受的一种度量。稳定指标是指结构在日常风险源作用的劣化损伤累加过程中继续保持整体平衡状态的能力,或者在遭遇非正常风险源(如地震等)作用下经历振荡后自行恢复平衡状态的能力,是结构整体从安全状态到失稳状态之间损伤累积的冗余量,为人们的认识可以接受的一种度量。

1.3.3　结构延性与安全稳定性设计思路

结构延性通常定义为结构、构件或构件某个截面从屈服开始到达承载能力极限状态,或者是到达承载能力极限状态以后承载能力还没有明显下降的变形能力。延性好的结构、构件和节点的后期变形能力大,在达到屈服或承载能力极限状态后仍能吸收一定的加载能量,从而在其破坏前有明显变形或其他预兆(即发生延性破坏)。对延性性能进行控制是结构设计的基本原则。

钢结构基于延性的性能设计就是通过考虑体系几何非线性、材料弹塑性的计算分析,得到加载-应力、荷载-应变、荷载-位移等全过程性能曲线。其中,屈服点为结构或构件加载-效应全过程性能曲线出现非线性变化转折时的极限状态,对应的结构屈服荷载与屈服变形是确定结构承载力和弹性变形限值安全性能指标的依据。失稳点为结构或构件的加载-效应全过程性能曲线中最大加载量时的性能状态,由于结构设计时一般不考虑材料屈曲后的强化阶段和颈缩阶段,结构设计计算的加载-效应全过程性能曲线在加载量最高点即停止,因此最大加载量即为结构失稳的破坏荷载。过了失稳点后,结构将处于加载量不增加甚至减少情况下,结构变形量会急剧加大,直至倒塌的破坏状态,对应结构破坏荷载和破坏变形是结构稳定承载能力和变形能力性能设计指标的确定依据。结构安全稳定性能设计研究的关键性能参数包括正常使用荷载(P)作用下结构或构件弹性变形(D),加载-效应全过程性能曲线中屈服点、失稳点对应的屈服荷载(P_y)、破坏荷载(P_u)、屈服变形(D_y)和破坏变形(D_u)。根据结构延性的定义,可以清晰地理出预应力钢结构安全稳定性能设计的基本思路[12]。

(1)结构在正常使用荷载作用下安全性能设计的关键是通过结构几何和构件截面设计,分析确定合理的屈服荷载值及弹性变形值指标,弹性变形D同时还应满足建筑防水、装修、观感等需求。

(2)结构在非正常使用荷载作用下稳定性能设计的关键之一是分析确定合理的承载能力。材料、构件为屈服强度实测值与抗拉强度实测值的比值,节点为设计承载力;结构体系稳定承载力系数的确定涉及屈服荷载系数 $p_y = P_y/P$、破坏荷载

系数 $p_u = P_u/P$,以及稳定极限承载能力系数 P_u/P_y,以保证结构破坏前有一定的承载能力储备。另一方面,稳定性能设计必须分析确定合理的变形能力:材料为伸长率,体系和构件为破坏变形与屈服变形比值 D_u/D_y、相对变形 D_y/L 和 D_u/L(其中 L 为跨度),节点为平面外屈服变形能力,保证在非正常使用荷载作用下,结构破坏前有足够的变形能力储备。

(3)结构延性定义的主要性能目标是结构的变形能力,结构稳定性能中的变形能力是延性性能的直接需求指标。建筑结构面临的主要环境风险源除地震外,其荷载作用的增量都有一段时间过程,但如果结构仅满足 D_u/D_y、D_y/L、D_u/L 等各项变形指标,而 $P_u/P_y \approx 1$,意味着此类结构即使有很强的变形能力,结构在进入屈服阶段后也会迅速进入破坏状态,起不到结构失稳倒塌前的预警作用。因此,完善的结构延性设计必须包括结构稳定承载能力和变形能力两项指标。

1.3.4　钢构件稳定性能设计

钢构件稳定性能设计包括两个方面:一是构件轴线方向内的应力、应变设计,具体是基于钢材自身特性的构件强度和伸长率性能设计;二是构件轴线方向外的几何稳定承载力和变形能力设计。

钢材是一种理想的弹塑性材料,在屈服点之前的性质接近理想的弹性体,屈服点应变 ε_y 约为 0.002;屈服点之后屈服阶段的性质又接近理想的塑性体,屈服的塑性应变 ε_s 为 0.0015~0.025;再经历强化阶段和强缩阶段,直至破断,常用钢材(低碳钢)破断时的最大塑性应变 ε_p 约为 0.24,约等于弹性屈服总应变的 120 倍,说明钢材在破坏之前将出现很大的变形,足以满足结构或构件的塑性变形能力要求。但实际上,钢结构几乎不可能发生纯塑性破坏,因为当结构出现相当大的变形后早已丧失使用功能。理论分析和试验研究都表明,用于塑性设计的钢材必须具有材料强度强化性能,并且不能过低。一些涉及塑性设计的规范,或者对钢材的强屈比做出最低限值的规定,或者对可以采用的钢材型号做出具体规定,我国《建筑抗震设计标准》(GB/J 50011—2010)对钢结构的钢材,要求屈服强度实测值与抗拉强度实测值的比值不大于 0.85(相当于强屈比为 1.18),同时要求钢材具有明显的屈服台阶,且伸长率不应小于 20%。《钢结构设计标准》(GB 50017—2017)对钢材延性也做出了相同的规定。

国家相关设计规范对钢构件轴线方向内的材料强度性能、材料应变伸长率性能两方面做出规定。强度性能要求极限状态、屈服状态、弹性状态的比值约为 $(1.18 \times 1.1 \times 1.4/0.9) : (1.1 \times 1.4/0.9) : 1.0 = 2.0 : 1.7 : 1.0$,其中 1.18 为强屈比,1.1 为钢材拉力平均分项系数,1.4 为静、活荷载平均分项系数,0.9 为工程中考虑材料负公差等因素的实际采用的应力比;应变伸长率性能要求构件极限状态、屈服状态、弹性状态的比值约为 1.200∶1.002∶1.000。由以上分析可知,在钢构件稳定性能指标方面,大变形破坏(失稳)极限状态与结构设计(弹性)安全状态的比值:强度安全系数约为 2.0,变形能力储备为 1.20。

《钢结构设计标准》(GB 50017—2017)对钢构件局部稳定主要通过经验式的构造设计来实现,对受弯、受压构件通过构件稳定系数加大其安全度实现构件稳定承载力性能,构件稳定系数取决于长细比、惯性矩等几何参数,相关设计标准中有完整的计算公式,此处不再赘述。

《钢结构设计标准》(GB 50017—2017)对钢构件轴线方向外的弹性变形性能做了如下规定:①结构或构件变形的容许值见标准附录 B 的规定,当有实践经验或有特殊要求时,可根据不影响正常使用和观感的原则对标准附录 B 的规定进行适当调整;②为改善外观和使用条件,可将横向受力构件预先起拱,起拱大小应视实际需要而定,一般为恒载标准值与 1/2 活荷载标准值之和所产生的挠度值,同时对活荷载作用下的变形限值做了规定。对于普通楼盖大跨度钢梁或桁架,由于钢筋混凝土楼板的约束作用,基本不存在构件整体失稳问题,但是设计标准将屋盖桁架列为构件,当屋盖采用轻型金属屋面,桁架上弦的侧向约束较弱时,采用过大的反拱可实现屋架强度和弹性变形要求,但可能会存在屋盖桁架整体稳定风险。

1.3.5　钢结构稳定性能设计

1. 结构稳定承载能力

钢结构稳定性能设计主要包括两个方面:一是结构从屈服点到倒塌破坏极限状态之间的稳定承载能力,用稳定承载力系数表达;二是结构从屈服点到倒塌破坏极限状态之间的稳定变形能力,即通常意义上的结构延性性能。

哈尔滨工业大学沈世钊院士[13]、范峰教授及团队[14]对大跨度网架(壳)钢结构稳定承载能力进行了持续深入的研究,形成了完整的稳定承载能力设计理论方法,并将科研成果纳入《空间网格结构技术规程》(JGJ 7—2010),为我国大跨度钢结构设计理论方法研究和工程应用起到了巨大的推动作用。

(1)《空间网格结构技术规程》(JGJ 7—2010)规定网格结构稳定容许承载力应等于网壳结构极限承载力除以安全系数 K。取几何非线性条件下网壳结构线弹性全过程分析得到的第一个临界点处的荷载值作为网壳的稳定极限承载力,此稳定承载力应为网壳设计荷载标准值的 5 倍,结构方可保证安全。在实际工程设计中,第一临界失稳点后结构的残余承载能力仅作为安全储备而不予考虑,即取第一临界失稳点荷载作为结构破坏荷载,并进一步将结构破坏荷载 P_u 与设计荷载标准值 P 的比值定义为结构稳定极限承载力系数(通常简称为稳定承载力系数),并满足

K 值要求。这一点与工程进行构件设计分析时，不考虑钢材屈服后强度的方法是一致的。该设计方法对于具有明显屈服性能点的钢网架、网壳结构是合理适用的，本书第 3～5 章中的工程多数是参照此方法进行设计的。

（2）对于张弦结构和整体张拉结构，其加载-效应全过程性能曲线经常呈现出屈服性能点低、失稳破坏性能点高，或者没有明显屈服性能点的情况。若仅用失稳破坏荷载性能点确定结构稳定承载力系数，则可能会导致结构发生无预兆脆性破坏的风险。因此，结构稳定力系数确定原则和设计方法需要综合研究屈服荷载和破坏荷载两个性能点的特征情况。

2. 结构稳定变形能力

目前，大跨度钢结构基于延性的失稳状态下变形能力研究还不系统。《钢结构设计标准》（GB 50017—2017）对弹性变形允许值及预起拱值做出相应规定，但工程设计中依然面临如下难题。

（1）大跨度钢结构弹性位移控制值在 $L/250$～$L/400$ 内均可行，取值范围大，且允许通过预起拱实现上述限值，使设计人员在实际工程应用时往往无所适从。

（2）结构预起拱是在建筑屋面荷载、装修荷载、使用活荷载加载之前进行的，预起拱并不能减小上述荷载作用下结构发生的绝对变形值，而建筑结构正常使用性能往往是上述荷载产生的绝对变形值起控制作用。因此，通过预起拱减小构件相对初始几何形态的变形值，能否解决正常使用性能要求（防裂、防水等），并没有充分的依据。

（3）相关设计标准允许通过结构初始几何形态预起拱解决变形限值问题，预起拱幅度可达跨度的 1/300，按此预起拱幅度，大量刚度不足的大跨度结构均可通过预起拱来实现弹性变形控制指标。那么在构件强度安全满足的情况下，为什么还要控制结构正常使用荷载作用下的弹性位移？通过预应力措施产生反拱解决变形控制指标，是否还有必要？

（4）现行钢结构及相关设计标准对钢构件变形性能设计仅局限于弹性小变形阶段，对结构在非正常荷载作用的失稳极限状态下的变形能力没有规定。在实现弹性小变形能力设计目标条件下，能否满足大跨度结构体系从屈服到破坏极限状态的延性性能所要求的稳定变形能力？

1.3.6　钢节点稳定性能设计

钢节点是钢结构设计的关键环节之一，而当前钢结构设计质量控制的薄弱环节之一就是钢节点，钢节点工程事故发生率也较高。现行钢结构及相关设计标准（规程）对于钢节点的连接设计（焊接、螺栓）和钢结构相贯焊接节点有详细的计算公式和规定；对于大部分种类的节点，以依靠经验式的指导性构造设计为主，缺乏明确的钢节点性能计算理论方法和破坏判定准则，受到资金和工期限制，钢结构节点安全性能验证，试验仅能在少数重点工程中得以实施。实际工程中，设计者往往只是将节点局部区域材料达到应力、应变屈服点作为钢节点安全设计指标，这是不完善且有安全隐患的。

为保证钢结构整体安全，亟需开展钢节点作为微型结构体系的破坏机理研究，提出基于双非线性分析的正常使用阶段弹性与非正常使用极限状态下弹塑性阶段性能设计指标。

1.4　本书主要内容

预应力钢结构是预应力技术与空间结构相结合而衍生出来的新的结构形式，已经在大型民用和工业建筑中得到广泛应用。以索穹顶、弦支穹顶为代表的新型预应力钢结构是公认的承载效率高、跨越能力强的高效结构体系，是一个国家建筑科技创新水平的重要标志。

本书以作者及团队多年来设计完成的实际工程为对象，进行预应力钢结构设计研究总结，具体包括预应力悬挑钢桁架结构、预应简支力钢桁架结构、索网幕墙-钢桁架结构、塔柱-拉索-钢桁架结构、平面张弦梁、空间张弦桁架结构、弦支穹顶结构、轮辐式索网结构、索穹顶结构以及开口式整体张拉索膜结构体系等。针对各类预应力大跨度钢结构工程，考虑材料弹塑性与结构几何非线性，开展结构加载-效应全过程性能特征的数值分析、新型结构和关键节点模型试验研究，揭示结构体系、连接节点的破坏机理和承载机制，进而提出基于延性的稳定极限承载能力和变形能力设计指标。研究内容包括结构稳定性能分析方法、预应力大小、预应力损失、预应力与预起拱作用效应对比、张弦施工对稳定性能的影响等工程设计技术。

本书提出的基于结构延性的体系和节点稳定性能化设计方法及控制指标是对国内外相关设计标准的有益补充，有助于预应力钢结构技术的进一步推广。

第 2 章　预应力钢结构稳定性能

由于钢材强度高、变形能力强的特点,钢结构在给定建筑空间尺度条件下,采用较小的几何与截面尺寸就能够满足正常荷载组合作用下的结构强度和刚度要求,同时钢结构的几何非线性与材料弹塑性对其体系的作用效应影响增大,结构的稳定承载能力及其变形能力成为其体系、构件、节点的设计控制因素。如何确定基于稳定性能的预应力大跨度钢结构计算分析方法和稳定性能设计指标,以及如何考虑预应力损失、预应力大小、预应力张拉过程等重要因素对预应力钢结构稳定性能的影响等,是设计人员在工程实践中迫切需要解决的技术问题。

2.1　钢结构稳定性能分析方法

2.1.1　计算分析方法

由于高强度钢材与预应力技术的应用,钢结构建筑的跨度越来越大,结构几何刚度却相对越来越小,结构在达到屈服状态之前变形量已经很大,传统的基于线性假定的结构性能计算分析方法已不再适用,必须考虑几何非线性的影响。在多数情况下,当钢结构达到其所能承担的设计使用荷载时,部分钢构件和节点进入屈服阶段,材料的性质也逐渐从线弹性向塑性转化,表现出弹塑性性质。因此,对结构进行加载-效应全过程分析应考虑结构几何非线性、构件和节点的材料弹塑性相互耦合的双重非线性,以确定结构在极限荷载作用下的性能状态。预应力钢结构稳定性能计算分析方法包括结构特征值屈曲分析和非线性屈曲分析。

结构特征值屈曲分析属于线性分析,用于预测一个理想弹性结构失稳时的理论屈曲特征值,无须进行复杂的非线性计算分析,即可获得结构的失稳破坏荷载和屈曲形态,并可为结构非线性屈曲分析提供上限稳定承载能力参考值。

预应力大跨度钢结构屈曲模态和失稳临界荷载对几何非线性非常敏感,必须进行考虑几何非线性的加载-效应全过程非线性屈曲分析,非线性屈曲分析的基本方法是对结构的加载-效应性能曲线进行全过程跟踪,由于考虑了结构大变形、大转动的影响,分析结果更接近实际的结构性能,难点在于当荷载增至失稳临界荷载时,结构的切线刚度矩阵趋于奇异,平衡方程接近病态而不易收敛。

2.1.2　初始缺陷

预应力大跨度钢结构的稳定性能对初始缺陷非常敏感,有初始缺陷时结构稳定承载力小于理想结构。结构的初始缺陷受各种因素的影响,如施工方案、施工设备、预应力张拉次序等,而且初始缺陷大小及分布形式难以提前预测。初始缺陷的模拟主要有随机缺陷模态法和一致缺陷模态法[15]。

从概率分布来看,无论结构的缺陷分布如何复杂,每个节点的安装缺陷近似呈正态分布。基于概率统计将结构的初始缺陷看成随机的,用正态随机变量模拟每个节点的误差即为随机缺陷模态法。该方法能够较好地反映实际结构的状态,但需要对不同缺陷的分布概率进行多次反复计算,计算量非常大,难以在实际工程中应用。

一致缺陷模态法对实际具有随机分布缺陷的结构只赋予最低阶屈曲模态缺陷,通过一次非线性计算即能够求出失稳临界荷载的最小值,使计算量大大减小,这是它的显著优点。一致缺陷模态法进行结构屈曲分析的具体步骤为:建立有限元模型,进行特征值屈曲分析得到结构的屈曲模态和特征值;利用特征值分析得到的最低阶失稳临界荷载所对应的屈曲模态为结构的最低阶屈曲模态,屈曲模态最大变形按跨度的 1/300 施加缺陷,其他按模态变形比例赋予缺陷变形值;考虑大转动、大变形的影响,采用 Newton-Raphson 法和弧长法对结构进行非线性屈曲分析。一致缺陷模态法对结构稳定性能设计是偏于可靠的。

特征值屈曲分析建立在几何线性、材料弹性、小变形假定条件上,分析中的线弹性刚度矩阵和几何刚度矩阵都是建立在结构未受载时的初始构形上,因而求得的最低阶屈曲模态仅能反映加载最初阶段结构变形的趋势。事实上,结构的位移场和应力场不断发生变化,小变形假定不再适用,结构构件也可能进入弹塑性阶段或塑性阶段。因而,结构的最低阶屈曲模态并不总是能够准确反映结构在整个非线性分析过程中的变形趋势,它也有可能不是结构的最不利缺陷分布。因此,对于新结构体系、跨度特别大或特别重要的工程,还应根据结构施工完成状态的实际缺陷模态,对结构稳定性能进行复核验算。

2.1.3　工程示例

北京奥运会羽毛球馆(以下简称羽毛球馆)位于北京工业大学校园内,是第二十九届夏季奥运会的羽毛球及艺术体操比赛用场馆,其屋盖钢结构如图 2.1 所示。羽毛球馆屋盖平面呈椭圆形,长轴方向最大尺寸为 141m,短轴方向最大尺寸为 105m;立面为球冠造型,最高点高度为 26.550m,最低点高度为 5.020m。钢结构屋盖支撑于 36 根混凝土柱上,混凝土柱平面分布呈圆形,钢结构屋盖采用弦支穹顶结构体系,由上弦单层圆形网壳(直径 93m)、下弦环索与径向拉杆、竖向撑杆组成;弦支穹顶的外沿部分钢结构采用变截面腹板并开孔的 H 型钢悬臂梁,沿环向呈放射状分布,通过混凝土柱顶环向空间桁架与弦支穹顶连接,并通过下部看台混凝土柱与混凝土结构层连为整体结构,共同工作。

(a) 外景图　　　　　　　　　　　　　(b) 内景图

图 2.1　北京奥运会羽毛球馆屋盖钢结构

弦支穹顶是一种将刚性的单层网壳和柔性索撑体系组合在一起的杂交预应力大跨度结构体系。通过索撑体系引入预应力,减小了结构位移,降低了杆件应力,减小了结构对支座的水平推力,提高了结构整体稳定性。羽毛球馆是当时世界上采用弦支穹顶结构体系的最大跨度钢结构工程之一,很多方面均超过当时技术规范的涵盖范围,其设计、加工制作及安装均有极大的技术挑战性。

设计中在上弦网壳形式确定、下弦索撑体系布置、预应力度确定等方面都经过了大量的分析、研究,对结构几何力学体系和构件进行优化设计;对基于稳定性能的预应力钢结构设计方法进行了探讨,并通过模型试验对体系的设计方法进行了验证;进行了施工模拟计算分析和施工全过程监测,保证预应力体系的有效施加和施工过程结构的安全。该工程的设计、试验、施工研究对我国《预应力钢结构技术规程》(CECS 212—2006)的编制提供了工程实践范例。羽毛球馆钢结构的安装工作于 2006 年 3 月开始,先安装混凝土柱顶的钢结构支座,2006 年 9 月开始安装钢结构,2007 年 1 月钢网壳结构合拢,2007 年 3 月索杆预应力张拉完成,2007 年 4 月钢结构安装工作全部结束,2007 年 6 月屋面及管线设备安装结束。

该工程计算采用 ANSYS 有限元程序,上弦单层壳杆件采用 Beam188 单元,撑杆采用 Link8 单元,索及拉杆采用 Link10 单元,考虑索单元的应力刚化作用,根据特征值屈曲分析得到的屈曲模态,考虑跨度的 1/300 作为最不利初始几何缺陷并将实际施工偏差作为初始几何缺陷,进行非线性屈曲分析,具体计算步骤如下。

(1)根据线性理论进行特征值屈曲分析,得到结构的屈曲模态及其对应的特征值。

（2）根据几何非线性有限元理论,考虑初始几何缺陷,采用 Newton-Raphson 法对结构进行非线性屈曲分析。

（3）根据几何非线性有限元理论,考虑材料弹塑性并同时考虑初始几何缺陷,采用 Newton-Raphson 法对结构进行非线性屈曲分析。

1. 初始几何缺陷的影响

《空间网格结构技术规程》(JGJ 7—2010)采用的是一致缺陷模态法,其中第 4.3.3 条要求:进行网壳全过程分析时应考虑初始曲面形状安装偏差的影响,初始几何缺陷分布可采用结构的最低阶屈曲模态,其最大计算值可按网壳跨度的1/300 取值。

设计中对羽毛球馆弦支穹顶进行了特征值分析[16],具体分析了前 100 阶屈曲模态,其中前 12 阶屈曲模态如图 2.2 所示。分析发现,弦支穹顶结构体系的失稳屈曲具有如下特点。

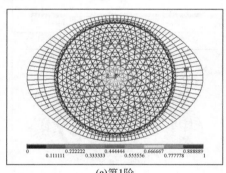

(a)第1阶

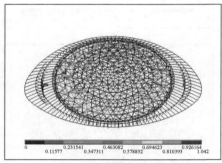

(b)第2阶

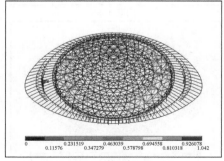

(c)第3阶

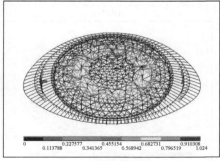

(d)第4阶

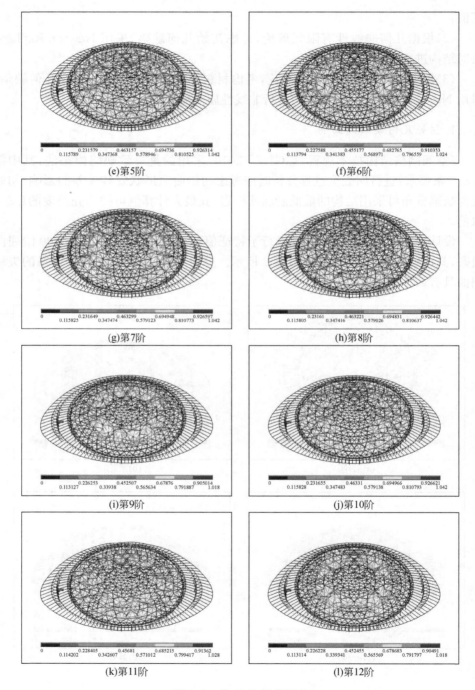

图 2.2　前 12 阶屈曲模态

图中数据为相对变形，下同

弦支穹顶结构各屈曲模态特征值非常密集,前 20 阶屈曲模态相差不大,第 1 阶与第 20 阶屈曲模态特征值仅相差 30% 左右。前 20 阶失稳模态除第 1 阶表现为中心点区域整体失稳外,其他均表现为钢网壳局部失稳,具体表现为撑杆间钢网壳不同部位的凹陷和凸起,而且多在 1~4 圈环索间的上部网壳对称出现。这种分布的特点与弦支穹顶结构的几何力学特征有关,由于索撑体系的撑杆对上部网壳的顶升力和径向拉杆的向心拉力,形成了索撑上节点对钢网壳的弹性支座约束作用,而索撑上节点之间的结构仍表现为单层钢网壳易于失稳的力学特点。

弦支穹顶结构屈曲特征值非常密集的局部失稳模态特点,使得任意选择前几十阶屈曲模态中的一种作为初始几何缺陷模态均可能激发出结构稳定承载力最低的屈曲模态(初始几何缺陷),最不利失稳模态可能不是最低阶模态。经过对前 40 阶屈曲模态设计计算,初始几何缺陷按第 12 阶屈曲模态分布时,求得的非线性分析的稳定性承载力是最不利值。为确保结构稳定承载力安全,设计中分别采用前 40 阶屈曲模态,由施工现场测量的实际施工安装偏差作为初始几何缺陷模态,并按照网壳跨度的 1/300 作为初始几何缺陷中最大变形值,进行结构非线性屈曲分析。按活荷载全跨布置,取有代表性的 3 阶屈曲模态作为初始几何缺陷分布时,相应的屈曲模态和对应缺陷分布下的结构荷载-位移曲线如图 2.3 所示。分析得到,

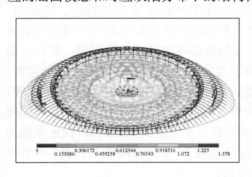

(a) 第1阶屈曲模态下结构失稳形态

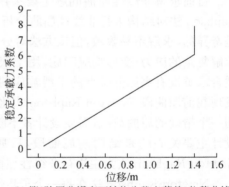

(b) 第1阶屈曲模态下结构失稳点荷载-位移曲线

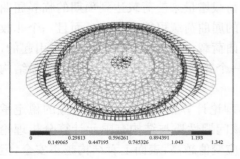

(c) 第3阶屈曲模态下结构失稳形态

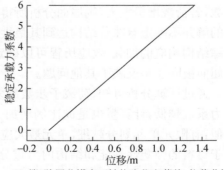

(d) 第3阶屈曲模态下结构失稳点荷载-位移曲线

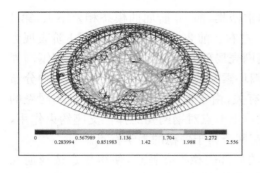

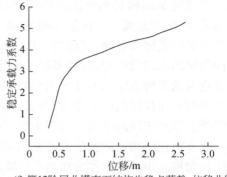

(e) 第12阶屈曲模态下结构失稳形态　　　　　(f) 第12阶屈曲模态下结构失稳点荷载-位移曲线

图 2.3　按不同屈曲模态赋值初始几何缺陷条件下结构失稳点性能曲线

采用第 12 阶屈曲模态并按网壳跨度的 1/300 作为初始几何缺陷时,结构稳定承载力系数为 5.29;考虑实际施工缺陷时,结构稳定承载力系数为 5.14。

2. 加载子步数的影响

目前求解非线性屈曲问题主要采用 Newton-Raphson 法和弧长法。Newton-Raphson 法对结构进行非线性屈曲分析的主要问题是在不稳定点时切线刚度矩阵是奇异的,求解不易收敛,但该方法对分析结构的前屈曲行为比较有效。弧长法能求解复杂的应力-变形响应问题,用于获得不稳定解或负切线刚度矩阵的稳定解,适合求解没有突然分叉点的平滑响应问题。本工程对两种方法进行了分析比较,发现在前屈曲段,Newton-Raphson 法比较容易收敛[5],弧长法则很难收敛,若要得到一个精确的屈曲荷载,需要设计者不断修正弧长半径,耗时非常长。稳定承载力设计主要关心的是结构前屈曲段,后屈曲段主要作为安全储备。因此,本节以Newton-Raphson 法为主进行非线性屈曲分析。

Newton-Raphson 法在每一个子步使用固定的外加荷载矢量逐步施加荷载,直到求解开始发散为止。需要一个足够小的荷载增量来使荷载达到预期的临界屈曲荷载,若荷载增量太大,则屈曲分析所得到的屈曲荷载可能不精确。而且一个非收敛的解并不一定意味着结构达到其最大屈曲荷载,也可能是由数值不稳定引起的,跟踪结构响应的加载-效应历程可以确定一个非收敛的荷载步是达到了实际结构的屈曲极限还是反映了其他问题。

通过计算分析可知,荷载子步数越多,理论计算精度越大,但所对应的稳定承载力系数越低,计算量也是成比例增加。该问题性质与结构有限元计算分析理论类似:有限元单元划分越细,单元最大应力应变值越高,表面上看结构越不安全,但由于材料的弹塑性性能和结构内力重分布性能,结构实际力学响应及安全状况并非如此。同样的道理,尽管荷载子步数越多,计算捕捉到的不稳定点越低,但是由于 Newton-Raphson 法不考虑结构后屈曲段的稳定承载力上升等因素,结构实际稳定承载力系数比该理论计算最低值要高。加载子步数的合理选取既要考虑计算精度、时间成本,又要得到合理的安全系数。利用 ANSYS 有限元程序提供的自动时间步长选项,可以自动调整时间步长,以便获得计算精度和计算时间之间的良好平衡。荷载子步数对结构稳定承载力系数的影响如图 2.4 所示。可以看出,荷载子步数越少,稳定承载力系数越大,当荷载子步数为 30 时,稳定承载力系数下降约 11%,当荷载子步数为 80 时,稳定承载力系数下降约 14%,当荷载子步数达到 30 以后,稳定承载力系数下降趋缓,当荷载子步数达到 80 时,稳定承载力系数接近定值,两者相差 4.89%,小于 5%,在工程设计允许范围之内。因此,本工程取 30 个荷载子步数。

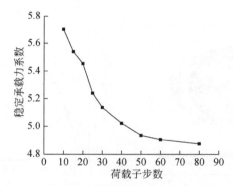

图 2.4　荷载子步数对结构稳定承载力系数的影响

3. 材料弹塑性的影响

当结构处于稳定承载力极限状态时,会有相当一部分结构构件已进入材料弹塑性状态,为更加准确地反映结构实际工作状况,羽毛球馆屋面钢结构采用了考虑材料弹塑性的结构稳定承载力分析计算,并与未考虑材料弹塑性的结构稳定承载力分析结果进行了对比。

结构钢材弹塑性屈服准则采用 von Mises 屈服准则,考虑钢材具有 Bauschinger 效应,强化准则采用随动强化准则,钢材弹塑性性能曲线采用双线型,环索屈服应力取为 1330MPa,钢材屈服应力为 345MPa,径向拉杆屈服应力取为 835MPa,为偏于安全计算,材料屈服后的行为采用理想塑性行为。

同时考虑结构几何非线性和材料弹塑性时结构失稳点性能曲线如图 2.5 所示。通过上述计算结果对比可以看出,考虑材料弹塑性后结构稳定承载力系数明显降低,下降幅度约 30%,材料的弹塑性是影响结构整体稳定性的重要因素。

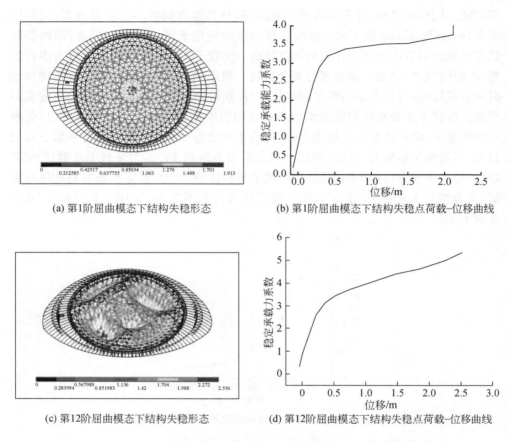

(a) 第1阶屈曲模态下结构失稳形态　　　　(b) 第1阶屈曲模态下结构失稳点荷载-位移曲线

(c) 第12阶屈曲模态下结构失稳形态　　　　(d) 第12阶屈曲模态下结构失稳点荷载-位移曲线

图2.5　同时考虑结构几何非线性和材料弹塑性时结构失稳点性能曲线

2.1.4　基于稳定性能的预应力钢结构设计初步探讨

1. 空间网格结构稳定性能设计

对于大跨度钢结构体系稳定性能设计,国内相关设计标准《空间网格结构技术规程》(JGJ 7—2010)规定:结构稳定承载力系数大于4.2,同时考虑结构几何非线性和材料弹塑性时,结构稳定承载力系数可取2.0。

2. 弦支穹顶结构稳定性能

羽毛球馆弦支穹顶结构在以第1阶失稳模态作为初始几何缺陷时的稳定承载力系数约为6.10,失稳时大变形值为1.38m,加载-变形性能曲线接近线性,没有明显屈服点；同时考虑结构几何非线性和材料弹塑性时，结构稳定承载力系数为 4.32，失稳时大变形值为 1.79m，加载-变形性能曲线有一段屈服台阶，从屈服点到破坏极限总变形差值约 0.4m，但结构稳定承载力系数增加值仅约 0.12；结构体系失稳形态为从中心点整体下沉，即表现为体系整体失稳的形态。当以第 12 阶失稳模态作为初始几何缺陷时的稳定承载力系数约 5.29，失稳时大变形值为 2.50m；同时考虑几何非线性和材料弹塑性时，结构稳定承载力系数为 3.74，失稳时大变形值为 2.15m；仅考虑几何非线性和考虑双非线性时，结构屈服点的屈服承载力系数均约为 3.20，屈服变形值约为 0.42m；第 12 阶失稳模态下结构的加载-变形性能曲线具有显著非线性特征，结构体系失稳形态为三个下凹区，体现为体系局部失稳的形态。那么，如何辨别结构稳定性能是否满足需求？

3. 基于整体稳定的预应力钢结构设计指标探讨

（1）预应力钢结构体系失稳包括整体失稳和局部失稳两种模式。弦支穹顶整体失稳时的稳定极限承载力大于局部失稳时，增大约 15%；但整体失稳时的变形比局部失稳时减小约 45%，整体失稳、局部失稳极限状态下的大变形值分别为跨度（93m）的 1/67 和 1/37。若仅考虑结构失稳极限状态时的变形能力因素，稳定极限承载能力高的第 1 阶（整体失稳）模态的对应的结构稳定性能并不好。

对于大跨度钢结构体系局部失稳破坏的稳定性能设计，国内外没有相关规范（规程）做出规定，但依据结构构件、体系局部、体系整体安全重要性由低到高、不确定因素由少到多的次序原则，本工程示例的弦支穹顶结构在同时考虑几何非线性和材料弹性时，整体失稳和局部失稳的稳定承载力系数分别为 5.0 和 4.5，在同时考虑几何非线性和材料弹塑性时，整体失稳和局部失稳的稳定承载力系数分别为 3.2 和 2.5。

（2）预应力索杆材料尽管具有高强度性能，但构件材料的伸长率一般为 3%～10%，远低于普通钢材的 20%，且性能曲线中没有明显的屈服台阶，具有脆性破坏特征。与此特性相对应，预应力钢结构体系中索杆所起的作用越大，结构力学效能越高。如弦支穹结构及索穹顶结构，结构构件及几何形态轻巧、用钢量大幅减少，但同时会造成结构体系整体失稳时变形能力大幅下降，其性能曲线没有明显的屈服台阶，也就意味着结构达到极限破坏状态前没有明显征兆，不符合结构延性性能的设计要求。结构失稳极限状态时的变形能力是结构稳定性能指标确定必须考虑的因素，因此仅考虑结构失稳破坏极限承载力系数对于预应力钢结构稳定性能设计是不完善的。

按照工程设计人员已经熟知的钢构件设计方法，即构件基于材料性能特征的轴线面内强屈比与伸长率、轴线面外变形的延性设计思路，同时也是基于结构延性设计的基本理念，预应力钢结构体系稳定性能设计应基于同时考虑几何非线性和材料弹塑性所得加载-效应全过程性能曲线,求得结构屈服点和失稳点的性能参数,并应充分考虑从屈服点到失稳点的稳定承载能力储备系数,具体详见本书1.3.3节,此处不再赘述。对于本工程变形能力(延性)性能设计,在同时考虑几何非线性和材料弹塑性条件下,结构失稳破坏时竖向位移限值取跨度的1/40。

2.2　预应力损失对结构稳定性能的影响

预应力损失对结构安全稳定性能的影响不能忽视。钢筋混凝土结构中的预应力钢绞线一般是沿弧线布置,且与钢筋混凝土构件沿全长接触,其产生的等效平衡荷载为均布荷载,摩擦造成的预应力损失也沿索体全长分布。钢结构中的预应力索基本上沿折线布置,在与钢结构构件的连接折点处设置圆弧过渡节点,预应力索张拉过程中会在过渡节点处产生等效平衡荷载,同时也将在该过渡节点接触范围内产生量值较大的摩擦力,即预应力损失。

2.2.1　索-钢接触转换节点预应力损失分析理论公式

索-钢转换节点处索钢滑道竖向剖面为圆弧曲线,张拉索体由索钢滑道的一侧经弧线实现匀顺过渡而改变方向到达索滑道另一侧。由于索体与索钢滑道间摩擦力的存在,索钢滑道内各截面沿拉索切线方向的拉力不相同。如图2.6所示,圆弧的圆心角为 θ(索在索钢件上的包角),索两端切线方向拉力为 T_1、T_2(T_1 为拉索锚固端拉力,T_2 为拉索张拉端拉力),R 表示该索体所处圆弧的半径。工程设计中将张拉端与锚固端索力差值($T_2 - T_1$)定义为预应力摩擦损失,将 $\dfrac{T_2 - T_1}{T_2}$ 定义为预应力损失率。以圆心角为 dα 的索体微段为隔离体,记微段内索体与索钢滑道间摩擦力为 df,摩擦系数为 μ,微段内索滑道对索体总径向压力为 dN,根据微节点力学平衡条件,有

$$dN \approx 2\left[\left(T + \frac{dT}{2}\right) \cdot \sin\frac{d\alpha}{2}\right] \approx T \cdot d\alpha + dT \cdot \frac{d\alpha}{2} \approx T \cdot d\alpha \tag{2.1}$$

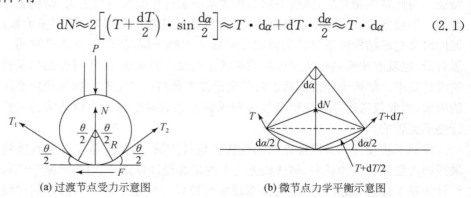

(a) 过渡节点受力示意图　　　　　　(b) 微节点力学平衡示意图

图 2.6　索-钢转换节点

微节点摩擦力 $\mathrm{d}f$ 与索拉力 $\mathrm{d}T$ 之间存在如下关系：

$$\mathrm{d}T=-\mathrm{d}f \tag{2.2}$$

由式（2.1）和式（2.2）可知，当拉索处于临界滑动或滑动状态时，有

$$\mathrm{d}T=-\mathrm{d}f=-\mu\mathrm{d}N=-\mu T\cdot\mathrm{d}\alpha$$

即

$$\frac{\mathrm{d}T}{T}=-\mu\cdot\mathrm{d}\alpha \tag{2.3}$$

两边同时积分可得 $\ln T=-\mu\alpha+C$，于是有

$$T=\mathrm{e}^{-\mu\alpha+C}=C_1\mathrm{e}^{-\mu\alpha} \tag{2.4}$$

代入边界条件（当 $\alpha=0$ 时，$T=T_2$；当 $\alpha=\theta$ 时，$T=T_1$），得到

$$T_1=T_2\mathrm{e}^{-\mu\theta} \quad \text{或} \quad T_2=T_1\mathrm{e}^{\mu\theta} \tag{2.5}$$

预应力损失为

$$\Delta T=T_2-T_1=T_2(1-\mathrm{e}^{-\mu\theta}) \tag{2.6}$$

预应力损失率为

$$\xi=\frac{T_2-T_1}{T_2}=1-\mathrm{e}^{-\mu\theta} \tag{2.7}$$

摩擦系数为

$$\mu=\ln\frac{T_1}{T_2}/\theta \quad \text{或} \quad \mu=-\ln(1-\xi)/\theta \tag{2.8}$$

由公式推导过程可知，试验必须加载到索体出现相对滑动，才可由式（2.8）计算出摩擦系数值。由式（2.6）～式（2.8）分析可知，索-钢转换节点预应力损失 ΔT 与初始张拉力 T_2、摩擦系数 μ 及节点转角 θ 有关，尽管同一个节点转角 θ 可对应不同的滑道长度，但摩擦损失与滑道长度无关；每个节点的预应力损失率 ξ 与初始张拉力 T_2 无关，只与摩擦系数 μ 和节点转角 θ 有关。

事实上，过渡节点沿长度方向还存在制作误差摩擦系数，总预应力损失 F 为

$$F=T_2-T_1=T_2\left(1-\frac{1}{\mathrm{e}^{\mu\theta+Kx}}\right)=T_1\left[1-\frac{1}{\mathrm{e}^{(\mu+Kr)\theta}}\right]=T_1\left(1-\frac{1}{\mathrm{e}^{\mu_\mathrm{e}\theta}}\right) \tag{2.9}$$

式中，μ_e 为等效摩擦系数，$\mu_\mathrm{e}=\mu+Kr$，μ、K 可参照钢筋混凝土规范取值。

预应力钢筋混凝土结构的预应力损失计算与设计已有系统的研究成果和设计规范方法，相比之下，预应力钢结构的预应力损失计算及其对结构体系影响的研究成果却很少。实际工程中，预应力钢结构的连接转换节点多采用机械加工或铸造后打磨处理，其接触界面与钢筋混凝土钢绞线接触有很多不同，同一个工程节点的加工制作参数是基本一致的，可通过试验测得等效摩擦系数。具体方法如下：利用加工制作的同类连接转换过渡节点及同规格用索，按 θ 角绕过节点，一端固定、一端张拉，测得索两端的拉力 T_1、T_2，利用式（2.9）即可获得等效摩擦系数 μ_e。

2.2.2　索-钢接触转换节点预应力损失模型试验研究

1. 工程概况与试验目的

贵阳奥体中心主体育场屋盖为牛角造型,西看台屋盖钢结构纵向长度 283m,径向最大长度 69m,看台上部设一排支撑,最大悬挑 49m,采用沿屋盖上表面径向设置体外预应力索的预应力大悬挑斜交平面桁架体系。如图 2.7 所示,由于屋盖桁架为曲面,预应力索在索-钢接触转换节点处形成折线。体外预应力钢结构索-钢接触转换节点一般采用三种形式:一是张拉阶段和使用阶段索均可自由滑动;二是张拉阶段索可自由滑动而使用阶段索被限制滑动;三是张拉阶段和使用阶段索均被限制滑动。工程采用第二类转换节点。

预应力索-钢接触转换节点的构造形式及其预应力损失大小对结构整体稳定性能有较大影响。工程设计中为确保预应力顺利张拉和有效传递,并保证转换节点的安全性,进行预应力索-钢接触转换节点足尺寸模型试验[17]。预应力索布置及转换节点构造如图 2.7 和图 2.8 所示,其中盖板用螺栓连接到下部铸钢件上,通过拧紧螺栓达到限制拉索索体自由滑动的目的。具体试验研究内容和目的如下。

图 2.7　预应力索布置

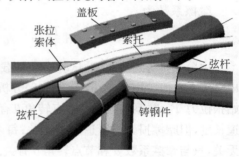

图 2.8　预应力转换节点构造

1)验证索-钢接触转换节点受力安全性能

索-钢接触转换节点要承受来自拉索张拉预应力下的压力,同时由于该节点兼作主钢桁架节点,相交的杆件多、节点的受力复杂,工程及试验均采用铸钢节点,通过试验确认节点的安全性能要求。

2)测定索张拉预应力的摩擦损失

预应力张拉过程中,钢滑道与拉索聚乙烯(PE)护层间存在相互摩擦,索体与拉索外 PE 护层间亦存在相互摩擦(尤其是首次使用的钢索,其与 PE 护层间摩擦力不容忽视),这些摩擦的存在将导致施加的预应力产生损失。为保证钢索在实际使用中具有足够的张拉力,需对索-钢接触转换节点张拉拉索时的预应力损失进行实测与定量分析。

3）合理选择钢滑道与拉索间接触介质

钢滑道与拉索间接触介质一般采用聚四氟乙烯板或在接触面间涂抹黄油的方式。索-钢节点盖板安装前后照片见图 2.9，通过试验确定能更好地减少预应力损失的方式。

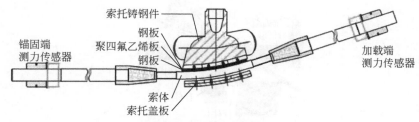

(a) 索体和钢索道滑槽间设置滑板示意图

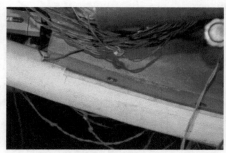

(b) 安装盖板前

(c) 安装盖板后

图 2.9　索-钢节点盖板安装前后照片

4）验证预应力张拉完成后索-钢节点盖板的抗滑移能力

为保证预应力有效传递，在张拉施工过程中要求索体能自由滑动；而在张拉施工完成后，为保证结构体系的稳定性能，用螺栓锁住盖板，索钢与拉索 PE 护层之间、PE 护层与拉索内部钢丝束之间的摩擦力能够抵抗部分切向力作用，形成索-钢间"卡紧"的限位约束条件，但索体-PE 护层-介质-钢滑道-盖板间形成的力学关系太复杂，基本无法进行精确的力学分析确定约束程度，因此应通过试验确定钢盖板的抗滑移能力，即确定对索形成的约束程度。

5）确定施工时拉索的超张拉比例与次数

为减小预应力摩擦损失，在工程实践中通常采用超张拉的方法，本试验中亦加入超张拉试验研究，考察预应力超张拉比例和超张拉次数对降低预应力损失的影响。

2.试验过程

1）试验节点试件

试验节点模型为足尺试件，各杆件端部需按工程实际要求采用坡口处理，杆件长度取杆件直径的 3 倍,以避免杆件端部约束对节点区受力的影响;索钢滑道转向角为 161°,预应力索一端锚固于加载装置上,即约束端,另一端进行预应力张拉。节点试件示意图及试验装置照片如图 2.10 所示,试验荷载条件如表 2.1 所示。

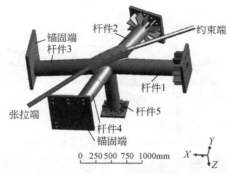

(a) 预应力节点试件示意图

(b) 装置沿拉索方向

(c) 装置平行拉索方向

图 2.10 节点试件示意图及试验装置照片

表 2.1 预应力节点试验荷载条件

节点位置	F_x/kN
杆件 1(P273×18)张拉端	−1485.6
拉索锚固端(D79)	−1617.7
杆件 2(P245×14)张拉端	−1186
杆件 3(P273×18)锚固端	−1410.5
拉索张拉端(D79)	1465.2
杆件 4(P245×14)锚固端	−1131.9
杆件 5(P219×14)	−73.1

注:(1)由于弯矩值较小且试验条件限制,试验中忽略弯矩情况;

(2)杆件 3、4 作为锚固端;

(3)由于拉索有一定转角,拉索设计索力平均值为 1541kN。

2) 试验测试内容

试验测试内容主要有索力、杆件端部加载值、杆件内力、节点铸钢件应力、拉索伸长量、相对滑移量的测量及数据采集,所有数据在试验全过程中实时连续采集。

(1) 索力。张拉时,千斤顶的张拉力通过连接杆传到拉索锚具,在连接杆上套一个穿心式的压力传感器测量张拉端索力,同样在连接杆上套一个穿心式的压力传感器来测量锚固端索力(图 2.11)。

图 2.11　锚固端压力传感器及索力采集系统

(2) 杆件端部加载值。通过杆端与千斤顶相连的拉压力传感器直接量取。

(3) 杆件内力。在各杆件与索钢铸钢件焊接焊缝两侧管壁上布置两圈单向应变片(沿管壁在截面方向四分之一对称布置),实时测量在外荷载作用下焊缝两侧各杆件内力传递变化情况。

(4) 节点铸钢件应力。设置垂直两向应变片测试应力值。

3) 试验过程

为准确测量试验数据并实现试验目的,试验过程分为以下 6 个步骤:

(1) 弦杆腹杆加载。根据各杆件(杆件 1、2、5)设计内力按比例以 10% 设计值的荷载步在各杆端同步施加荷载,直至设计内力值,试验加载采用单调静力加载。

(2) 无盖板张拉索试验。每级增加 50kN 荷载步张拉拉索,加载至索力 1200kN,在实际施工时即先张拉至 1200kN。

(3) 超张拉试验。在工程实际中,为减小预应力摩擦损失,通常采用超张拉的方法。在施工时,通常凭经验直接超张拉 5%,并无明确的理论依据。通过试验可得到理想超张拉次数,将两端不平衡力降至相差 2% 以内,指导实际施工过程。一次 5% 超张拉程序为:1200kN→1260kN(持荷 2min)→1200kN。

(4) 加盖板抗滑移试验。超张拉结束后,安装索体盖板,并用 8.8 级 d18 螺栓采用扭矩 340N·m 拧紧。安装完毕后,以约 10kN 荷载步级数继续张拉拉索,至索力设计值 1540kN 停止。

（5）带盖板卸载。带盖板进行卸载，同时观察张拉端和锚固端压力传感器读数，卸载至 T_1、T_2 基本保持同步减小时，读数可得盖板的紧固力，即盖板对索体的约束条件。

（6）卸载阶段。索力由 1200kN 降至 1100kN，再加至 1200kN，使两侧索力平衡后再卸去盖板，以保证试验过程中人员、设备的安全，避免在卸掉盖板过程中产生不平衡力而导致出现事故，随后可继续卸载。

3.试验结果分析

1）拉索预应力损失对比

试验加卸载全过程预应力损失对比如图 2.12 所示，YYL-1 为索体 PE 护层与

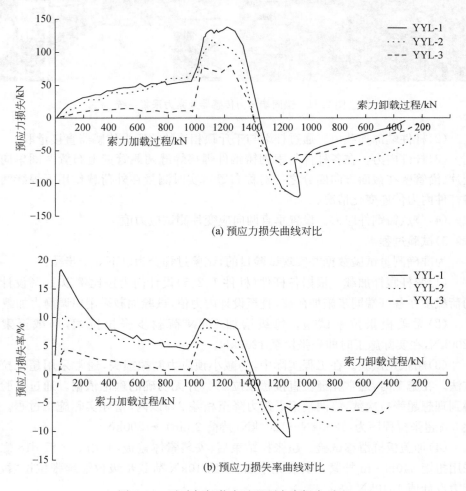

(a) 预应力损失曲线对比

(b) 预应力损失率曲线对比

图 2.12　试验加卸载全过程预应力损失对比

节点之间增加聚四氟乙烯板，YYL-2 为无减摩阻措施，索体 PE 护层直接与节点接触，YYL-3 为索体 PE 护层与节点之间涂抹黄油。由图可知：

(1)预应力损失随着预应力张拉值的增加而缓慢增长并最终趋于恒定值，预应力损失率在张拉加载初期突然增大，随后缓慢降低，最终亦趋向恒定。在加载至 1200kN 时产生跳跃，这种预应力损失和预应力损失率陡增是源于盖板产生的约束，其后随着预应力加大亦趋于稳定值。

(2)有减摩措施的试验 YYL-1、YYL-3 曲线波动较小，曲线较平滑，而无减摩措施的试验 YYL-2 的预应力损失和摩擦系数在张拉过程中抖动频繁，在接触表面较粗糙条件下，摩擦力与荷载关系波动较大。但介质为黄油的节点试验加载与卸载全过程中，正、负预应力损失及损失率均最小。

(3)三种试验条件下，预应力损失稳定后大小排序依次为：YYL-2＞YYL-1＞YYL-3。加盖板后由于索体与 PE 护层间啮合力的降低，索体与 PE 护层间有相对滑移，在曲线上体现为：YYL-1＞YYL-2＞YYL-3。

(4)预应力加载稳定时，YYL-1、YYL-2 的预应力损失率基本接近，约为 6%，YYL-3 预应力损失率约为 2%；加盖板并继续加载稳定后，YYL-1、YYL-2 预应力损失率约为 8%，YYL-3 预应力损失率约为 5%。因此，三种接触介质中，加聚四氟乙烯板的构造措施对减小预应力损失率效果不明显，涂抹黄油的措施最有效。

2)摩擦性能分析

根据 2.2.1 节所述摩擦系数与预应力损失力学关系可推导出试验加载全过程的张拉力-摩擦系数关系曲线，如图 2.13 所示。三种试验条件下的摩擦性能对比如表 2.2 所示。

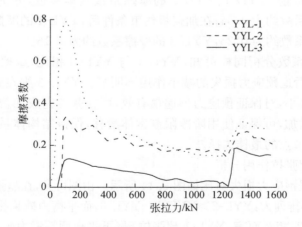

图 2.13　试验加载全过程的张拉力-摩擦系数关系曲线

表 2.2　三种试验条件下的摩擦性能对比

试验名称	试验条件	摩阻力/kN		摩擦系数	
		1200kN/无盖板	1540kN/有盖板	1200kN/无盖板	1540kN/有盖板
YYL-1	滑板＋索体封塑	55	130	0.15	0.3
YYL-2	索体封塑	70	110	0.18	0.25
YYL-3	黄油＋索体封塑	10	71	0.04	0.16

由上述图表分析可知：

(1)摩擦系数在加载初期急增,随着张拉力加大,摩擦系数呈递减趋势,最终趋于稳定值。图中曲线跳跃源于加盖板约束所产生的作用,加载稳定后同样趋于定值。

(2)由曲线对比可见,在加载初期及加上盖板后,摩擦系数大小排序为:YYL-1＞YYL-2＞YYL-3;在未加盖板试验张拉后期,摩阻力基本稳定后摩擦系数大小排序为:YYL-2＞YYL-1＞YYL-3。

试验中引起预应力损失的摩阻力主要包含两部分:索与索钢滑道接触面间摩阻力和钢绞线拉索与 PE 护层间摩阻力。由前分析,钢绞线拉索与 PE 护层间摩阻力在 YYL-1 中所占比例比 YYL-2、YYL-3 中要大得多,因此在预应力加载初期,YYL-1 摩擦损失及摩擦系数最大,随着预应力加大。索与 PE 护层间摩阻力趋于稳定,而索与索钢滑道间摩阻力成为主要组成,其接触介质成为主要因素,于是不采取减摩阻措施的 YYL-2 节点摩擦力最大。

(3)在加盖板前,YYL-1、YYL-2 的摩擦系数基本接近,分别为 0.15、0.18,YYL-3 的摩擦系数约为 0.04;在加盖板约束条件后,YYL-1 的摩擦系数约为 0.3,YYL-2 的摩擦系数约为 0.25,YYL-3 的摩擦系数约为 0.16。

(4)由摩擦系数分析同样可知,YYL-1 与 YYL-3 相比,摩擦系数相差不大,YYL-1 对弧形滑道预应力损失的减小作用不明显。YYL-3 则在施加张拉阶段预应力摩擦系数很小,对保证预应力传递最有效,而在张拉完成加盖板约束条件后,摩擦系数显著增加,可保证使用阶段限制索体滑移,保持结构体系稳定作用,该介质为索-钢转换节点的最佳选择。

3)预应力超张拉作用分析

超张拉过程预应力损失对比如图 2.14 所示。由图可见,在超张拉过程中,初始预应力损失大小排列为:YYL-2＞YYL-1＞YYL-3,而平衡力效果排列为:YYL-1＞YYL-2＞YYL-3,相对而言,YYL-1 超张拉 5％下平衡两端索力减小预应力损失效果最好,图中 YYL-2 的平衡力效果与 YYL-1 相近,但考虑其超张拉程度比其他两试验大(为 7.5％),可推断在 5％超张拉时 YYL-2 条件减小预应力损失的效果不如 YYL-1 条件。在 YYL-3 条件下,采用超张拉完成后反而产生较大不平衡力,故在介质为黄油时本身预应力损失不大,不建议采用超张拉措施来降低预应力损失。

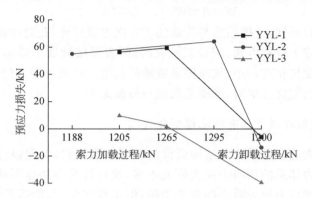

图 2.14 超张拉过程预应力损失对比

三个试验均表明,在此工程中对拉索采用一次超张拉即可满足降低预应力损失的要求,一次超张拉后两端索力基本能保证平衡。

4)试验现象的机理分析

以上分析显示,摩擦系数随张拉力的增大而逐渐减小并趋于稳定,预应力损失亦随着张拉力加大而趋于稳定。摩擦系数是摩擦副系统的综合特性,受到滑动过程中各种因素的影响,荷载主要通过接触面积的大小和变形状态来影响摩擦力。一般接触表面都具有一定粗糙度,摩擦是发生在一部分接触峰点上的,接触点数目和各接触点尺寸将随着荷载的增大而增加,最初是接触点尺寸增加,随后荷载增加将引起接触点数目增加。可以用黏着理论解释非塑性接触时摩擦系数与荷载的非线性关系。

设表面上有 n 个粗糙峰,每个粗糙峰承受相同的载荷 W_i,则在弹性接触状态时有

$$W = \frac{4E'}{3\pi^{3/2} n^{1/2} R} A^{3/2} \tag{2.10}$$

对于弹性接触状态,实际接触面积与荷载的 2/3 次方成正比。

当表面处于塑性接触状态时,各个粗糙峰接触表面上受到均匀分布的屈服应力 σ_s。假设材料法向变形时不产生横向扩展[6],则

$$W = nW_i = 2\sigma_s A \tag{2.11}$$

对于塑性接触状态,实际接触面积与荷载成正比。

摩阻力为

$$F_f = \mu W \propto A \tag{2.12}$$

当荷载很小时,两表面接触处于弹性状态,这时真实接触面积与荷载呈非线性正比关系:

$$\mu W \propto A \propto W^{2/3}, \quad \mu \propto (W^{1/3})^{-1} \tag{2.13}$$

由式(2.13)可知,摩擦系数与荷载的 1/3 次方成反比,此时摩擦系数随荷载的增加而降低。综上分析可知,当荷载较大时,两表面接触处于弹塑性状态,真实接触面积随荷载变化相对较小,故摩擦系数随荷载增大降低较慢并趋于稳定值;当荷载大到两表面为塑性接触时,摩擦系数就与荷载无关。

4.索-钢接触转换节点有限元模型分析

预应力损失确定是预应力结构设计的关键技术要素,工程设计与研究领域对于钢结构预应力体系的预应力损失研究不多,设计计算方法也不成熟。试验和工程实测是取得预应力损失数据的重要手段,但工程实际中,能进行索-钢接触转换节点试验的一般仅限于重点工程的关键节点,而设计建设程序不允许等工程建成后实测预应力损失,再验算结构安全。因此,探索用带接触单元的有限元计算方法,并确定索-钢接触转换节点的预应力损失及其他力学性能具有工程实用价值。

由试验结果分析可知,摩擦系数是随着张拉预应力的加载而变化的,若想精确计算在不同荷载下的预应力损失率,需要将摩擦系数变化曲线引入计算中,这样可以使计算中摩擦系数随荷载大小不同而取不同的值,但在计算中发现,对于节点实体模型的有限元计算,尤其是带接触的有限元分析,这样会导致严重的收敛问题[18]。

由试验可知,索-钢接触面预应力加载稳定后的摩擦系数为定值,随着接触介质不同,摩擦系数范围为 0.03~0.30。有限元计算时设定不同的摩擦系数(不随预应力加载值而变化)分别进行有限元计算分析,然后将试验实测摩擦系数对应的预应力损失及损失率与有限元分析结果、理论公式计算结果进行对比,确定有限元分析方法和理论公式计算预应力损失的实用性。

1)索-钢接触转换节点有限元模型建立

为分析索-钢接触转换节点处索体与索钢滑道接触面间的相互作用,对索-钢接触转换节点和拉索进行了带摩擦的接触非线性有限元分析。采用 ANSYS 有限元软件及其自带的 Workbench 模块进行建模分析,如图 2.15 所示。因预应力索的转角较小,采用刚性体来模拟柔性索,选用高阶的三维二十节点结构实体单元 Solid186 建立索体实体模型,节点弦杆及铸钢件选用高阶的三维十节点四面体结构实体单元 Solid187,以上两单元均具有塑性、超弹性、蠕变、应力刚化、大变形和大应变等功能。

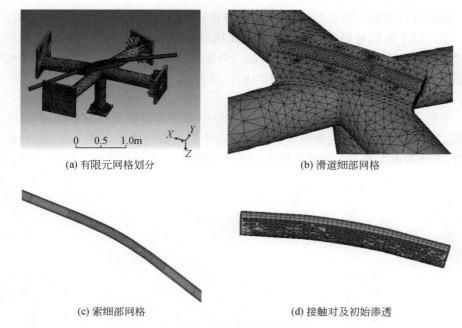

(a) 有限元网格划分　　　　　　　　(b) 滑道细部网格

(c) 索细部网格　　　　　　　　(d) 接触对及初始渗透

图 2.15　有限元模型

ANSYS 有限元软件中提供了 5 种接触类型,分别为 Bonded(绑定)、No Separation(不分离)、Frictionless(无摩擦)、Rough(粗糙的)、Frictional(有摩擦)。拉索经过索-钢接触转换节点处弯曲形状与下部索滑道内壁曲线曲率一致,经过中间圆弧段后两端为切线延伸,自然过渡至滑道端头,索与索钢滑道内壁初始状态为刚好接触。索与索钢滑道间摩擦滑移关系采用面-面接触方式模拟,用三维八节点的面-面接触单元 Conta174 和三维目标单元 Targe170 定义接触对,将拉索外表面定义为接触面,索钢滑道表面定义为目标面(图 2.15(d))。接触单元 Conta174 覆盖于变形体边界的实体单元上,并可能与 Targe170 定义的目标面接触。目标面(拉索外表面)离散为一系列目标单元(Targe170),并通过共享实常数号与相关接触面(索钢滑道)配对。当接触单元表面穿透指定目标面上的目标单元(Targe170)时,接触状态开始。有限元分析参照试验条件选择有摩擦接触方式,认为在发生相对滑动前,两接触面可以通过接触区域传递一定数量的剪应力。模型在滑动发生前定义一个等效的剪应力,作为接触压力的一部分,一旦剪应力超过此值,两接触面将发生相对滑动。

有限元模型尽可能地模拟试验真实条件:对于弦杆,杆件 3、4 为固端约束,杆件 1、2 沿 z 方向约束(试验中设置滑板不使这两杆产生竖向位移,减小加载偏心的可能及影响),不限制其 xy 平面内位移;对于拉索,将索的一端固定,另一端施加拉力。提取计算结果中固定端的反力,可计算出拉索经过该节点后的预应力损失。

采用以上参数对划分好单元的有限元模型进行分析计算,分别在拉索预应力张拉设计值 1540kN 条件下及施工时预应力张拉最大值 1200kN 条件下,对多种摩擦系数条件的模型进行有限元接触非线性分析。

2)预应力损失分析

两种荷载条件计算模型在拉索张拉过程中预应力损失及损失率如图 2.16 和图 2.17 所示,预应力损失和预应力损失率与摩擦系数的关系如图 2.18 和图 2.19 所示,不同摩擦系数下的预应力损失如表 2.3 所示。

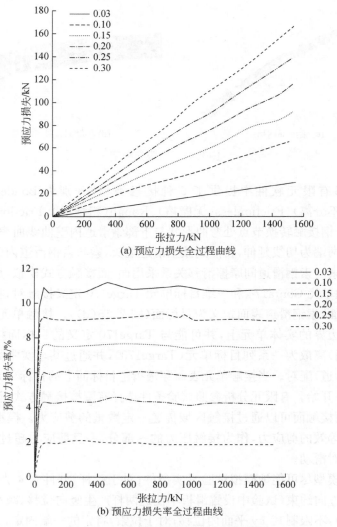

(a) 预应力损失全过程曲线

(b) 预应力损失率全过程曲线

图 2.16　1540kN 模型预应力损失结果

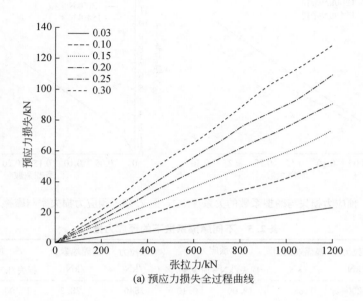

(a) 预应力损失全过程曲线

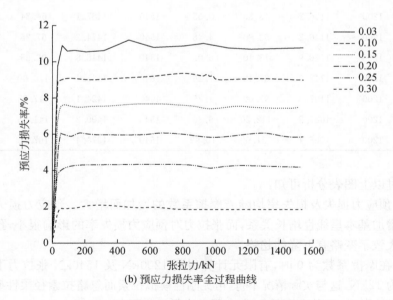

(b) 预应力损失率全过程曲线

图 2.17　1200kN 模型预应力损失结果

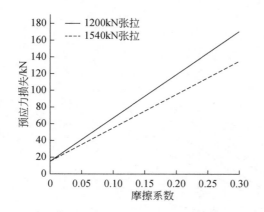

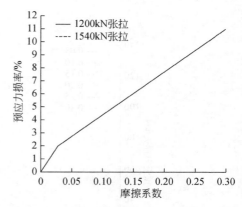

图 2.18　预应力损失与摩擦系数的关系　　　图 2.19　预应力损失率与摩擦系数的关系

表 2.3　不同摩擦系数下的预应力损失

摩擦系数	张拉力/kN	锚固端索力/kN	预应力		张拉力/kN	锚固端索力/kN	预应力	
			损失/kN	损失率/%			损失/kN	损失率/%
0	1200	1188.0	12.00	0.10	1540	1528.2	12.00	0.10
0.03	1200	1175.0	25.00	2.08	1540	1510.4	31.04	2.01
0.05	1200	1166.3	33.70	2.81	1540	1500.0	41.44	2.69
0.075	1200	1156.2	43.80	3.65	1540	1487.1	54.34	3.53
0.10	1200	1146.2	53.80	4.48	1540	1474.2	67.25	4.36
0.15	1200	1126.9	73.10	6.09	1540	1448.8	92.65	6.01
0.185	1200	1112.9	87.10	7.26	1540	1431.4	110.00	7.10
0.20	1200	1107.0	93.00	7.75	1540	1424.1	117.35	7.61
0.25	1200	1087.8	112.20	9.35	1540	1400.2	141.25	9.16
0.30	1200	1068.1	131.90	10.99	1540	1374.4	167.05	10.84

通过以上图表分析可知：

（1）预应力损失及损失率均随着摩擦系数的增加而增大。预应力损失随着张拉力的增加基本呈线性增长关系，而张拉力对预应力损失率的影响很小，预应力损失率呈大致不变略有下降的趋势。

（2）在摩擦系数为 0 时，有限元计算得到 1200kN 及 1540kN 张拉力下预应力损失均为 12kN，这与实际情况不符，可见刚性模拟拉索而忽略拉索径柔性确实对结果有一定的影响，但影响并不大，在工程允许程度范围内。

3）索钢接触对力学性能分析

由索与索钢滑槽横向接触状态（图 2.20）可见，尽管摩擦系数不同，但在索与索钢滑槽大部分契合处处于接触及接近接触的状态,滑移范围处于索钢滑槽弧线段边缘及近张拉端切线边缘。接触状态与真实预应力索在张拉后与滑槽弧面接触非完全一致,这主要是因为模型中的索体是实体模拟,虽然减小了拉索刚度增加柔性,但实体模型已经不具备拉索的径柔性,在弧线段发展切线段附近表现出一定的抗弯性能。

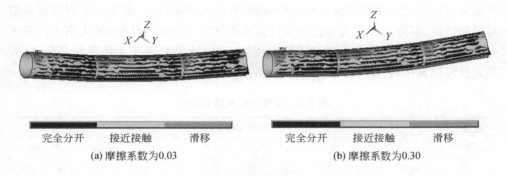

| 完全分开 | 接近接触 | 滑移 |
(a) 摩擦系数为0.03

| 完全分开 | 接近接触 | 滑移 |
(b) 摩擦系数为0.30

图 2.20   不同摩擦系数索与索钢滑槽横向接触状态

预应力张拉 1200kN 计算模型下,由索滑道接触反力、索体接触应力计算结果分析可知:

(1)靠近张拉端一侧法向接触反力与接触面法向接触反力略有偏差,有所失真。切向接触反力比法向接触反力要小得多,均沿滑槽切线方向,大小相近。

(2)1540kN 与 1200kN 计算模型下索体接触应力规律基本一致,均随摩擦系数的增大而减小,但减小幅度仅 2.6%,不同模型接触应力分布云图范围基本一致。

(3)接触反力及压力在滑槽边缘处要大于中央圆弧段上,同样可由拉索有限元的刚性体模拟来解释,预应力索实际为柔性构件,用刚性体来模拟柔性索,使得滑槽边缘除受到预应力索的摩擦作用外,还会受到索向下的压力,导致边缘位置等效应力较大。

(4)有限元分析表明,张拉端预应力值和摩擦系数均对接触反力有一定影响。由结果可知,有限元张拉预应力值越大,接触反力、接触压力越大,它们成正比关系。而在张拉预应力值一定的情况下,压力与摩擦系数成反比关系。

5. 模型试验、有限元分析与理论公式对比研究

通过理论公式计算、有限元数值分析和足尺模型试验验证相结合的对比研究发现,预应力钢结构索-钢接触转换节点的预应力损失有着自身的规律和预测方法。索-钢接触转换节点界面静摩擦系数随着索拉力值及其对界面的压力值增大

而逐渐加大,但最终趋向于恒定值。转换节点接触界面摩擦产生的预应力损失值 ΔT 与张拉力 T_2、摩擦系数 μ,以及转换节点的向心转角 θ 有关,与接触滑道的长度无关;而每个节点的预应力损失率 ξ 又只与 μ 和 θ 有关,与张拉力 T_2 无关。以贵阳体育中心预应力张拉中间节点为研究对象,在设计荷载 1540kN 预应力张拉值及施工张拉荷载 1200kN 两种荷载工况下建立模型,分别对摩擦系数下的索-钢接触转换节点进行足尺模型试验、带摩擦接触的有限元模拟分析,设定一系列摩擦系数对模型试验、有限元计算及理论公式计算所得预应力损失、预应力损失率进行对比分析,确认设计方法的有效可行性和实用性,对比结果如表 2.4 和表 2.5 所示,有限元计算结果中将索单元刚性假定产生的预应力损失误差(12kN)扣除。

表 2.4　预应力损失结果对比

张拉力 /kN	方法	不同摩擦系数下预应力损失/kN									
		0.03	0.14	0.15	0.18	0.185	0.2	0.21	0.25	0.29	0.3
1200	试验	10	55	59	70	72	78	82	98	114	118
	有限元	13	57	73	73	75	81	85	100	116	120
	理论公式	12	54	58	70	71	77	81	95	110	114
1540	试验	10	68	71	88	91	99	105	118	130	136
	有限元	18	76	81	96	97	105	110	129	152	155
	理论公式	15	70	75	89	92	99	104	123	141	146

表 2.5　预应力损失率结果对比

张拉力 /kN	方法	不同摩擦系数下预应力损失率/%									
		0.03	0.14	0.15	0.18	0.185	0.2	0.21	0.25	0.29	0.3
1200	试验	0.8	4.6	4.9	5.8	6.0	6.5	6.8	8.2	9.5	9.8
	有限元	1.1	4.8	6.1	6.1	6.3	6.8	7.1	8.3	9.7	10.0
	理论公式	1.0	4.5	4.8	5.8	5.9	6.4	6.8	7.9	9.2	9.5
1540	试验	0.6	4.4	4.6	5.7	5.9	6.4	6.8	7.7	8.4	8.8
	有限元	1.2	4.9	5.3	6.2	6.3	6.8	7.1	8.4	9.9	10.1
	理论公式	1.0	4.5	4.9	5.8	6.0	6.4	6.8	8.0	9.2	9.5

分析可知:

(1)1200kN 张拉时,预应力损失有限元结果最大,试验结果和理论公式结果接近。1540kN 张拉时,预应力损失有限元结果最大,理论公式结果次之,试验结果最小。三者预应力损失结果的变化规律基本一致。

(2)总体上,1200kN 张拉时,预应力损失率有限元结果最大,试验结果次之,理论公式结果最小;1540kN 张拉时,预应力损失率有限元结果最大,理论公式结果次之,试验结果最小。三者的预应力损失率均随摩擦系数的增大呈线性增长。

(3)对试验、有限元和理论公式结果对比分析表明,三者对预应力损失计算结果基本吻合。用理论方法计算索–钢接触转换节点的预应力损失,其精度满足工程设计要求;但索–钢接触的力学性能和安全性分析用理论公式不能解决,用试验方法又过于昂贵,有限元方法是合理必要选择;索–钢接触转换节点的几何构造复杂,多种材料通过接触介质共同工作,力学性能复杂。同时由于摩擦系数的不确定性及重要性,对重要预应力钢结构工程关键索–钢转换节点进行试验分析是有必要的。

6. 分析结论

以试验为基础,通过对贵阳奥体中心预应力张拉索–钢接触转换节点进行有限元模拟,建立了设计张拉荷载 1540kN 及施工张拉荷载 1200kN 两种工况模型,并分别对不同摩擦系数下的索–钢转换节点进行了带摩擦接触有限元分析,讨论了不同预应力和不同摩擦系数条件下拉索的预应力损失、滑移等情况,得出如下结论:

(1)预应力损失随着张拉荷载的增加而缓慢增长并最终趋于恒定值,预应力损失率在加载初期突然增大,随着荷载的增加而缓慢降低,最终亦趋于恒定值。在加载 1200kN 时产生跳跃,即预应力损失、损失率陡增是源于盖板产生的约束,其后随着预应力加大亦趋于稳定值。

(2)预应力加载稳定时,试验 YYL-1、试验 YYL-2 的预应力损失率基本接近,约为 6%,试验 YYL-3 的预应力损失率约为 2%;加盖板并继续加载稳定后,试验 YYL-1、试验 YYL-2 的预应力损失率约为 8%,试验 YYL-3 的预应力损失率约为 5%。因此,三种接触介质中,加聚四氟乙烯板的构造措施对减小预应力损失率效果不明显,涂抹黄油的措施最有效。

(3)摩擦系数在加载初期急增,随着荷载加大呈递减趋势,最终趋于稳定值。图中曲线跳跃源于加盖板约束产生作用,加载稳定后同样趋于定值。在加盖板前,试验 YYL-1、试验 YYL-2 的摩擦系数基本接近,分别为 0.15、0.18,试验 YYL-3 的摩擦系数约为 0.04;在加盖板约束条件后,试验 YYL-1 的摩擦系数约为 0.3,试验 YYL-2 的摩擦系数约为 0.25,试验 YYL-3 的摩擦系数约为 0.16。

(4)由摩擦系数分析同样可知,加聚四氟乙烯板措施对弧形滑道的预应力损失减小作用不明显。采用涂抹黄油措施在张拉阶段预应力摩擦很小,对保证预应力传递最有效,而在张拉完成加盖板约束条件后,摩擦系数显著增加,可保证使用阶段限制索体滑移,对结构体系稳定起到有利作用,该介质为索-钢转换节点的最佳选择。

（5）三个试验均表明,在此工程中对拉索采用一次超张拉即可满足降低预应力损失的要求,一次超张拉后两端索力基本能保证平衡。

（6）有限元分析表明,张拉预应力值和摩擦系数均对接触反力有一定影响。有限元张拉预应力值越大,接触反力和接触压力越大,它们成正比关系。而在张拉预应力值一定的情况下,压力与摩擦系数呈反比关系。

（7）理论公式分析表明,索-钢接触转换节点预应力损失与张拉力、摩擦系数及节点转角有关,尽管同一个节点转角可对应不同的滑道长度,但摩擦损失与滑道长度无关。预应力损失率与预应力张拉值无关,只与摩擦系数和节点转角有关。

（8）索-钢转换节点摩擦系数与节点转角之间是否存在内在联系有待进一步研究。

（9）试验、有限元和理论公式结果对比分析表明,三者对预应力损失计算结果基本吻合。用理论公式计算索-钢转换节点的预应力损失,其精度满足工程设计要求,但索-钢接触的力学性能和安全性分析用理论公式不能解决,用试验方法又过于昂贵,有限元方法是合理必要选择;索-钢转换节点的几何构造复杂,多种材料通过接触介质共同工作,力学性能复杂。同时由于摩擦系数的不确定性及重要性,对重要预应力钢结构工程关键索-钢转换节点进行试验分析是有必要的。

2.2.3　索-钢滑轮转换节点预应力损失模型试验研究

1. 工程概况与试验目的

河南艺术中心艺术墙采用单层索网次结构-钢管相贯平面桁架主体钢结构,预应力单层索网作为幕墙支承结构,传递给主体结构的不仅是玻璃面板荷载,还包括单层索网对主体结构的预应力效应,并且预应力荷载效应大于其他荷载效应,对主体结构的强度、刚度、稳定性也带来影响。主次结构连接转换节点处预应力索网与节点产生的摩擦效应使拉索内力重分布,影响索网次结构内力,进而影响其安全。如何分析索-钢滑轮转换节点处拉索与钢节点在接触情况下索内力经摩擦传递后的重分布及钢节点的复杂应力状态,是结构安全设计的两个关键课题。

应用 ANSYS 有限元软件对索-钢滑轮转换节点进行带接触单元的弹性有限元计算分析,并进行足尺节点试验研究[19],将试验可直观测量的索预应力损失指标与有限元计算结果进行对比分析,确认索-滑轮-钢节点等效摩擦系数,进而分析确认该复杂节点力学性能设计的正确性,确保该类关键节点的安全性。

2. 带接触单元的节点有限元分析研究

艺术墙索网受力最关键的是竖向索转向转换节点,如图 2.21 所示,索与钢节点通过 4 个可转动的滑轮连接并转角,索与滑轮之间有 4 个小接触面,而滑轮与钢节点板间另有 4 个接触面。滑轮槽圆弧、滑轮轴、耳板轴孔、拉索直径分别为 25mm、36mm、42mm、24mm,拉索最大拉力为 240kN。

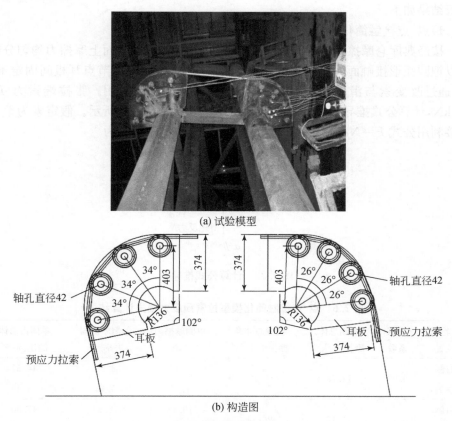

(a) 试验模型

(b) 构造图

图 2.21 试验模型及构造图(单位:mm)

滑轮与钢节点耳板间接触的滚动构造设计目标是通过接触面在切向摩擦力作用下发生转动,该转动又引起滑轮与索接触面变为滑动与滚动的组合运动,进而减小索与滑轮间的摩擦力。预应力拉索与钢节点为两组接触单元连接,受力状况复杂,已不是一般理论公式所能求解的。采用 ANSYS 有限元软件对预应力进行带接触单元的有限元分析。ANSYS 在模拟构件接触面的接触状态非线性时有三种接触方式:①点-点接触,使用点-点接触单元需要预先知道接触位置,这类接触问题只适用于接触面之间有较小相对滑动的情况;②点-面接触,通过一组节点来定义接触面生成多个单元,即可以通过点-面接触单元来模拟面-面接触问题,使用这类接触单元不需要预先知道确切的接触位置,接触面之间也不需要保持一致的网格,并且允许有大的变形和大的相对滑动;③面-面接触,ANSYS 支持刚体-柔体、柔体-柔体面-面接触单元,这些单元应用目标面和接触面来形成接触对,面-面接触单元适合装配安装接触或嵌入接触、锻造、深拉等情况。不同接触模型的有限元分析结果如下。

1)点-点接触简化模型

按经典库仑摩擦理论计算,假设索与滑轮的圆弧形接触面上摩擦力均匀分布,可以把圆弧形接触面简化为接触点计算,同时假定滑轮与钢节点耳板间固定不滚动,通过改变索与滑轮间的摩擦系数来体现滑轮滚动作用。张拉端索力 $T=154\text{kN}$,计算公式推导图如图 2.22 所示,计算结果如表 2.6 所示。假定索为柔性,直接利用公式 $F=N\mu$,由图 2.22 可计算出滑轮处摩擦力 f 为

$$f=2T\mu/(\mu/\cos\alpha+1/\sin\alpha)$$

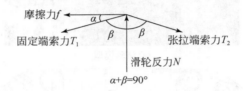

图 2.22　计算公式推导图

表 2.6　点-点接触简化模型拉索预应力损失计算结果

滑轮组位置	摩擦系数	两侧总体摩擦力/kN	两侧总体摩擦损失率/%	单侧摩擦力/kN	单侧摩擦损失率/%	单侧占总体的比例/%
右侧	0.03	13.73	8.92	6.12	3.98	44.57
左侧				7.61	5.14	55.43
右侧	0.10	41.18	26.74	19.48	12.65	47.30
左侧				21.70	16.13	52.70
右侧	0.15	57.43	37.29	28.27	18.36	49.23
左侧				29.16	23.19	50.77
右侧	0.20	71.34	46.32	36.49	23.70	51.15
左侧				34.85	29.66	48.85
右侧	0.25	83.25	54.06	44.18	28.69	53.07
左侧				39.07	35.58	46.93
右侧	0.30	93.45	60.68	51.36	33.35	54.96
左侧				42.09	41.01	45.04

由表 2.6 可知:①索-钢滑轮转换节点索力摩擦损失率随着摩擦系数的增大而增加,增幅逐步放缓;②当取不同的摩擦系数时,两侧节点的摩擦损失在总体损失中所占的比例也发生相应的变化。当摩擦系数小于 0.15 时,靠近固定端的左侧节点的摩擦损失占主要部分,但所占比例随摩擦系数的增大而减小;当摩擦系数等于 0.15 时,两侧的摩擦损失基本持平;而当摩擦系数大于 0.15 时,靠近张拉端的右侧节点的摩擦损失占主要部分,且所占比例随摩擦系数的增大而增大。

2)面-面接触模型

工程实际转换节点处拉索轴线形状由五段直线和四段与滑轮相切的小圆弧线组成,在 ANSYS 有限元软件中可以建立节点的小圆弧索实体模型,模型中拉索的轴线形状与真实节点中拉索受力时的轴线形状一致。该模型预应力索用实体单元 Solid185 模拟,由于软件功能的局限性,其表现出很强的抗弯性能,从而使得计算结果中索的变形、索与滑轮接触反力与真实情况不相符。特别是接触反力方向的变化使得一部分索拉力被接触反力平衡,导致预应力损失率计算结果偏大,小圆弧索模型不可用于实际工程分析设计。

为了克服小圆弧索模型中索变形失真问题,用一个同时与四个滑轮相切的大圆弧模拟索轴线。因为转换节点本身尺寸不大,大圆弧半径也只有 0.465m,而预应力索本身在这种尺寸范围内具有一定的抗弯性能,所以这种大圆弧索模型和实际状况虽有误差,但有一定工程实用性,该模型预应力索仍然采用实体单元 Solid185 模拟。为简化计算,不考虑滑轮的转动并略去滑轮与耳板的摩擦接触分析,只取预应力索与滑轮的接触,模型只建立与索有接触的一小部分滑轮,并约束这一小部分滑轮底面的所有自由度。拉索与滑轮之间用 Conta174 和 Targe170 定义 4 对柔性面-面接触对,在接触对中将拉索外表面定义为接触面,滑轮槽外表面定义为目标面(图 2.23(a))。滑轮与耳板之间用 Conta174 和 Targe170 定义 8 对柔性面-面接触对,每侧 4 对,由预应力索张拉端至固定端依次将滑轮编为 1~4 号。

为考察索与滑轮的接触面摩擦系数对预应力损失计算结果的影响,将摩擦系数取 0、0.03 和 0.3 分别进行计算,摩擦系数为 0.03 时大圆弧索面-面接触模型计算结果如图 2.23(b)~(f)所示,预应力损失统计结果如表 2.7 所示。同时采用不同索单元弹性模量进行计算,分析可得出如下结论:

(1)大圆弧索模型在接触面取不同的摩擦系数时,预应力损失率计算结果基本与简化点-点接触模型计算结果一致,差距仅为 1%~2%。

(2)由图 2.23(b)~(d)可以看出,接触面反力基本垂直于预应力索的切线方向,采用大圆弧索模型基本消除了小圆弧索模型中由预应力索变形失真导致的接触面反力方向变化的缺陷。

（3）由于采用与四个滑轮同时相切的大圆弧模拟预应力索的初始形状，模型中两滑轮之间的预应力索在张拉后的形状仍为一条弧线，与真实预应力索在张拉后的形状为直线不一致，且索与滑轮的接触面为椭圆形的一小块（图 2.23(e)、(f)），

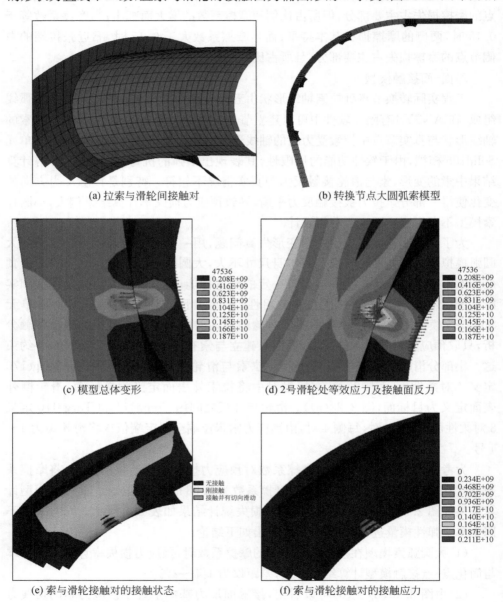

(a) 拉索与滑轮间接触对　　　　　　　(b) 转换节点大圆弧索模型

(c) 模型总体变形　　　　　　　(d) 2 号滑轮处等效应力及接触面反力

(e) 索与滑轮接触对的接触状态　　　　　　　(f) 索与滑轮接触对的接触应力

图 2.23　面-面接触模型及计算结果（单位：Pa）

而真实预应力索在张拉后索与滑轮的接触面为圆弧形。因此,大圆弧索模型只能用于计算预应力钢结构体系总体预应力损失率,不能真实计算预应力索局部索段的应力及转换节点其他部位的应力、应变,不适用于预应力索-钢滑轮转换节点设计。

表 2.7　大圆弧索面-面接触模型计算结果统计

变化拉索刚度/%	摩擦系数	张拉力/kN	固定端反力/kN	预应力损失率/%
100	0	70	69.272	1.040
100	0.03	70	65.638	6.231
20	0.03	70	65.383	6.596
100	0.3	70	40.173	42.610
20	0.3	70	40.231	42.527
10	0.3	70	39.685	43.307
5	0.3	70	39.772	43.183

3)点-面接触简化模型

为了模拟索绕过滑轮变形过程中从直线形状变为与滑轮相切的曲线,再从滑轮滑过后由与滑轮相切的曲线变为直线形状的过程,采用 Link10 杆单元模拟实体索。Link10 单元拥有只受拉特性,当单元长度足够小时,可以像链条一样模拟索的柔性,忽略滑轮的转动,模型中只取滑轮与索接触的一小部分(图 2.24(a))。拉索和滑轮之间用 Conta175 和 Targe170 定义 4 对柔性点-面接触对。将接触单元建立在拉索的轴线位置,由于 Conta175 单元在与之对应的目标单元 Targe170 的外法向检查接触状态,将 Conta175 的初始接触面向目标单元移动一定距离(正好等于索的半径)后,就可以模拟索与滑轮的接触状态,也可以模拟索的位移情况(图 2.24(b))。

摩擦系数取 0、0.03 和 0.3,张拉力均为 70kN,计算得到固定端反力分别为 69.536kN、66.289kN、40.728kN,预应力损失率分别为 0.663%、5.301%、41.817%。

计算结果如图 2.24(c)~(f)所示。分析计算结果,可得出如下结论:

(1)点-面接触简化模型的预应力损失率计算结果与点-点接触简化模型计算结果的差距约为 1%。

(2)接触面反力基本垂直于拉索切线方向,且接触区域与真实预应力索和滑轮的接触面形状基本一致。

(3)接触区等效应力状态说明,将点-面接触对中 Conta175 单元的接触面向目标单元平移来模拟圆形预应力索半径的方法可行,可认为用 Link10 单元来模拟转换节点中的预应力索可行有效。

（4）该简化模型可以较好地分析索与滑轮间的摩擦传力状态及该接触面的力学性能,但不能确定转换节点中滑轮转动对预应力损失率的影响。

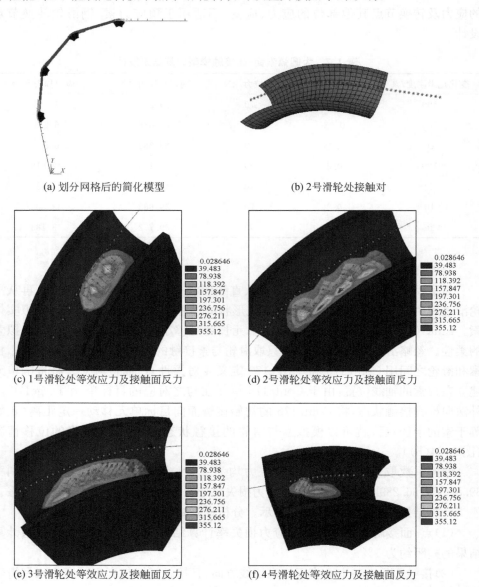

(a) 划分网格后的简化模型　　　　　　　　(b) 2号滑轮处接触对

(c) 1号滑轮处等效应力及接触面反力　　　　(d) 2号滑轮处等效应力及接触面反力

(e) 3号滑轮处等效应力及接触面反力　　　　(f) 4号滑轮处等效应力及接触面反力

图 2.24　点-面接触简化模型及计算结果(单位:Pa)

4)点-面接触完整模型

滑轮进行网格划分时只将与索有接触的部分进行细化,其他部分尽量采用粗网格以减少单元数目。采用 Link10 单元模拟索并在每个 Link10 单元节点加入弹簧单元,拉索与滑轮间接触对定义情况与点-面接触简化模型相同。引入滑轮与耳板的接触关系以研究滑轮转动对预应力损失率计算结果的影响,滑轮与耳板的接触对定义与大圆弧索模型类似。将滑轮与耳板间摩擦系数取 0、0.03 和 0.3 分别进行计算,并比较变形计算结果,观察滑轮的转动情况。

点-面接触完整模型计算结果如图 2.25 所示,预应力损失计算结果统计如表 2.8 所示。分析计算结果,可得出如下结论:

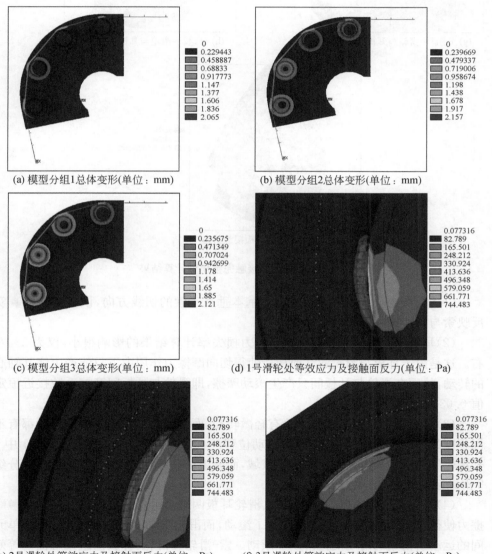

(a) 模型分组1总体变形(单位:mm)　　　　　(b) 模型分组2总体变形(单位:mm)

(c) 模型分组3总体变形(单位:mm)　　　　　(d) 1号滑轮处等效应力及接触面反力(单位:Pa)

(e) 2号滑轮处等效应力及接触面反力(单位:Pa)　(f) 3号滑轮处等效应力及接触面反力(单位:Pa)

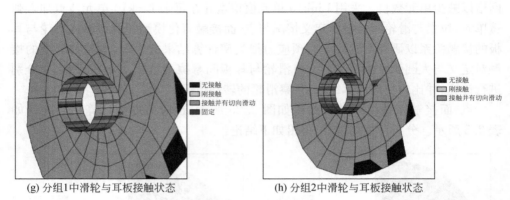

(g) 分组1中滑轮与耳板接触状态　　　　　　　(h) 分组2中滑轮与耳板接触状态

(i) 分组3中滑轮与耳板接触状态

图 2.25　点-面接触完整模型计算结果

（1）索、滑轮及其接触面上的反力基本垂直于索的切线方向，该模型能够真实反映索与滑轮接触面的力学性能。

（2）耳板与滑轮间摩擦系数对预应力损失率计算结果的影响很小，仅为 2% 左右。这是由于耳板与滑轮的几何构造使得切向摩擦力作用力下只能产生绕其轴心的转动，从而在滑轮与耳板间只产生滚动摩擦，即滑轮与耳板间摩擦系数接近恒定值 0.03，与计算输入值无关。

（3）分组 1 中只有 1、2 号滑轮有轻微转动，而分组 2 和分组 3 中的滑轮都有不同程度的转动，尤其分组 3 中滑轮转动位移最大。由图 2.25(e)可见，分组 1 中 2 号滑轮的轮轴处尚有未滑动的黏结区域，而分组 2 和分组 3 没有黏结区域，且分组 3 滑动区域明显比分组 2 大。

（4）有限元分析表明，在索-滑轮、滑轮耳板两组接触单元之间，索-滑轮接触摩擦力使得滑轮-耳板接触单元间产生了滚动，而滑轮滚动又使得索-滑轮接触单元间的运动由初始的滑动变为滑动＋滚动。索-滑轮和滑轮-耳板两组接触面的等效摩擦系数必将介于滑动摩擦系数(0.3)与滚动摩擦系数(0.03)之间,下面将证明这一结论。

表 2.8 点-面接触完整模型计算结果统计

分组	耳板与滑轮摩擦系数	拉索与滑轮摩擦系数	张拉力/kN	固定端反力/kN	预应力损失率/%
	0.3	0	70	69.606	0.563
1	0.3	0.03	70	66.269	5.330
	0.3	0.3	70	40.643	41.939
2	0.03	0.3	70	42.299	39.573
3	0	0.3	70	42.495	39.293

3. 索-钢滑轮转换节点预应力损失试验研究

1)试验方法及结果

为了解索-钢滑轮转换节点预应力损失与节点各构件力学性能,制作了转换节点的足尺样件,样件中装配了与实际工程中同型号的不锈钢索、滑轮组与钢节点耳板。钢索一端固定,另一端用 300kN 的液压千斤顶提供拉拔力,使拉索分别承受 98kN、117kN、141kN、154kN 拉力。

试验对索、滑轮、耳板的各项力学性能指标进行实测,限于篇幅,这里仅对索的预应力损失指标进行归纳分析,试验用 PLABRTD 型拉索测力计测定张拉端和转换节点间及固定端和转换节点间的钢索拉力(即预应力),试验结果如表 2.9 所示。由试验结果可得出如下结论:①两侧节点的预应力总体损失率随索端张拉力的增大而增大;②拉力在 100kN 以下时,预应力损失率很小,在 3% 以下;③当拉力加到 150kN 以上后,预应力损失率增加到 30% 以上,超过初始张拉时的 10 倍。

表 2.9 拉索预应力损失试验值

张拉端和转换节点间预应力/kN	固定端和转换节点间预应力/kN	预应力损失率/%
98	95.8	2.245
117	100	14.530
141	103	26.950
154	103.4	32.857

2)试验结果分析

依据索-钢滑轮转换节点几何构造特点(图 2.26)和点-面接触完整模型有限元

分析结果,可以对试验结果进行几何力学机理解释。

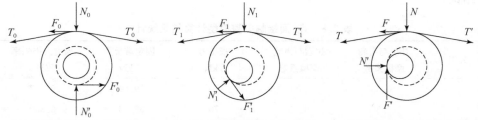

　　　(a) 初始张拉时(动态滚动)　　(b) 索力不大时(动态滚动+滑动)　(c) 索力足够大时(原地滚动+滑动)

图 2.26　索-钢滑轮转换节点接触运动示意图

　　　(1)索初始张拉阶段,在索与滑轮间产生的切向摩擦力 F_0 作用下,由于滑轮轴与耳板轴孔间存在每边 3mm 间隙,滑轮轴在耳板轴孔内处于滚动运动状态。滑轮轴与索间的运动也以动态滚动为主,此时两组接触面的等效摩擦系数接近滚动摩擦系数(图 2.26(a))。

　　　(2)随着索力加大,滑轮轴发生动态滚动水平位移后,由于耳板轴孔的圆弧几何形状,滑轮轴的动态滚动受到耳板约束,此时滑轮与耳板间以滑动与滚动组合的运动方式共存,等效摩擦系数也将介于滚动摩擦系数与滑动摩擦系数之间且接近滑动摩擦系数(图 2.26(b))。

　　　(3)当索力足够大时,滑轮的水平滚动被卡死不动,此时滑轮轴在耳板孔内不可能产生向后滚动,但仍可在原地做纯转动,此时索与滑轮间的运动将以滑动为主,但仍有滚动成分,等效摩擦系数仍小于滑动摩擦系数(图 2.26(c))。

　　　(4)对比有限元结果(表 2.8)与试验结果(表 2.9)可知,工程转换节点最大等效摩擦系数约为 0.15,正好处于滑动摩擦系数与滚动摩擦系数的平均水平,试验结果与带接触单元的有限元结果有很好的一致性。

4.分析结论

　　　对于索-钢滑轮转换节点,由于索-滑轮-滑轮轴之间存在水平间隙,初始张拉阶段产生水平向上滚动,以滚动摩擦力为主,预应力损失很小;随着预应力增大,滑轮的水平向上滚动后被卡死,但仍可以发生原地转动,其等效摩擦系数介于静力滑动与滚动摩擦之间。通过有限元计算和模型试验对比分析,主要结论如下:

　　　(1)面-面接触模型最接近节点实际几何形态,但由于程序中实体单元模拟的索表现出抗弯性能,有限元模拟结果失真。该模型不适用于实际工程分析设计。

　　　(2)点-点接触简化模型、点-面接触简化模型与节点实际几何形态有误差,但它们具有方法简单、概念清晰的优点,且两者计算结果基本一致。这两种模型适合于预应力钢结构体系设计时对索体系与钢结构体系之间的连接节点模拟,且具有较高的计算精度,缺点是不能精确计算分析索-钢滑轮转换节点自身的复杂力学响应。

(3)点-面接触完整模型可清晰显示出索-滑轮、滑轮-耳板两组接触单元间滑动、滚动的力学响应规律,定性判断两组接触单元的等效摩擦系数介于滑动摩擦系数(0.3)与滚动摩擦系数(0.03)之间。该模型在设定等效摩擦系数情况下可准确分析索、接触面、钢的力学性能,但不能定量分析确定两组接触面的等效摩擦系数。由于节点有限元单元过多,该模型不适用于预应力钢结构的体系计算分析。

(4)索-钢滑轮转换节点足尺试验证明了点-面接触完整模型有限元分析结论的正确性,确认了工程索-滑轮、滑轮-耳板两组接触单元的等效摩擦系数约为0.15,正好位于滚动摩擦系数(0.03)与滑动摩擦系数(0.3)之间。

(5)通过试验确认等效摩擦系数后,设定索-滑轮、滑轮-耳板间的摩擦系数取值均为0.15,采用点-面接触完整模型对节点进行有限元分析,计算结果证明节点索、滑轮、耳板的应力和应变均处于安全状态。

2.2.4　预应力损失对结构稳定性能影响工程示例[20]

弦支穹顶是一种将刚性的单层网壳和柔性索杆体系组合在一起的新型杂交预应力空间结构体系,其预应力的施加方法主要有三种:一是张拉环索;二是张拉径向索;三是采用顶升撑杆的方式。由于径向索和撑杆的数量远大于环索,在张拉相同批次的情况下,张拉径向索和顶升撑杆需要的千斤顶数量、可调节索头的数量和人工数均比张拉环索多,难以实现同步张拉而造成预应力不均匀损失,且该类预应力损失具有随机性和不可控性,这两类张拉方案适合索撑杆件少的中小型弦支穹顶结构工程。北京奥运会羽毛球馆弦支穹顶结构采用张拉环索方式施加预应力,环索滑移时与撑杆相连的下节点之间产生摩擦损失,引起环索各段索力的不均匀,相对于张拉径向索、顶升撑杆的方案,该方案的预应力损失具有较强的规律性和可控性,适合大型弦支穹顶结构工程。总之,对于弦支穹顶结构体系,无论采用哪种预应力张拉方式,预应力损失都是客观存在的。预应力是弦支穹顶结构几何体系成型、结构整体安全性的最重要因素之一,研究预应力损失对结构性能的影响是非常必要的。

1.索撑节点预应力损失的计算模型

拉索是预应力钢结构体系中最活跃的单元形式,因此对于索单元的研究非常多,大多是关于直线索或者不可滑动折线索,而对于可滑动索研究较少。现有的连续索滑移处理主要有以下方法：一是滑移索单元法，即通过推导索段的滑移刚度来考虑索段的滑移，三节点摩擦滑移索单元具有摩擦滑移刚度，还可以考虑摩擦的影响，但是滑移刚度计算的过程非常复杂，不便于实际工程应用；二是非线性接触分析，一般的通用有限元软件可以提供接触单元，利用接触单元能够处理接触滑移，还可以考虑滑移摩擦，但这种方法需要较为精细的单元划分，考虑非线性接触行为，计算工作量大，适用于滑移索的单个节点分析，但不适用于带滑移索的整体结构分析，而且计算方法较复杂，不便于一般工程技术人员掌握；三是升降温方法，采用虚加温度荷载的办法，通过反复迭代调整两侧索的原长直到两侧索力达到平衡，存在计算量大、难收敛的问题。

本节提出一种利用自由度耦合和变刚度弹簧单元来处理滑移索摩擦问题的方法。具体是将滑移索两端的中间节点与滑轮节点在转折接触的切线方向建立变刚度弹簧单元，沿径向进行自由度耦合。在索滑动时，滑轮两端的索力之差通过弹簧单元来反映。变刚度弹簧单元的刚度根据索和滑轮之间的摩擦来确定，如果是无摩擦滑移，则弹簧单元刚度为零，此时只有索在与滑轮接触切线方向的滑移，法向与滑轮耦合，两侧索力相等。如果是有摩擦滑移，可以根据摩擦力大小和滑移距离确定弹簧单元刚度。在 ANSYS 有限元软件中可以采用 Combin39 单元，按照摩擦力-滑移距离曲线设定 Combin39 的力-变形曲线，即为 Combin39 的实常数，此时弹簧单元的内力即为两侧索的索力之差。利用本节提出的处理滑移索摩擦问题的方法对北京奥运会羽毛球馆弦支穹顶进行预应力损失影响分析。

2. 预应力损失对结构内力的影响

取每个索撑节点 6%（实际工程调整设计时每个索撑节点预应力损失取为：第一、二、三圈 9%，第四、五圈 10%）的摩擦损失来分析预应力损失，预应力的施加方法是根据北京奥运会羽毛球馆弦支穹顶施工张拉方案，外三圈环索每圈 4 个张拉点，内两圈环索各 2 个张拉点。计算模型中在每个张拉点的部位对索施加初始应变（也可用降温法）来模拟索力的分布。每个索撑节点采用自由度耦合和变刚度弹簧单元处理，在结构计算时，环索向张拉点处收缩，经过索撑节点处会产生滑移摩擦，索力由张拉点向两侧逐段降低，两个张拉点中间的索段索力最低。

为了研究预应力损失对结构的影响，采用上述方法考虑预应力损失建立计算模型一，同时建立一个无预应力损失的计算模型二进行对比。两个模型采用的荷载组合为 1.2 屋面恒荷载＋1.4 屋面活荷载＋1.2 马道恒荷载＋1.4 马道活荷载＋1.2 暖通荷载，在两个计算模型中每圈环索施加初始应变总量不变，即每圈预应力索的张拉总长度相同。

1）环索与径向拉杆

为检验模型是否可以有效模拟摩擦损失，对张拉完成后的情况进行计算，即仅在环索预应力和结构自重作用下考虑6%的摩擦损失进行结构计算,表2.10为第一圈相邻两个张拉点间的环索和径向拉杆内力计算结果。由表可知,此段索各索撑节点的预应力损失率分别为 6.1%、6.2%、6.4%、0.5%、6.5%、6.4%、5.9%。由于两个张拉点同步张拉,两个张拉点中间的索撑节点处环索几乎没有相对滑移,摩擦损失率非常小,其余索撑节点的摩擦损失率均为6%左右,该计算结果论证了设计选用的预应力损失计算模型是合理的。从表2.10还可以看出,由于预应力张拉损失的存在,同一索撑节点相连的两根拉杆内力相差较大,最大相差54%,而无预应力损失下同一圈环索和径向拉杆内力都很均匀,几乎相同。

表 2.10　第一圈相邻两个张拉点间的环索和径向拉杆内力计算结果　　　　（单位:kN）

计算模型	构件位置	张拉点	索段1	索段2	索段3	索段4	索段5	索段6	张拉点
有预应力损失 (6%)	环索	2524	2370	2224	2081	2092	2237	2391	2540
	径向拉杆1	231	211	189	324	442	465	482	234
	径向拉杆2	481	461	440	286	192	215	232	485
无预应力损失	环索	2497	2496	2492	2488	2491	2494	2493	2498
	径向拉杆1	361	364	365	365	364	365	362	364
	径向拉杆2	361	365	365	365	364	366	365	365

考虑预应力损失时同一圈各段环索索力不同,张拉点处最大,两相邻张拉点中间索力最小。由于索撑节点摩擦力的存在,索撑节点相连的两根径向拉杆内力差达到35%,而且摩擦力越大,两根径向拉杆内力差越大,如果摩擦力足够大,环索滑移方向的径向拉杆甚至可能出现受压现象。由此可见,索撑节点预应力摩擦损失对径向拉杆的内力和安全产生了非常大的影响,必须慎重计算和设计。在无预应力损失环索光滑滑移的情况下,同一圈环索索力、径向拉杆内力和撑杆内力分别相等。

2)钢网壳

考虑预应力损失和不考虑预应力损失情况下单层网壳杆件的组合应力一是杆件轴向应力加上负Y方向弯曲应力再加上Z方向弯曲应力,组合应力二是杆件轴向应力加上Y方向弯曲应力再加上负Z方向弯曲应力。由表2.11可知,与无预应力损失相比,考虑预应力损失的网壳杆件应力分布更不均匀,受拉杆的最大轴向应力均有大幅增加。预应力损失对于钢网壳杆件内力均匀性有不利影响,需仔细分析,加强结构设计。

表 2.11　预应力损失对网壳最大应力杆影响比较　　（单位：MPa）

计算模型	杆件	轴向应力	组合应力一	组合应力二
无预应力损失	受压杆	−97.36	−133.37	−141.16
	受拉杆	37.03	86.55	73.07
考虑预应力损失	受压杆	−95.41	−155.62	−153.83
	受拉杆	52.09	103.39	94.03

3. 预应力损失对结构变形的影响

采用相同的荷载组合，考虑预应力损失和不考虑预应力损失的最大变形值基本一致，不同圈的变化趋势一致，都是从外向内增大，至最内圈撑杆顶部变形最大。但是不考虑预应力损失时，同一圈构件竖向变形相同；考虑预应力损失后，同一圈构件竖向变形变得不均匀，张拉点附近变形最大，相邻两个张拉点中间变形最小，二者最大相差 30% 左右。

4. 预应力损失对结构稳定承载力的影响

北京奥运会羽毛球馆是当时世界上最大跨度的弦支穹顶结构，由于超长度环索的张拉及索撑节点制作没有成熟工程技术经验可借鉴，各圈环索节点最大预应力摩擦损失率实际张拉的施工检测结果为 10%，各圈环索总预应力损失率为35%，远远超过原设计每节点预应力损失率 2% 的理论取值。根据实际情况，在计算分析中采用非线性变刚度弹簧单元模拟实际产生的张拉损失，同时考虑施工变形偏差，研究其对结构整体稳定性能的影响。计算结果显示，结构整体稳定承载力下降约 17%。结构非线性屈曲模态见图 2.27。

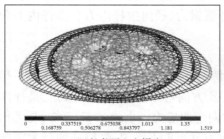 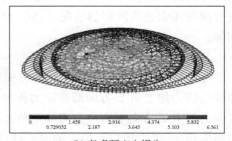

(a) 不考虑预应力损失　　　　　　　　　　　(b) 考虑预应力损失

图 2.27　结构非线性屈曲模态

弦支穹顶结构是由下弦索支撑的网壳结构，由于索撑节点的预应力损失，环索内力不均匀,导致上弦网壳结构内力及变形也不均匀,而理论公式响应的均匀性是保证网壳结构整体稳定性能的主要因素。因此,在以弦支穹顶结构为代表的预应力钢结构设计中,应充分考虑索撑节点预应力损失对结构安全的影响,而索撑节点的构造形式对其预应力损失大小及整体稳定承载力有重大影响。

索撑节点是将下弦环索拉力有效转换为对上部支撑力的关键结构构件,按照对环索的约束形式,索撑节点可分为三类:类型 1,张拉阶段及使用阶段环索均可滑动;类型 2,张拉阶段环索可以滑动而使用阶段环索不能滑动;类型 3,张拉阶段及使用阶段环索均不能滑动。

为了研究索撑节点的不同约束形式对结构整体稳定的影响,设计建立了四个不同的计算模型进行对比分析。模型 1:索撑节点为带摩擦可滑移且滑移不受限制节点,考虑每个索撑节点 6% 的预应力损失;模型 2:索撑节点为无摩擦可滑移且滑移不受限制节点;模型 3:索撑节点为带摩擦可滑移节点,考虑每个索撑节点 6% 的预应力损失(即同一圈环索各段索索力由于预应力损失而不同),但是滑移到一定距离后不能再滑动而变为固定;模型 4:环索与撑杆下节点之间不可滑动,但预应力按每段索均匀施加。其中,模型 1、模型 2 用于模拟索撑节点类型 1,模型 3 用于模拟索撑节点类型 2,模型 4 用于模拟索撑节点类型 3。四个模型采用相同的荷载组合工况,材料按线弹性,并考虑实际施工结构变形偏差,进行非线性屈曲分析,得到整体稳定系数分别为 3.375、3.875、5.14、4.40,不同计算模型的结构屈曲模态如图 2.28 所示。

可以看出,约束环索与索撑节点相对滑动,结构稳定承载力有明显提高。对比模型 1 与模型 2 的计算结果,索撑节点引起的拉索摩擦损失降低了结构稳定承载力,其原因在前面已有描述。对比模型 3 与模型 4 的计算结果,采用张拉阶段环索可以滑动而使用阶段环索不能滑动的索撑节点形式得到的结构稳定承载力最高,如果采用张拉阶段及使用阶段环索均不能滑动的索撑节点形式,将影响张拉时索拉力的有效传递,结构稳定承载力降低。本工程采用的索撑节点为张拉阶段环索

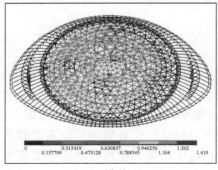

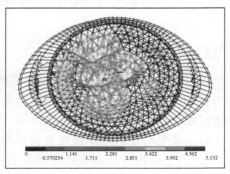

(a) 模型1　　　　　　　　　　　　　　　　　　(b) 模型2

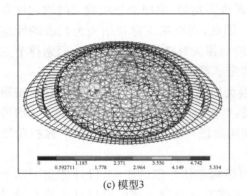

(c) 模型3

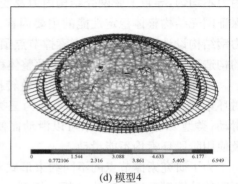

(d) 模型4

图 2.28　不同计算模型的结构屈曲模态

可以滑动而使用阶段环索不能滑动的构造形式,为确保张拉完成后,索撑节点能够有效地束紧环索,设计构造上特别采用了紧固螺栓,并在环索与索撑节点接触缝隙内灌注环氧树脂砂浆,增大环索与节点间摩擦力。

5. 结论

本工程示例及后续的工程设计实例表明,预应力损失对正常使用荷载作用下的结构静力效应影响为 $10\%\sim20\%$,索-钢接触转换节点在张拉阶段应尽可能采取减少摩擦的构造措施,如涂抹黄油等。但分析研究表明,结构在非正常使用荷载作用下处于失稳极限状态时,若该转换节点仍处于可滑动状态,则其体系稳定承载力将下降,降幅可达 15% 以上。因此,预应力张拉完成后,应对索-钢接触转换节点采取加外盖板并紧固,以及在索-钢接触转换节点接触缝内灌注环氧树脂砂浆等措施,增大节点内的索-钢接触摩擦力,提高结构体系的稳定性能。

2.3　预应力对结构稳定性能的影响

2.3.1　预应力的影响

预应力钢结构工程设计中,依据建筑使用功能、结构体系变形(刚度)和构件承载力(强度)等基本性能要求确定结构几何形态、构件和索单元截面尺寸后,依然可以通过优化预应力大小实现结构变形、应力比更小和稳定承载力更高的目标。

对于弦支穹顶和整体张拉索膜结构,预应力对结构安全稳定性能有着较大影响,大量的工程设计经验也表明预应力过大会造成结构失稳极限状态下变形能力(即延性性能)有较大幅度的减小。总之,预应力是预应力钢结构很重要的设计内容,下面以内蒙古伊金霍洛旗全民健身体育活动中心工程索穹顶结构为示例,研究合理预应力的确定方法[11]。

2.3.2　合理预应力确定的工程示例

内蒙古伊金霍洛旗全民健身体育活动中心工程索穹顶结构概况见 5.2.1 节,工程首先展开了预应力张拉与承载全过程分析(详见 2.5.5 节),确定了工程选用索穹顶结构成形态的预应力实现方法,并分析确认了所选用预应力对应的结构成形态的安全合理性。但工程选用的预应力张拉方式、预应力及对应的结构几何成形态是在大量方案比较分析基础上优化得出的,不具有普遍性。由 2.5.5 节分析可知,对于索穹顶结构,在结构自重和索预应力作用下,既定的结构成形态对应的理论公式响应是恒定的,与预应力张拉方式无关。索穹顶的上述结构几何力学特征不仅为预应力张拉方法的制定明确了工作方向,也为预应力优化的确定明确了工作方向。现根据建筑造型确定的结构初始几何形态,通过对斜索施加预应力,在自重作用下结构几何成形态与初始几何形态相同,定义此时的初始预应力为 P_0,尽管实现 P_0 的张拉方式是可变的,但其对应的理论公式响应是一致的。以 P_0 为基本模数加倍施加预应力,分析不同跨度索穹顶结构的性能,寻求不同跨度索穹顶结构合理安全的预应力 P 与 P_0 的关系。本节将建立 4 个不同跨度的计算模型($L_1=60\text{m}$、$L_2=71.2\text{m}$、$L_3=85\text{m}$ 和 $L_4=100\text{m}$),4 个模型采用相同的矢跨比和厚跨比,构件截面同文献[2],索截面满足各模型应力比基本一致。输入相同的设计荷载,各模型结构主索的应力比均控制在 0.33 以内,不同跨度的结构性能规律基本一致,为节省篇幅,这里仅列出 100m 跨度的结构性能曲线,计算结果如图 2.29 及表 2.12~表 2.15 所示。分析可知:

(1)71.2m 跨度索穹顶结构在设计阶段进行了大量方案比选,确定了其预应力 P 及其对应的结构成形态下的弹塑性性能见 2.5.5 节,以结构初始几何形态对应的初始预应力 P_0 进行逐级加倍所得不同结构成形态下的弹塑性性能同样见表 2.13。对比可知,工程设计取的预应力 P 与 $7.5P_0$ 预应力下结构性能相近,体系破坏荷载 P_u 相差 1.2%,第二名义屈服荷载 P_y 相差 2.1%,$P_u/P_y>1.4$,体系破坏变形 D_u 相差 0.2%,第二名义屈服变形 D_y 相差 0.74%,$D_u/D_y>1.4$。由此可见,索穹顶合理安全的预应力对应的结构成形态与结构初始预应力 P_0 对应的结构初始几何形态存在着内在联系。由于特定跨度的索穹顶结构体系的初始几何形态及对应的初始预应力 P_0 具有可确定性,上述规律为索穹顶结构成形态的优化选定明确了工作目标。

(2)4 个不同跨度索穹顶结构(60m、71.2m、85m、100m)在 $10P_0$ 预应力对应的结构成形态下的破坏荷载系数 p_{u1}、p_{u2}、p_{u3}、p_{u4} 分别为 10.01、10.00、9.86、10.73,

相差不超过 9%；第二名义屈服荷载系数 p_{y1}、p_{y2}、p_{y3}、p_{y4} 分别为 6.91、6.81、6.74、6.59，相差不超过 5%；破坏变形指标 D_{u1}/L_1、D_{u2}/L_2、D_{u3}/L_3、D_{u4}/L_4 分别为 1/14.1、1/14.3、1/15.3、1/14.3，相差不超过 9%；第二名义屈服变形指标 D_{y1}/L_1、D_{y2}/L_2、D_{y3}/L_3、D_{y4}/L_4 分别为 1/28.2、1/28.7、1/27.5、1/30.5，相差不超过 11%。由此可见，不同跨度索穹顶结构的预应力张拉完成结构成形态与结构初始几何形态同样存在着内在联系，且在相同预应力下，不同跨度索穹顶结构体系具有相近的弹塑性性能指标。

（3）以弹塑性稳定承载力性能 $P_u/P_y > 1.4$、弹塑性变形性能 $D_u/D_y > 1.8$ 为控制目标，取 $7.5P_0 \sim 10P_0$ 预应力对应的预应力张拉完成结构成形态是安全合理的选择。以弹塑性稳定承载力系数（第二名义屈服荷载系数）大于 4.0、弹塑性变形小于 $L/40$ 作为控制目标，索穹顶结构同样取 $7.5P_0 \sim 10P_0$ 作为初始预应力较为合理。

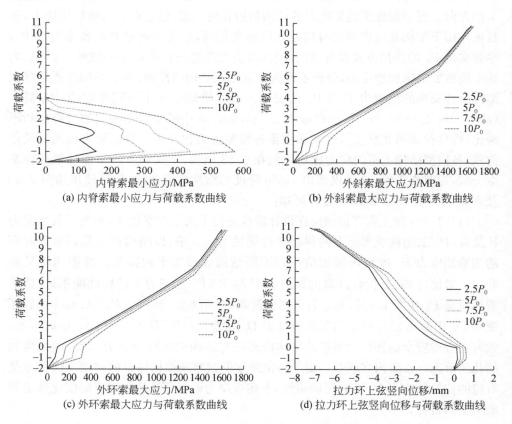

(a) 内脊索最小应力与荷载系数曲线　　(b) 外斜索最大应力与荷载系数曲线

(c) 外环索最大应力与荷载系数曲线　　(d) 拉力环上弦竖向位移与荷载系数曲线

图 2.29　100m 跨度荷载-结构响应曲线

表 2.12　60m 跨度索穹顶结构弹塑性延性性能

预应力		$2.5P_0$	$5P_0$	$7.5P_0$	$10P_0$
稳定承载力性能	p_{u1}	10.08	10.01	10.03	10.01
	p_{y1}	7.35	7.25	7.08	6.91
	$p_{L/40}$	2.6	3.2	3.7	4.2
	p_{u1}/p_{y1}	1.37	1.38	1.42	1.45
变形性能	D_{u1}/m	4.39	4.32	4.27	4.25
	D_{u1}/L_1	1/13.7	1/13.9	1/14.0	1/14.1
	D_{y1}/m	2.74	2.45	2.33	2.13
	D_{y1}/L_1	1/21.9	1/24.5	1/25.8	1/28.2
	D_{u1}/D_{y1}	1.60	1.76	1.83	1.99

表 2.13　71.2m 跨度索穹顶结构弹塑性延性性能

预应力		$2.5P_0$	$5P_0$	$7.5P_0$	$10P_0$
稳定承载力性能	p_{u2}	9.98	10.10	9.98	10.00
	p_{y2}	7.33	7.20	6.99	6.81
	$p_{L/40}$	2.67	3.32	3.95	4.55
	p_{u2}/p_{y2}	1.36	1.40	1.43	1.47
变形性能	D_{u2}/m	5.16	5.14	5.02	4.97
	D_{u2}/L_2	1/13.8	1/13.9	1/14.2	1/14.3
	D_{y2}/m	3.20	2.88	2.70	2.48
	D_{y2}/L_2	1/22.3	1/24.7	1/26.4	1/28.7
	D_{u2}/D_{y2}	1.61	1.78	1.86	2.00

表 2.14　85m 跨度索穹顶结构弹塑性延性性能

预应力		$2.5P_0$	$5P_0$	$7.5P_0$	$10P_0$
稳定承载力性能	p_{u3}	9.97	9.92	9.89	9.86
	p_{y3}	7.30	7.10	6.92	6.74
	$p_{L/40}$	2.70	3.30	4.00	4.60
	p_{u3}/p_{y3}	1.37	1.40	1.43	1.46
变形性能	D_{u3}/m	5.85	5.73	5.66	5.57
	D_{u3}/L_3	1/14.5	1/14.8	1/15.0	1/15.3
	D_{y3}/m	3.85	3.58	3.18	3.09
	D_{y3}/L_3	1/22.1	1/23.7	1/26.7	1/27.5
	D_{u3}/D_{y3}	1.52	1.60	1.78	1.80

表 2.15　100m 跨度索穹顶结构弹塑性延性性能

预应力		$2.5P_0$	$5P_0$	$7.5P_0$	$10P_0$
稳定承载力性能	p_{u4}	10.80	10.74	10.76	10.73
	p_{y4}	7.23	7.05	6.85	6.59
	$p_{L/40}$	2.90	3.60	4.38	5.10
	p_{u4}/p_{y4}	1.49	1.52	1.57	1.63
变形性能	D_{u4}/m	7.26	7.09	7.05	6.97
	D_{u4}/L_4	1/13.8	1/14.1	1/14.2	1/14.3
	D_{y4}/m	4.30	4.08	3.48	3.28
	D_{y4}/L_4	1/23.3	1/24.5	1/28.7	1/30.5
	D_{u4}/D_{y4}	1.69	1.74	2.03	2.13

2.4　预应力与预起拱对结构稳定性能的影响对比分析

2.4.1　预应力的施加

钢筋混凝土结构的预应力施加是张拉钢绞线至预定拉力(设计预应力),切除伸长部分的同时,在混凝土构件端部锁紧索锚具的过程。由于其索单元尺度相对于混凝土构件的几何刚度很小,张拉端千斤顶的拉力读数基本等于索体设计预应力。在钢筋混凝土结构分析模型中不存在索单元,而是以索单元对构件产生等效平衡荷载来体现预应力的存在。

预应力钢结构的张拉是体系由几何不稳定结构或可变机构到几何稳定结构的变化过程。预应力张拉过程中,由于结构已发生较大的变形效应,张拉端测出的是索拉力,并不是设计预应力,如何判定设计预应力是否施加到结构中?由于预应力钢结构中索单元直径及受力远大于预应力钢筋混凝土结构中的钢绞线索,不可能采用现场张拉伸长索再切断锚固的方法,如何进行满足设计预应力的预应力钢结构索的制作及施工?

钢结构的预应力难以直接测量出,而是以某一包括预应力作用效应在内的荷载组合工况下的结构内力来隐式体现。若想判定索的预应力是否有效施加到结构中,只能通过测量结构在某荷载组合工况下索内力是否与理论计算值相吻合来衡量。设计预应力的确定原则是将其作为一种外荷载与其他荷载组合作用下,结构能够满足安全稳定性能时的状态。因此,预应力钢结构分析模型中需设置索单元,通过对索施加强制应变(或降温)的方法来实现对设计预应力的施加。

基于前段论述的预应力钢结构几何力学特征,可采用定长索(索体+索锚具的总长度)的方法来实现设计预应力的施加。定长索的制作取决于三个主要因素:初始长度、设计预应力、切除长度。初始长度是指在未受任何荷载作用时结构体系初始几何形态下的索体几何长度,切除长度是指初始长度的索体在设计预应力作用下的伸长长度,定长索的制作长度等于初始长度减去切除长度。同样基于以上几何力学特征,实际工程中也经常采用在"结构自重+设计预应力"组合荷载工况下,将各索单元长度和对应的索内力作为定长索下料依据。由于索单元的制作长度短于体系初始几何形态下的初始长度,必须通过施加外力才能使索单元就位,在此过程中完成设计预应力的施加。另外,由于预应力钢结构加工、制作和安装误差的存在,实际工程中应该对索单元的内力进行检测,以判定设计预应力是否有效施加;同时应在受力重要的索单元中设置可调节段,对可能出现的偏差进行预应力补偿调整。

2.4.2 预应力对结构作用效应影响工程示例

1. 超大跨度煤场封闭结构工程概况

大跨度拱形煤场封闭工程结构内部使用空间高度要求约为 30m,而结构跨度往往达到 150m 以上,纵向长度往往达到 200m 以上,因此煤场封闭工程的实际拱形结构中部屋面曲率较小,两侧肩部曲率较大。传统钢网架的储煤罩棚结构存在耐腐蚀性差、用钢量高、适用跨度小等问题。

传统的预应力索拱结构体系可以通过预应力作用减小向下荷载(拱方向)产生的拱对支撑结构的侧推力,需结合实际工程特点,通过结构合理布索,充分发挥预应力效能,全面改善竖直向下荷载和向上吸风荷载等不同方向荷载作用下的结构受力性能,使其达到最优的效果,同时保证工程的安全性和经济性。

本示例工程为西来峰煤化工分公司焦化厂二期储煤场环保改造工程[21],位于内蒙古乌海市。煤棚封闭区域长 300m、宽 196m,建筑总高度约 55m,封闭面积 58800m²,储煤量 17.2 万吨。主结构采用四边形拱形桁架,共 8 榀,主结构桁架纵向间距 36m,主桁架下部设置预应力张弦索及斜拉索,通过 V 形撑杆与主桁架连接,张弦索、斜拉索与钢桁架共同作用,形成多阶次预应力结构体系。结构跨中部位布置预应力张弦索,通过竖向撑杆对主拱桁架形成反拱作用,减小竖直向下荷载作用下结构的竖向变形和内力峰值,同时根据建筑功能要求,在工艺设备限高处低点位置设置斜索改善向上吸风荷载作用下的理论公式性能,两端山墙结构采用空间钢管相贯桁架结构。通过设置次桁架体系,增强主桁架在平面外的稳定性。建筑结构示意图如图 2.30 所示。

(a) 建筑整体效果图

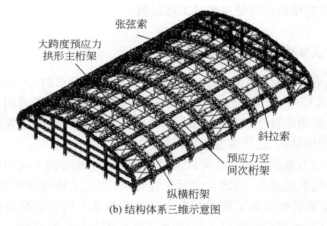

(b) 结构体系三维示意图

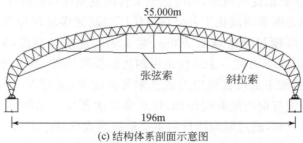

(c) 结构体系剖面示意图

图 2.30　建筑结构示意图

主结构张弦索采用两道,通过夹板式节点与撑杆连接,斜拉索通过穿越张弦索之间的间隙,实现穿插式布索,同时考虑施工偏差、平面外荷载作用等因素,控制张弦索与斜拉索之间的净距,从而在结构使用过程中张弦系统与斜拉系统的索体交叉但不发生碰撞,保证张弦索、斜拉索的应力沿索体方向均匀分布,详见图 2.31。

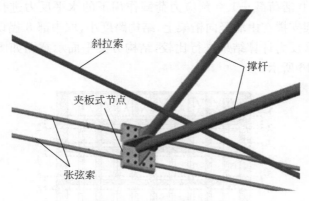

图 2.31　交叉穿索示意图

2. 结构方案选型分析

结构体系在保持建筑外形、不影响储煤工艺的前提下设置了斜拉索,斜拉索的设置在竖直向下荷载作用下可减小拱脚对基础的推力,在向上吸风荷载作用下为抗风索。结构受力分析简图如图 2.32 所示。

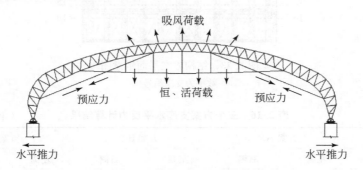

图 2.32　结构受力分析简图

预应力钢结构体系中,预应力索的布置方式对整体结构的受力状态有较大影响。本节针对无预应力斜拉索钢桁架模型(方案 A)、预应力张弦索钢桁架模型(方案 B)、预应力张弦索-斜拉索钢桁架模型(方案 C)三个结构体系方案,分析预应力拉索的布置方式对结构支座反力、杆件内力、变形及整体结构稳定性能的影响。恒荷载取 $0.3kN/m^2$,活荷载取 $0.5kN/m^2$,风荷载基本风压采用 50 年重现期风压

0.55kN/m²,张弦索和斜拉索初拉力均取1000kN。

1)结构支座反力对比分析

大跨度拱形结构的水平反力对基础设计起控制作用,因此对上述三个方案在1.0恒荷载+1.0活荷载+1.0预应力荷载作用下的水平反力进行比较分析。由于两端边榀桁架支撑在山墙竖向桁架上,结构跨度小,取中部8榀设置预应力索的钢桁架支座水平反力计算结果进行比较,结构方案平面示意图如图2.33所示,计算结果如表2.16所示。

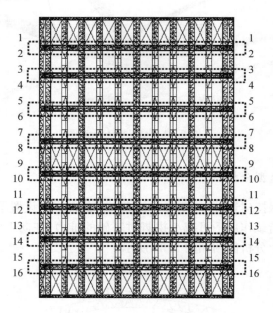

图 2.33　结构方案平面示意图

数字为支座编号

表 2.16　三个方案支座水平反力计算结果　　　　　　　　（单位:kN）

支座编号	方案 A		方案 B		方案 C	
	左侧	右侧	左侧	右侧	左侧	右侧
1	1148	1146	1097	1096	1051	1049
2	1244	1246	1142	1148	1082	1088
3	1482	1482	1349	1353	1289	1293
4	1565	1563	1398	1396	1324	1323
5	1583	1582	1421	1421	1357	1358
6	1667	1668	1478	1481	1398	1403

续表

支座编号	方案 A		方案 B		方案 C	
	左侧	右侧	左侧	右侧	左侧	右侧
7	1591	1590	1421	1420	1354	1355
8	1655	1658	1468	1471	1386	1393
9	1590	1591	1414	1417	1347	1354
10	1661	1663	1471	1477	1387	1395
11	1593	1596	1420	1423	1355	1358
12	1650	1646	1465	1462	1380	1377
13	1504	1505	1364	1368	1302	1308
14	1515	1515	1351	1353	1274	1278
15	1248	1239	1189	1180	1144	1132
16	1126	1121	1032	1029	971	968

由支座水平反力计算结果可以得出如下结论：

(1)与方案 A 相比,方案 B 的支座水平反力减小约 11%。可见,张弦索通过预拉力张紧,可起到减小支座水平反力的作用。

(2)与方案 B 相比,方案 C 的支座水平反力减小约 5%,与方案 A 相比,方案 C 的支座水平反力减小约 16%,说明斜拉索对减小支座水平反力也有良好的效果。

2)结构杆件内力对比分析

针对结构体系 A、B、C 三个方案,在竖直向下荷载(1.2 恒荷载+1.4 活荷载+1.0 预应力荷载)和吸风荷载(1.0 恒荷载+1.4 风荷载+1.0 预应力荷载)作用下,选取中部同一榀钢桁架,对桁架上弦杆和下弦杆的轴力进行比较,分析预应力对结构内力的影响。上、下弦杆分别自左向右依次编号,中部钢桁架单元编号示意图如图 2.34 所示,杆件内力计算结果如表 2.17、表 2.18 和图 2.35 所示。

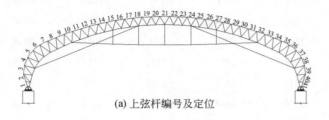

(a)上弦杆编号及定位

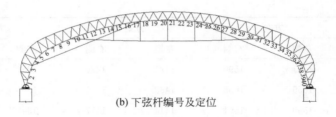

(b) 下弦杆编号及定位

图 2.34 中部钢桁架单元编号示意图

表 2.17 各工况下三个方案的上弦杆轴力计算结果 （单位：kN）

上弦杆编号	1.2 恒荷载＋1.4 活荷载＋1.0 预应力荷载			1.0 恒荷载＋1.4 风荷载＋1.0 预应力荷载		
	方案 A	方案 B	方案 C	方案 A	方案 B	方案 C
1	1689	1443	1410	−2349	−2346	−2481
2	1702	1446	1413	−2181	−218	−2319
3	1975	1752	1721	−205	−2051	−2182
4	2504	2191	2149	−2594	−2597	−2768
5	2573	2181	2127	−2839	−2851	−2831
6	2950	2635	2625	−2747	−2769	−2625
7	2653	2206	2226	−2442	−2483	−2272
8	2069	1541	1571	−1826	−1889	−1669
9	1487	875	912	−1232	−132	−1102
10	827	84	120	−464	−585	−392
11	194	−416	−38	177	72	257
12	413	−96	−36	795	705	856
13	−21	−433	−384	1422	1342	1432
14	−473	−768	−746	2042	1968	1962
15	−92	−1104	−1116	2598	2526	2395
16	−1286	−138	−144	3053	2986	2707
17	−1614	−1627	−1744	3412	3345	2887
18	−1913	−1857	−2038	3671	3601	2934
19	−2076	−1983	−2168	3835	3768	3101
20	−2164	−2056	−2237	3869	3799	3143
21	−2149	−2035	−2209	3851	3773	3131
22	−2168	−2052	−2237	3901	3830	3168

续表

上弦杆编号	1.2恒荷载＋1.4活荷载＋1.0 预应力荷载			1.0恒荷载＋1.4风荷载＋1.0 预应力荷载		
	方案 A	方案 B	方案 C	方案 A	方案 B	方案 C
23	−2085	−1986	−2173	3862	3793	3122
24	−1921	−186	−2043	3690	3619	2949
25	−162	−1629	−1747	3426	3359	2898
26	−1289	−138	−1441	3062	2994	2714
27	−914	−1095	−1108	2602	2530	2398
28	−468	−761	−739	2044	1970	1964
29	−17	−427	−378	1423	1343	1433
30	427	−81	−2	797	707	857
31	193	−412	−378	179	75	258
32	827	88	124	−461	−583	−39
33	1488	879	916	−123	−1318	−1101
34	2071	1545	1574	−1824	−1888	−1668
35	2654	2208	2227	−244	−2482	−227
36	2950	2633	2624	−2745	−2767	−2622
37	2567	2174	2120	−2837	−285	−2828
38	2500	2186	2143	−2593	−2597	−2769
39	1972	1749	1717	−205	−205	−2183
40	1716	1461	1427	−2174	−2173	−2312
41	1701	1455	1422	−2347	−2344	−2477

表 2.18　各工况下三个方案的下弦杆轴力计算结果　　　　（单位：kN）

下弦杆编号	1.2恒荷载＋1.4活荷载＋1.0 预应力荷载			1.0恒荷载＋1.4风荷载＋1.0 预应力荷载		
	方案 A	方案 B	方案 C	方案 A	方案 B	方案 C
1	−5623	−5319	−5317	4158	4116	4219
2	−5576	−5265	−5262	4332	4291	4404
3	−59	−5496	−5481	5145	5107	5264
4	−5388	−4931	−4971	5006	4981	4517
5	−5182	−4675	−4735	5068	5050	4448

下弦杆编号	1.2 恒荷载＋1.4 活荷载＋1.0 预应力荷载			1.0 恒荷载＋1.4 风荷载＋1.0 预应力荷载		
	方案 A	方案 B	方案 C	方案 A	方案 B	方案 C
6	−5507	−483	−5065	5715	5711	4924
7	−4974	−4193	−4449	5240	5259	4427
8	−4237	−3358	−3626	4555	4601	3763
9	−266	−2065	−2284	2723	2751	2078
10	−2221	−168	−1901	2245	2270	1603
11	−2119	−1949	−2231	2487	2431	1567
12	−1542	−1499	−1766	1847	1778	963
13	−1046	−113	−1369	1170	1093	369
14	−547	−751	−955	554	474	−132
15	−114	−425	−586	48	−33	−502
16	218	−182	−288	−367	−452	−749
17	434	69	138	−791	−853	−634
18	568	158	263	−928	−99	−658
19	824	291	503	−1011	−109	−453
20	863	334	539	−976	−105	−436
21	862	333	539	−1027	−1099	−476
22	828	296	508	−105	−1129	−484
23	584	176	281	−954	−1016	−683
24	446	83	151	−806	−868	−65
25	230	−169	−276	−374	−458	−755
26	−105	−415	−578	50	−32	−502
27	−542	−744	−95	562	482	−125
28	−104	−1123	−1364	1181	1105	379
29	−1536	−1493	−1761	1861	1792	975
30	−2112	−1942	−2226	2501	2444	1579
31	−2178	−1637	−1856	2198	2223	1567
32	−2618	−2025	−2242	2683	2711	2047
33	−4234	−3358	−3626	4570	4616	3775
34	−4975	−4192	−445	5260	5279	4443
35	−5507	−4827	−5063	5734	5731	4939

续表

下弦杆编号	1.2恒荷载＋1.4活荷载＋1.0 预应力荷载			1.0恒荷载＋1.4风荷载＋1.0 预应力荷载		
	方案A	方案B	方案C	方案A	方案B	方案C
36	−5184	−4674	−4735	5084	5067	4459
37	−5391	−4931	−4971	5025	5000	4530
38	−5905	−55	−5484	5165	5127	5284
39	−558	−5269	−5266	4354	4313	4424
40	−5627	−5324	−5321	4183	4141	4241

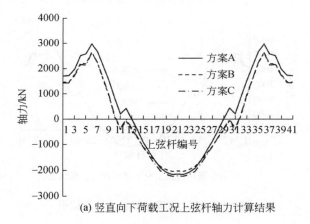

(a) 竖直向下荷载工况上弦杆轴力计算结果

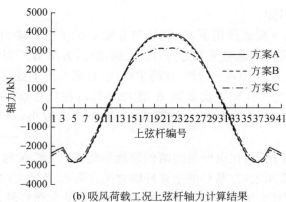

(b) 吸风荷载工况上弦杆轴力计算结果

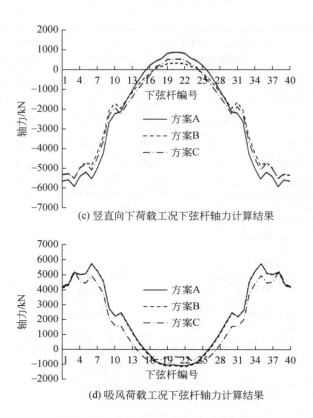

(c) 竖直向下荷载工况下弦杆轴力计算结果

(d) 吸风荷载工况下弦杆轴力计算结果

图 2.35 三个方案弦杆轴力计算结果

由计算结果可知：

(1)在竖直向下荷载作用下,方案 B 与方案 C 的上弦杆轴力分布形状非常相近。在拱桁架的两侧落地端至承受轴力较大的部位,方案 B、C 的上弦杆轴力均小于方案 A,减小比例为 10%～16%;在跨中部位,方案 B 的上弦杆轴力比方案 A 减小 5%,方案 C 的上弦杆轴力比方案 A 增大约 3%;在反弯点(轴力方向变号)部位,方案 B、C 的上弦杆轴力大于方案 A,上弦杆受力较小,对整体结构的影响较小。

在吸风荷载作用下,在拱桁架的两侧落地端附近,方案 A 与方案 B 的上弦杆轴力分布形状非常相近,方案 C 的上弦杆轴力比方案 A、B 增大约 6%;在拱桁架曲率较大、承受轴力较大的部位及反弯点部位,方案 C 的上弦杆轴力比方案 A、B 减小约 5%;在跨中部位,方案 C 的上弦杆轴力比方案 A、B 减小约 20%。

(2)在竖直向下荷载作用下,方案 B 与方案 C 的下弦杆轴力分布形状非常相近。在拱桁架的两侧落地端附近,与方案 A 相比,方案 B 的下弦杆轴力减小了

6%～16%,方案 C 的下弦杆轴力减小了6%～11%;在跨中部位,方案 B 的下弦杆轴力减小了约 60%,方案 C 的下弦杆轴力减小了约 40%;在反弯点弦杆受力较小的部位,方案 B、方案 C 的下弦杆轴力均小于方案 A。

在吸风荷载作用下,方案 A 与方案 B 的下弦杆轴力分布形状非常相近。在拱桁架的两侧落地端附近,方案 C 的下弦杆轴力比方案 A、B 增大约 2.5%,范围较小;在拱桁架曲率较大、承受轴力较大的部位及反弯点部位,方案 C 的下弦杆轴力比方案 A、B 减小约 15%,在跨中部位,方案 C 的下弦杆轴力比方案 A、B 减小约 50%。

综合上、下弦杆在竖直向下荷载作用下的计算结果,可得:①在张弦索分布范围内(主桁架跨中区域),张弦索张力作用使得撑杆产生向上分力,导致上弦构件产生与外部向下荷载作用相反的内力,从而降低了上弦构件的内力。②相对而言,在张弦索分布范围内,桁架下弦杆轴力降低作用更为明显,这是因为张弦索通过撑杆产生向上分力,使得上部桁架上弦杆产生预拉力、下弦杆产生预压力的同时,也对上部桁架整体产生预压力,从而减小了张弦索对桁架上弦杆预拉力作用,加大了对桁架下弦杆预压力作用。③由于张弦索的预张力可以减小拱形结构的外胀变形,在张弦索分布范围外(桁架两侧)的桁架内力有效降低。④斜拉索在竖直向下荷载作用下对结构的有利作用不明显,但斜拉索的拉力可以适当减小支座附近、斜拉索锚固端以下部位的桁架轴力。

综合上、下弦杆在吸风荷载作用下的计算结果,可得:①在主拱桁架落地区域,由于斜拉索的上拔力作用与吸风荷载作用产生同向轴力,上、下弦杆轴力略有增大,但增大幅度较小。②在跨中区域,斜拉索通过撑杆竖直向下的分力,阻止了整体结构在吸风荷载作用下竖直向上的变形趋势,从而有效减小了上、下弦杆轴力。

上述分析表明,本工程方案 C 预应力索的布置对整体结构的有利作用较多,预应力索的布置合理有效,充分发挥了预应力索的作用,体现了预应力钢结构的优势。

3)结构变形对比分析

在竖直向下和吸风荷载作用下,三个方案的结构竖向变形计算结果对比如表 2.19 所示。由计算结果可知:

(1)在竖直向下荷载作用下,方案 A 结构竖向变形为 419mm,方案 B 结构竖向变形为 342mm,方案 C 结构竖向变形为 344mm,可见在张弦索的作用下,与方案 A 相比,方案 B 结构竖向变形减小了 77mm;方案 B 与方案 C 结构竖向变形相接近,方案 C 结构竖向变形略大 2mm,这是因为斜拉索对屋面结构的下拉作用,减小了张弦索的上拱作用,但影响很小。

(2)在吸风荷载作用下,方案 A 结构竖向变形为 403mm,方案 B 结构竖向变形为 415mm,方案 C 结构竖向变形为 346mm,可见在张弦索的作用下,与方案 A 相比,方案 B 结构竖向变形增加了 12mm,张弦索在吸风荷载作用下加大了结构竖向变形;与方案 B 相比,方案 C 结构竖向变形减小了 69mm。因此,斜拉索在吸风荷载作用下可阻止屋面向上的变形,明显减小结构杆件的内力。

表 2.19　三个方案结构竖向变形计算结果　　　　　　　　（单位:mm）

工况	方案 A	方案 B	方案 C
1.2 恒荷载+1.4 活荷载+1.0 预应力荷载	−419	−342	−344
1.0 恒荷载+1.4 风荷载+1.0 预应力荷载	403	415	346

3. 预应力拉索布置位置影响分析

预应力钢结构体系中,预应力拉索的布置位置对整体结构受力性能至关重要。在竖直向下荷载作用下,不改变预应力张弦桁架矢跨比、索初拉力的前提下,改变张弦索锚固端的位置,分析其对拱桁架弦杆轴力及竖向变形的影响;在吸风荷载作用下,不改变预应力张弦桁架矢跨比、索初拉力的前提下,改变斜拉索锚固端位置,分析其对拱桁架弦杆轴力及竖向变形的影响。

1)预应力张弦索锚固端位置影响分析

张弦索在竖直向下荷载作用下发挥主要作用,其锚固端布置位置及布索范围对整体结构受力性能产生较大影响,因此需针对索锚固端的不同布置位置进行对比分析,研究其对整体结构受力性能及变形的影响。张弦索锚固端布置图如图 2.36 所示,不同布置方案的张弦索结构矢跨比均采用相关国家规范推荐的合理参数 1/8,张弦索初拉力均采用 1000kN。计算结果如图 2.37 和表 2.20 所示。

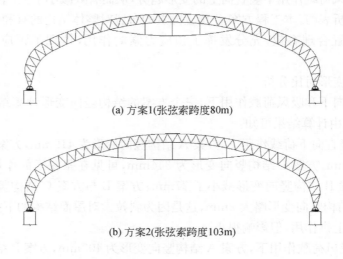

(a) 方案1(张弦索跨度80m)

(b) 方案2(张弦索跨度103m)

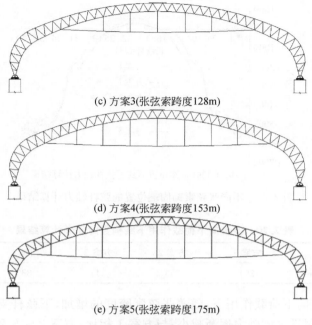

(c) 方案3(张弦索跨度128m)

(d) 方案4(张弦索跨度153m)

(e) 方案5(张弦索跨度175m)

图 2.36 张弦索锚固端布置图

由计算结果可知：

(1)在竖直向下荷载作用下，随着张弦索跨度的增加，上弦杆支座附近区域、拱形弯曲最大附近区域以及曲率较平缓部位轴力逐渐减小，与方案 1 相比，方案 2～方案 5 在支座附近区域减小幅度分别约为 4%、9%、12%、21%，在拱形弯曲最大附近区域减小幅度分别约为 2%、7%、11%、23%，在跨中 50m 范围内，上弦杆轴力随张弦索跨度增加变化不明显。可见，随张弦索跨度的增加，除跨中部位外，其他部位的上弦杆轴力均逐渐减小。

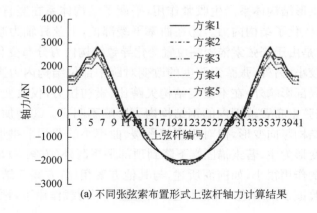

(a) 不同张弦索布置形式上弦杆轴力计算结果

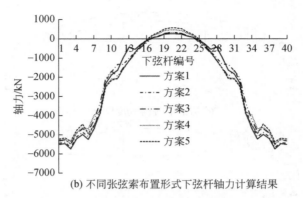

(b) 不同张弦索布置形式下弦杆轴力计算结果

图 2.37　不同张弦索锚固端位置的弦杆轴力计算结果

表 2.20　竖直向下荷载作用下结构竖向变形计算结果

方案	方案 1	方案 2	方案 3	方案 4	方案 5
竖向变形/mm	364	353	344	332	334

(2)在竖直向下荷载作用下,随着张弦索跨度的增加,下弦杆支座附近区域及拱形弯曲最大附近区域轴力逐渐减小,与方案 1 相比,方案 2~方案 5 在支座附近区域减小幅度分别约为 1%、3%、4%、5%,在跨中 50m 范围内,下弦杆轴力随张弦索跨度增加变化不明显。

(3)在竖直向下荷载作用下,随张弦索跨度的增加,方案 1~方案 4 整体结构的竖向变形逐渐减小,与方案 1 相比,方案 2~方案 4 减小幅度分别约为 3%、5%、9%,但方案 5 与方案 4 相比,结构竖向变形变化不明显,甚至略有增加。可见,随着张弦索跨度的增加,拉索布置在一定的高度范围内可以减小结构竖向变形。

综上所述,分析可知:①在竖直向下荷载作用下,预应力张弦索减小了上、下弦杆落地端及拱形弯曲最大处轴力,且随着张弦索跨度的增加,轴力逐渐减小,这是由于张弦索对拱形结构体系产生收紧作用,平衡了结构体系在竖直向下荷载作用下的外扩效应,优化了结构内力。②在曲率平缓部位,上弦杆轴力减小,下弦杆轴力有所增大,这是由于张弦索锚固端位置变化导致结构内力分布变化,但对该部位结构总体影响较小;另外,张弦索跨度的改变对跨中部位结构内力影响很小,说明除锚固端位置局部影响外,在不改变结构矢跨比、索初拉力,仅改变索跨度和矢高的情况下,对张弦索布置范围内的钢结构内力影响不明显。③增加张弦索跨度及矢高可以减小结构竖向变形,但对于顶部平缓、曲率小的非标准拱形结构,竖向变形以顶部弯曲变形为主,若索锚固端下降到顶部平缓区外(方案 5),结构预应力对改善结构挠度的作用很小,如前面所述,与其他方案相比,方案 5 结构跨中杆件轴力有所增大也验证了该结论。④总体上,在竖直向下荷载作用下,预应力张弦索跨度的增加对拱形大跨度结构体系产生有利效果,同时考虑下部使用空间的限制,本工程最终采用方案 3 的预应力张弦索布置形式。

2)预应力斜拉索锚固端位置影响分析

本工程预应力钢桁架结构体系中预应力斜拉索在吸风荷载作用下发挥主要作用。根据上节分析,选取方案 3 的预应力张弦索布置形式,针对斜拉索的布置位置变化进行对比分析,研究其在吸风荷载作用下对整体结构受力性能的影响。由于受到使用空间的限制,斜拉索锚固端布置图如图 2.38 所示,斜拉索下端位置不动,只调整斜拉索上端位置,各方案斜拉索初拉力均采用 1000kN,计算结果如图 2.39 和表 2.21 所示。

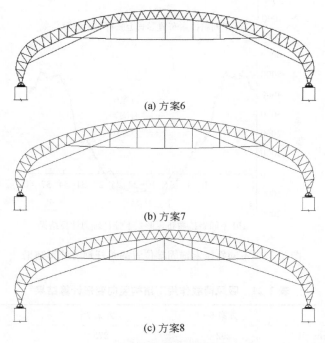

(a) 方案6

(b) 方案7

(c) 方案8

图 2.38　斜拉索锚固端布置图

由计算结果可知:

(1)在吸风荷载作用下,随着斜拉索上端位置向跨中移动,上弦杆支座附近区域及拱形弯曲最大附近区域轴力逐渐增大,与方案 6 相比,方案 7、方案 8 在支座附近区域增大幅度分别约为 2%、5%,在拱形弯曲最大附近区域增大幅度分别约为 2%、6%,曲率平缓部位由于受到斜拉索上端位置变化的影响,反弯点位置向跨中部位移动,拉压变号位置也向跨中移动,该部位轴力较小,对结构体系的影响亦较小。在跨中 50m 范围内,随着斜拉索上端位置向跨中移动,方案 7 的上弦杆轴力比方案 6 减小了约 10%,方案 8 与方案 7 结果相近,仅跨中 20m 范围内,进一步减小约 8%。

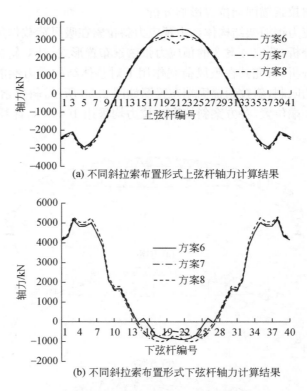

(a) 不同斜拉索布置形式上弦杆轴力计算结果

(b) 不同斜拉索布置形式下弦杆轴力计算结果

图 2.39　不同斜拉索锚固端位置的弦杆轴力计算结果

表 2.21　吸风荷载作用下结构竖向变形计算结果

方案	方案 6	方案 7	方案 8
竖向变形/mm	292	273	299

(2)在吸风荷载作用下,随着斜拉索上端位置向跨中移动,下弦杆支座附近区域及拱形弯曲最大附近区域轴力逐渐增大,与方案 6 相比,方案 7、方案 8 在支座附近区域增大幅度分别约为 1%、3%,在拱形弯曲最大附近区域增大幅度分别约为 1%、5%,曲率平缓部位与上弦杆规律基本一致。在跨中 50m 范围内,随着斜拉索下端位置向跨中移动,方案 7 的下弦杆轴力比方案 6 减小了约 40%,方案 8 与方案 6 相比,下弦杆轴力在跨中 20m 范围减小了约 15%,其余范围内增大了约 50%。

(3)在吸风荷载作用下,随斜拉索上端位置向跨中移动,方案 7 的竖向变形最小。

综上所述，在吸风荷载作用下，随着斜拉索上端位置向跨中移动，结构的上、下弦杆落地端及拱形弯曲最大部位附近轴力均有所增大，但增大幅度较小，在跨中部位，方案 7 的上、下弦杆轴力减小最为明显。

4. 预应力拉索初拉力取值分析

预应力钢结构体系中，通过张弦索使结构产生预应力，针对预应力张弦索＋斜拉索钢桁架结构体系，张弦索和斜拉索的初拉力选取影响结构受力性能，因此在竖直向下荷载和吸风荷载作用下，不改变预应力张弦桁架矢跨比、拉索布置位置的前提下，分别改变张弦索和斜拉索的初拉力，分析其对拱桁架上、下弦杆轴力的影响。

1）张弦索初拉力取值分析

本工程预应力钢桁架结构体系中张弦索在竖直向下荷载作用下发挥主要作用，张弦索的初拉力对整体结构受力性能产生较大影响，因此针对张弦索的不同初拉力进行对比分析，研究其对整体结构受力性能及变形的影响。依据前面结论，以方案 3 为研究对象，张弦索初拉力分别取值为 500kN（方案 9）、1000kN（方案 10）、1500kN（方案 11）和 2000kN（方案 12），计算结果如图 2.40 所示。

由计算结果可知：

（1）在竖直向下荷载作用下，随着张弦索初拉力的增加，弦杆的轴力总体逐渐减小。与方案 9 相比，方案 10～12 上弦杆轴力在支座附近区域减小幅度分别约为 6％、11％、17％，在拱形弯曲最大附近区域减小幅度分别约为 4％、8％、12％，在跨中范围减小幅度分别为 3％、5％、8％；与方案 9 相比，方案 10～12 下弦杆轴力在支座附近区域减小幅度分别约为 2％、4％、6％，在拱形弯曲最大附近区域减小幅度分别约为 5％、9％、12％，在跨中范围减小幅度较为明显，方案 12 比方案 9 减小约 90％。

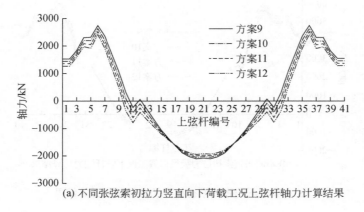

(a) 不同张弦索初拉力竖直向下荷载工况上弦杆轴力计算结果

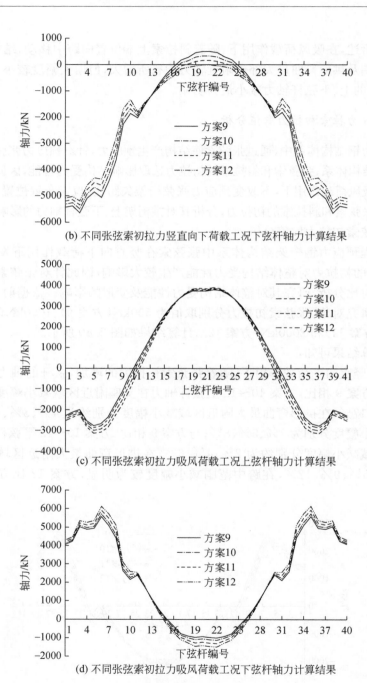

(b) 不同张弦索初拉力竖直向下荷载工况下弦杆轴力计算结果

(c) 不同张弦索初拉力吸风荷载工况上弦杆轴力计算结果

(d) 不同张弦索初拉力吸风荷载工况下弦杆轴力计算结果

图 2.40 不同张弦索初拉力的弦杆轴力计算结果

(2)在吸风荷载作用下,随着张弦索初拉力的增加,弦杆轴力总体逐渐增大。与方案 9 相比,方案 10～12 上弦杆轴力在支座附近区域增大幅度分别约为 3%、7%、10%,在拱形弯曲最大附近区域增大幅度分别约为 4%、10%、15%,在跨中范围较为接近;与方案 9 相比,方案 10～12 下弦杆轴力在支座附近区域增大幅度分别约为 1%、3%、6%,在拱形弯曲最大附近区域增大幅度分别约为 2%、6%、10%,在结构跨中区域增大幅度较为明显,方案 12 比方案 9 增大约 50%。

综上分析可知:①随着张弦索初拉力的增加,在竖直向下荷载作用下受压杆件轴力的总体减小幅度小于受拉杆件,在吸风荷载作用下受压杆件轴力的总体增大幅度大于受拉杆件;②在吸风荷载作用下,拱形弯曲最大处上弦杆轴力随着张弦索初拉力的增加而增大,当张弦索初拉力大于 1000kN 时,轴力增大幅度高于竖直向下荷载作用下的轴力减小幅度,且增幅与减幅的不利差值逐渐扩大;③随着张弦索初拉力增加,上弦杆轴力在竖直向下荷载作用下减幅与吸风荷载作用下增幅的有利差值逐渐扩大;④随着张弦索初拉力的增加,下弦杆轴力在竖直向下荷载作用下减幅与吸风荷载作用下增幅的有利差值逐渐减小。综合考虑,张弦索初拉力取值为 1000kN。

2)斜拉索初拉力取值分析

本工程预应力钢桁架结构体系中斜拉索在吸风荷载作用下发挥主要作用,针对斜拉索的不同初拉力进行对比分析,研究其对整体结构受力性能及变形的影响。依据前面结论,以方案 7 为研究对象,张弦索初拉力取值为 1000kN,斜拉索初拉力分别取值为 500kN(方案 13)、1000kN(方案 14)、1500kN(方案 15)和 2000kN(方案 16)进行分析,计算结果如图 2.41 所示。

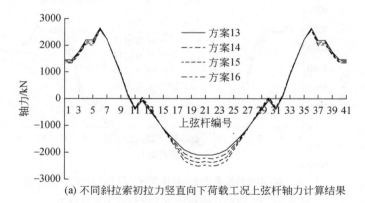

(a) 不同斜拉索初拉力竖直向下荷载工况上弦杆轴力计算结果

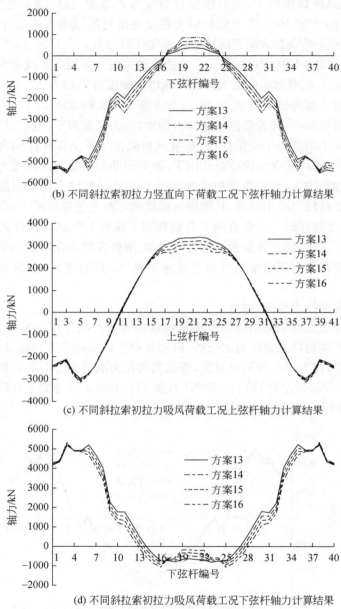

(b) 不同斜拉索初拉力竖直向下荷载工况下弦杆轴力计算结果

(c) 不同斜拉索初拉力吸风荷载工况上弦杆轴力计算结果

(d) 不同斜拉索初拉力吸风荷载工况下弦杆轴力计算结果

图 2.41　不同斜拉索初拉力的弦杆轴力计算结果

由计算结果可知：

(1)在竖直向下荷载作用下，与方案 13 相比，方案 14～16 上弦杆轴力在支座附近区域及拱形弯曲最大附近区域变化幅度很小,在跨中区域逐渐增大,增大幅度分别约为 6%、12%、18%;与方案 13 相比,方案 14~16 下弦杆轴力在支座附近区域逐渐减小,但变化幅度不大;在拱形弯曲最大附近区域逐渐增大,增大幅度分别约为 4%、7%、10%,在跨中区域逐渐增大且较为明显,方案 16 比方案 13 增大约 133%。

(2)在吸风荷载作用下,与方案 13 相比,方案 14~16 上弦杆轴力在支座附近及拱形弯曲最大附近区域变化不明显,在跨中区域减小幅度分别约为 5%、10%、13%;与方案 13 相比,方案 14~16 下弦杆轴力在支座附近区域变化不明显,在拱形弯曲最大区域附近减小幅度分别约为 4%、7%、10%,在跨中区域减小幅度分别约为 23%、46%、69%。

综上分析可知:①随着斜拉索初拉力的增加,在竖直向下荷载作用下受拉杆件轴力的总体增大幅度小于受压杆件,在吸风荷载作用下受拉杆件轴力的总体减小幅度大于受拉杆件;②在竖直向下荷载作用下,跨中上弦杆压力随着斜拉索初拉力的增加而增大,当斜拉索初拉力大于 1000kN 时,轴力增大幅度大于吸风荷载作用下的减小幅度,且增幅与减幅的不利差值逐渐扩大;③随着斜拉索初拉力的增加,下弦杆轴力在竖直向下荷载作用下减幅与吸风荷载作用下增幅的有利差值无明显变化。综合考虑,斜拉索初拉力取值为 1000kN。

5. 结论

(1)通过对无预应力拉索-钢桁架结构体系、预应力张弦索钢桁架结构体系、预应力张弦索-斜拉索钢桁架结构体系的支座水平反力、结构杆件内力、结构竖向变形等力学性能的分析,得出预应力张弦索-斜拉索钢桁架结构体系布置合理,力学性能最好,经济性能最佳,为最合理的结构方案。

(2)预应力钢结构体系中,预应力拉索的布置位置直接影响整体结构受力性能。通过对预应力张弦索-斜拉索钢桁架结构体系中张弦索锚固端和斜拉索上端布置位置变化对结构杆件内力和变形的影响分析,得出合理的布索方案,从而达到结构体系布置合理、经济性能最佳的效果。

(3)张弦索、斜拉索的初拉力取值分析表明,对结构引入合理预应力总体上可以降低不同方向荷载作用下的结构内力,进一步对内力变化程度进行比较分析,得到了合理的张弦索与斜拉索的初拉力取值。

2.4.3　预应力与预起拱对结构稳定性能影响对比工程示例

对于大跨度钢结构设计,当钢构件强度满足而结构变形不满足相关设计标准要求时,结构设计工程师面临两个疑惑:一是选用预应力技术还是预起拱措施,若仅以工程易实施性和经济性考虑,应优选预起拱措施;二是对于强度满足要求、变形很大的结构,按相关设计标准规定,通过预起拱可以同步实现结构弹性阶段的强度和变形设计指标要求,但是起拱值甚至超过结构跨度的 1/200,在非正常使用荷载作用极限状态下,刚度如此柔的结构是否会发生结构整体失稳? 本节通过东北师范大学体育馆大跨度钢桁架结构工程设计研究,开展预应力与预起拱对结构稳定性能影响的对比分析,回答上述疑惑。

1. 东北师范大学体育馆工程概况

东北师范大学体育馆屋盖钢结构[18]采用空间钢桁架-体内预应力结构,体育馆主馆入口雨棚采用张弦梁预应力钢结构。主馆屋面是标高逐渐变化的空间曲面,屋面沿横向布置 16 榀三角形空间桁架,桁架最大跨度 70m,最小跨度 40m,由于建筑净高要求,桁架高度最大为 2.7m,高跨比为 1/26。屋盖建筑效果图如图 2.42 所示。

 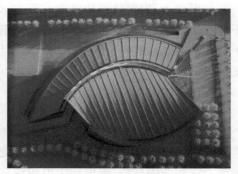

(a) 建筑整体效果图　　　　　　　　　　(b) 屋盖钢结构效果图

图 2.42　屋盖建筑效果图

屋盖钢结构体系主要包括上弦桁架、下弦桁架、腹杆、边桁架、刚性檩条等,如图 2.43 所示,其中 16 榀沿横向布置的桁架断面均为三角形,即工程 2 根上弦杆和 1 根下弦杆。为了增加桁架的刚度,减小屋面结构的变形,沿桁架下弦钢管内通长设置预应力索,预应力索在钢管的两端锚固,钢管内设置隔板固定预应力索位置,如图 2.44 所示。

钢桁架节点采用钢管相贯直接焊接节点,索与撑杆、钢管连接节点采用专业单位制作的铸钢节点,H 型钢、方钢管连接采用高强度螺栓连接及焊接节点。所有钢材均为焊接结构用钢,均应按照国家有关标准的要求进行拉伸试验、弯曲试验、V形缺口冲击试验、Z 向性能和熔炼分析,满足可焊性要求,并提供钢材的质量证明和复验报告。预应力钢索采用高强度、低松弛钢绞线,单根钢丝直径为 7mm 和

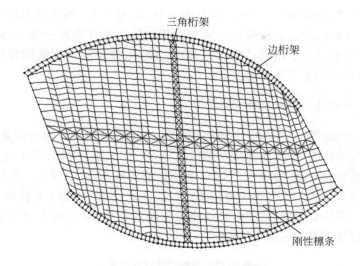

图 2.43　屋盖钢结构平面布置图

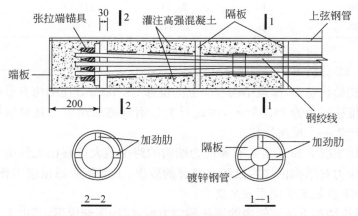

图 2.44　预应力锚固端构造图(单位:mm)

5mm,钢索抗拉弹性模量应不小于 $1.95×10^5$ MPa。

　　针对本工程的特点,为全面研究预应力、结构强度、变形及体系稳定性能的内在关系,稳定性分析中选取跨度最长的一榀三角形空间桁架作为研究对象,其跨度的两端采用铰接支座,并按实际工程建立檩条作为单榀桁架的平面外约束。结构设计的静力分析采用 MIDAS 有限元软件,稳定性分析采用 ANSYS 有限元软件,桁架的上下弦杆采用 Beam188 单元,腹杆采用 Link8 单元,预应力索采用 Link10 单元,对预应力索给初始应变模拟索的初始张拉预应力,为考虑材料塑性的影响,单元的本构关系采用经典双线性随动强化模型,钢材弹性模量取 $2.06×10^5$ MPa,

预应力钢绞线弹性模量取 $1.95 \times 10^5 \mathrm{MPa}$,泊松比为 0.3。预应力索在主桁架钢管内通长布置、两端锚固,为使预应力索与钢管共同工作且变形一致,对索节点和桁架下弦杆节点沿垂直于钢管径向的位移进行耦合,使预应力索沿钢管径向能够自由滑动且保证与桁架下弦杆的变形一致。

2. 预应力对结构静力性能影响分析

针对本工程的特点和预应力施加的过程,本节对如下工况进行计算分析:工况 1——初始张拉状态,不考虑荷载及结构自重,仅考虑预应力作用;工况 2——自重状态,不考虑竖向荷载,仅考虑结构自重和预应力作用;工况 3——有预应力,1.0 恒荷载+1.0 活荷载+1.0 预应力荷载;工况 4——无预应力,1.0 恒荷载+1.0 活荷载。利用 MIDAS 有限元软件对结构进行静力分析,对上述工况下结构的位移进行比较,计算结果如表 2.22 所示。

表 2.22　结构位移计算结果

工况	1	2	3	4
位移/mm	95.12	24.63	211.77	341.02
相对位移	1/736	1/2842	1/331	1/205

由表 2.22 分析可知:

(1)在初始状态下,屋盖结构有向上的位移 95.12mm,在结构自重和预应力作用下,结构位移减小为 24.63mm,因此对主弦钢管施加预应力是对结构施加一个反向荷载,产生一个反向位移。

(2)对比工况 3 和工况 4,有预应力结构的跨中最大位移比无预应力结构减小 37.9%,预应力对结构位移的控制有显著的效果,工程不考虑预应力作用时,结构刚度(变形)不满足正常使用安全要求。

通过张拉结构下弦钢管内的通长预应力索,结构逐渐成形,其中上弦梁在成形过程中受到弯矩和轴力的共同作用,为压弯构件或拉弯构件,图 2.45 为上弦杆在正常使用条件下轴力、弯矩沿跨度方向分布图,受拉为正,受压为负。从图 2.45(a)可以看出,两种结构轴力分布趋势基本相同,相差较小,可见预应力对上弦杆的内力分布影响较小。从图 2.45(b)可以看出,在端部 1/4 范围内,杆件弯矩存在反弯点,对上弦杆弯矩影响幅度超过 20%,但上弦杆件的弯矩值相对较小,因此总体上,施加在下弦杆上的预应力对上弦内力的影响可忽略不计。

图 2.46 为下弦杆在正常使用条件下轴力、弯矩沿跨度方向分布图。可以看出,两种结构的轴力和弯矩分布趋势一致,由于张拉端预应力的作用,有预应力结构的两端杆件受压,施加预应力可以减小杆件的轴力,最大降幅可达 44%,从而达

到减小截面面积、降低用钢量的目的。

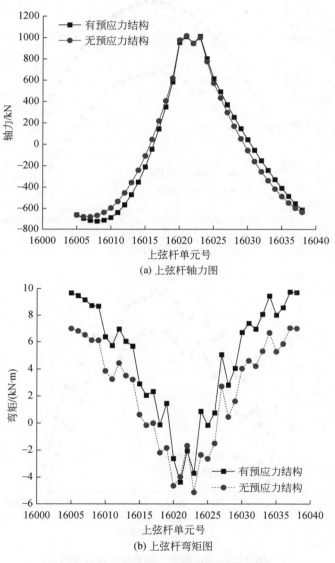

(a) 上弦杆轴力图

(b) 上弦杆弯矩图

图 2.45　上弦杆内力沿跨度方向分布图

　　腹杆与上弦杆、下弦杆铰接，为二力杆件，只受压力或拉力，有预应力结构腹杆的最大拉力为 426.43kN，最大压力为 377.27kN，无预应力结构腹杆的最大拉力为 421.66kN，最大压力为 372.59kN，可见预应力的施加对结构腹杆内力的影响较小，从其全跨腹杆内力值还可以看出，其内力分布不均匀，且数值很小。

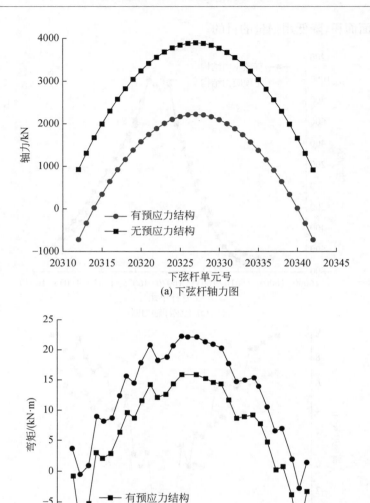

(a) 下弦杆轴力图

(b) 下弦杆弯矩图

图 2.46　下弦杆内力沿跨度方向分布图

　　以上分析表明,对结构施加预应力可以明显减小结构跨中最大位移,对结构位移的控制作用有显著效果;预应力对结构上弦杆及腹杆内力的影响较小,而对结构下弦杆内力的影响较大,达到了减小截面面积、降低用钢量的目的。

3. 仅基于构件强度的结构性能设计

结构强度安全性能满足要求是结构设计的首要控制目标,为全面掌握体内预应力对大跨度钢管桁架结构体系性能的影响规律,分别选取结构厚度为 2.4m、2.7m、3.0m、3.3m、3.6m、3.9m、4.2m,对应的矢跨比为 1/29、1/26、1/23、1/21、1/19、1/18、1/17,构件尺寸的选定以满足材料强度要求为准则,即杆件应力比小于 1。在此基础上研究不同矢跨比情况下的结构变形、体系稳定性能,计算结果列于表 2.23,矢跨比与各参数关系曲线如图 2.47 所示,结构失稳时的荷载-位移曲线如图 2.48 所示。

表 2.23　预应力钢管桁架计算结果

结构厚度/m		2.4	2.7	3.0	3.3	3.6	3.9	4.2
矢跨比		1/29	1/26	1/23	1/21	1/19	1/18	1/17
上下弦杆尺寸/(mm×mm)	上弦圆管	Φ168×5	Φ152×5	Φ146×5	Φ140×4.5	Φ133×4	Φ127×4	Φ121×4
	下弦圆管	Φ203×12	Φ194×12	Φ194×12	Φ194×10	Φ194×10	Φ194×9	Φ194×8
用钢量/t		10.04	8.93	8.78	7.47	6.99	6.46	5.92
正常使用状态	弹性变形/m	0.293	0.269	0.226	0.220	0.197	0.186	0.179
	相对弹性变形	1/239	1/261	1/310	1/319	1/357	1/377	1/391
双非线性失稳极限状态	大变形值/m	1.968	1.698	1.533	1.484	1.368	1.132	0.925
	相对大变形值	1/36	1/41	1/46	1/47	1/51	1/62	1/76
	稳定承载力系数	1.9	2.14	2.38	2.61	2.85	3.08	3.33

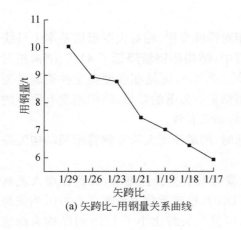

(a) 矢跨比-用钢量关系曲线

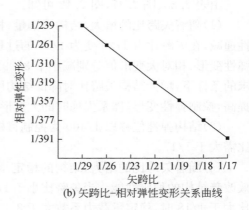

(b) 矢跨比-相对弹性变形关系曲线

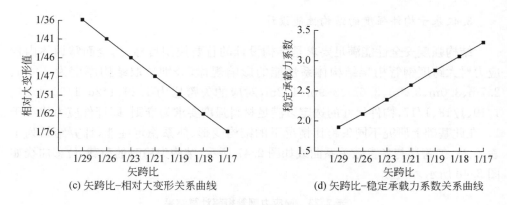

(c) 矢跨比-相对大变形关系曲线　　　　(d) 矢跨比-稳定承载力系数关系曲线

图 2.47　矢跨比与各参数关系曲线

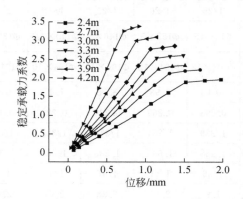

图 2.48　结构失稳时的荷载-位移曲线(基于构件强度)

由表 2.23、图 2.47、图 2.48 可知：

(1)随着矢跨比的增大,结构用钢量、相对弹性变形、相对大变形值基本上呈线性递减,在矢跨比由 1/29 变为 1/17 的过程中,结构用钢量降低了 41%,结构相对弹性变形、相对大变形值分别减小了 38.9%、52.6%,可见在强度安全性能满足要求的条件下,增大结构矢跨比对降低结构用钢量有显著的效果,结构刚度有明显的提高,控制弹性变形、体系失稳时的大变形均非常有效。

(2)结构弹性位移以 1/400 为控制目标时,两端简支大跨度钢管桁架结构矢跨比需大于 1/17。

(3)随着矢跨比的增大,结构的稳定承载力系数呈线性增加,矢跨比增大能有效改善结构的稳定性能。当矢跨比小于 1/18 时,稳定承载力系数小于 3.0,当矢跨比大于 1/18 时,稳定承载力系数大于 3.0,可见当矢跨比小于 1/18 时结构为稳定承载力控制,当矢跨比大于 1/18 时结构为强度控制。

(4)随矢跨比由 1/29 增大到 1/17,结构体系失稳时的大变形值由 1.968m 下降为 0.925m,当结构失稳大变形性能目标取相同值时,矢跨比大于 1/18 时,相对大变形值小于 1/60,而当矢跨比小于 1/18 时,尽管稳定承载力提高,但大变形延性性能已不满足。

由此可见,仅基于强度安全设计的大跨度钢管桁架结构,当矢跨比小时,不能满足结构体系两阶段延性性能设计目标,应进行基于大变形性能的双非线性分析设计,且应进行强屈比、大变形双重延性性能指标控制,方可确保结构变形性能安全。

4. 基于构件强度和结构弹性位移要求的结构性能设计

由上述分析可知,工程结构在矢跨比小于 1/17 时,强度安全能够满足,但结构弹性位移大于结构的 1/400,可采用结构预起拱、加大用钢量、施加预应力等方法使结构满足弹性位移限值要求。下面将分别应用上述三种方法来实现结构强度安全且弹性位移满足要求,并分析不同方法对结构两阶段双重延性性能的影响。

1)通过预起拱满足结构设计目标要求

当结构弹性位移超限时,可以对结构预先起拱一定位移,使结构在荷载作用下的弹性位移满足规范要求,起拱值以使结构在荷载作用下的挠度限制在跨度的 1/400 左右为原则,且差值在 5% 以下,将上述不同矢跨比结构在预起拱状态下的计算结果列于表 2.24,并将预起拱结构和不起拱结构的稳定承载力系数关系绘于图 2.49,预起拱结构失稳时的荷载-位移曲线如图 2.50 所示。

表 2.24　预应力钢管桁架预起拱计算结果

结构厚度/m		2.4	2.7	3.0	3.3	3.6	3.9	4.2
矢跨比		1/29	1/26	1/23	1/21	1/19	1/18	1/17
起拱值/m		0.144	0.107	0.059	0.051	0.032	0.016	0.006
上下弦杆 尺寸/ (mm×mm)	上弦圆管	Φ168×5	Φ152×5	Φ146×5	Φ140×4.5	Φ133×4	Φ127×4	Φ121×4
	下弦圆管	Φ203×12	Φ194×12	Φ194×12	Φ194×10	Φ194×10	Φ194×9	Φ194×8
用钢量/t		10.04	8.93	8.78	7.47	6.99	6.46	5.92
正常使用 状态	弹性变形/m	0.169	0.174	0.172	0.172	0.166	0.171	0.173
	相对弹性变形	1/414	1/403	1/408	1/407	1/421	1/410	1/404
双非线性 失稳极 限状态	大变形值/m	1.806 (−8)	1.294 (−24)	0.863 (−44)	0.707 (−52)	0.602 (−56)	0.450 (−60)	0.344 (−63)
	相对大变形值	1/39	1/54	1/81	1/99	1/116	1/155	1/203
	稳定承载力系数	2.47(30)	2.53(18)	2.62(10)	2.83(8)	3.01(6)	3.19(4)	3.42(3)

注:括号内数字为与仅满足强度时相比增加的百分比,%。

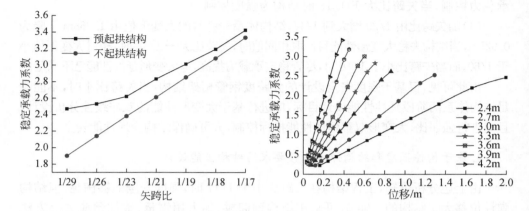

图 2.49　稳定承载力系数与矢跨比关系曲线　　图 2.50　预起拱结构失稳时的荷载-位移曲线

由表 2.24、图 2.49、图 2.50 分析可知：

(1)预起拱可以提高大跨度钢管桁架结构的稳定承载力系数,但随着结构矢跨比由 1/29 增大至 1/17,稳定承载力系数提高的幅度由 30% 降低到 3%,由此可见,对于矢跨比较小、自身刚度较弱的结构,依靠预起拱实现弹性位移设计目标的同时,稳定承载力性能提高的效果很明显,而矢跨比大于 1/18 时,稳定承载力性能几乎没有提高。

(2)预起拱能显著减小体系失稳时的大变形值,随着矢跨比由 1/29 增大到 1/17,大变形值减小幅度由 8% 增加至 63%,预起拱减小体系大变形值对控制体系倒塌破坏有利,但同时造成倒塌前延性变形能力大幅度损失,对结构延性稳定性能是不利的。

(3)预起拱对矢跨比小(1/29)、刚度小的结构稳定承载力系数提高达 30%,但对其大变形值减小幅度仅为 8%;而预起拱对矢跨比大(1/17)、刚度大的结构大变形值减小幅度超过 60%,但对其稳定承载力系数提高仅为 3%,因此以结构体系失稳时双重延性性能目标同时进行控制时,预起拱对结构体系稳定延性性能提高幅度小于 8%。

(4)对工程跨度 70m 的大跨度钢管桁架结构采用预起拱措施,需对实现稳定承载力系数大于 3.0,相对大变形值小于 1/60 的双重目标进行安全控制,结构矢跨比需大于 1/18。

2)通过加大用钢量满足结构设计目标要求

当结构弹性位移超限时,可以通过调整杆件的截面尺寸、提高结构自身刚度来实现弹性位移目标,此时结构的用钢量会增加。现将上述不同矢跨比结构在用钢量增加状态下的计算结果列于表 2.25,结构失稳时的荷载-位移曲线如

图 2.51 所示。

表 2.25　预应力钢管桁架增加用钢量计算结果

结构厚度/m		2.4	2.7	3.0	3.3	3.6	3.9	4.2
矢跨比		1/29	1/26	1/23	1/21	1/19	1/18	1/17
上下弦杆尺寸/(mm×mm)	上弦圆杆	Φ168×10	Φ152×10	Φ146×10	Φ140×10	Φ133×8	Φ127×8	Φ121×8
	下弦圆杆	Φ377×16	Φ273×16	Φ203×16	Φ203×14	Φ194×12	Φ194×9	Φ194×8
用钢量/t		21.77(117)	16.99(90)	14.02(60)	12.89(73)	10.27(47)	8.79(36)	7.04(19)
正常使用状态	弹性变形/m	0.174	0.171	0.174	0.161	0.162	0.172	0.170
	相对弹性变形	1/402	1/409	1/403	1/434	1/433	1/407	1/412
双非线性失稳极限状态	大变形值/m	1.462	0.963	1.285	0.876	0.867	1.002	0.653
	相对大变形值	1/48	1/73	1/54	1/80	1/81	1/70	1/108
	稳定承载力系数	2.28	2.90	4.08	4.12	4.67	3.46	3.86

注:括号内数字为与仅满足强度时相比增加的百分比,%。

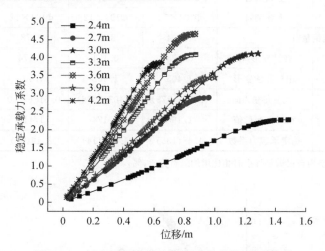

图 2.51　加大用钢量结构失稳时的荷载-位移曲线

由表 2.25 和图 2.51 可知:

(1)当采用加大用钢量方法使结构弹性位移满足要求时,随着矢跨比的增大,用钢量增加的幅度逐渐减小。

(2)加大用钢量后,体系稳定承载力性能及大变形延性性能都有增加,对大跨度预应力空间结构基本上可以采用加大用钢量的方法实现结构体系两阶段双重延性性能设计目标,但对于矢跨比为 1/29～1/17 的结构体系,用钢量分别增加了

117%～19%,技术经济性能差。

(3)工程选用矢跨比为 1/26,按结构体系双重延性性能设计,用钢量需加大 90%方可满足性能目标要求,因此加大用钢量方法显然不应成为工程实际选择的方案。

3)通过施加预应力满足结构设计目标要求

随着预应力技术的发展,在大跨度钢结构中越来越多地应用预应力技术来提高结构的刚度及稳定性能,预应力值以施加预应力起拱后结构在荷载作用下的弹性变形满足要求为原则确定。现将不同矢跨比结构在施加预应力状态下的计算结果列于表 2.26,施加预应力结构失稳时的荷载-位移曲线如图 2.52 所示。

表 2.26　预应力钢管桁架施加预应力计算结果

结构厚度/m		2.4	2.7	3.0	3.3
矢跨比		1/29	1/26	1/23	1/21
预应力值/kN		700	500	200	100
上下弦杆尺寸 /(mm×mm)	上弦圆管	$\Phi168\times5$	$\Phi152\times5$	$\Phi146\times5$	$\Phi140\times4.5$
	下弦圆管	$\Phi203\times12$	$\Phi194\times12$	$\Phi194\times12$	$\Phi194\times10$
用钢量/t		10.04	8.93	8.78	7.47
正常使用状态	弹性变形/m	0.173	0.171	0.174	0.175
	相对弹性变形	1/405	1/408	1/401	1/400
双非线性失稳 极限状态	大变形值/m	0.422(−79)	0.403(−76)	0.618(−60)	0.866(−42)
	相对大变形值	1/166	1/174	1/113	1/81
	稳定承载力系数	4.48(136)	4.59(114)	3.19(34)	3.03(16)

注:括号内数字为与仅满足强度时相比增加的百分比,%。

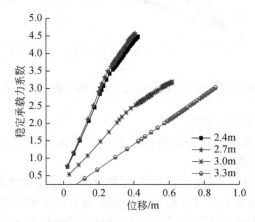

图 2.52　施加预应力结构失稳时的荷载-位移曲线

由表 2.26 与图 2.52 分析可知:

(1)施加预应力能大幅度提高两端简支大跨度钢管桁架体系失稳时的稳定承载力,而且矢跨比越小,稳定承载力提高越多,随着矢跨比从 1/21 减小到 1/29 时,稳定承载力系数提高幅度由 16% 增加到 136%。

(2)预应力措施在减小结构弹性位移的同时,可大幅度减小体系失稳时的大变形值,而且矢跨比越小,大变形值减小越多,随着矢跨比从 1/21 减小到 1/29,大变形值减小幅度达由 42% 增至 79%,设计时应注意到预应力大幅度减小体系失稳时的大变形值,有利于防止结构倒塌,但同时使结构倒塌前变形延性性能大幅度降低的不利情况。

(3)与预起拱措施完全不同的是,预应力措施在大幅提高结构体系失稳时稳定承载力的同时,大幅度减小了大变形值。当矢跨比为 1/29 时,稳定承载力系数由 1.9 提高到 4.48,相对大变形值由 1/36 减小到 1/166,同时满足了体系失稳时双重延性性能目标。

(4)如前所述,采用预应力措施带来了体系失稳倒塌前变形延性性能降低的不利因素,矢跨比小于 1/26 时,体系失稳时塑性变形能力已经很小。基于塑性变形能力大于屈服点 40% 的要求,取大变形值的 1/1.4 即 0.301m 对应的荷载系数作为稳定承载力系数,按此要求对于矢跨比 1/27 结构,采用预应力措施后,稳定承载力系数为 3.75,相对大变形值为 1/119,依然可以同时满足体系失稳时双重延性性能目标。

5. 结论

基于结构稳定承载力和稳定大变形能力双重延性性能设计目标,从结构强度、刚度、稳定承载力之间关系的角度全面揭示了三者的内在联系,对两端简支大跨度钢管桁架结构得到了以下结论:

(1)在结构强度安全性能满足要求的情况下,随着结构刚度的增加,结构变形、用钢量都有明显的降低,但其稳定承载力系数呈线性增长,结构由稳定承载力控制转变为强度控制。

(2)仅基于强度安全的结构设计,结构矢跨比(刚度)需大于 1/18 方可同时满足弹性变形、体系失稳强度稳定系数、大变形延性性能安全目标。

(3)预起拱对矢跨比小(1/29)、刚度小的结构稳定承载力系数提高达 30%,但对其大变形值降低幅度仅为 8%;而预起拱对矢跨比大(1/17)、刚度大的结构失稳大变形值减小幅度超过 50%,但对其稳定承载力系数提高幅度仅为 3%,因此以结构体系失稳时双重稳定性能目标同时进行控制时,预起拱对结构体系稳定延性性能提高幅度小于 8%。

（4）加大用钢量对体系稳定承载力性能及大变形延性性能都有增加，对大跨度预应力空间结构基本上可以采用加大用钢量的方法实现结构体系两阶段双重稳定性能设计目标，但对于矢跨比为 1/29～1/17 的结构体系，用钢量分别增加了 117%～19%，技术经济性能差，不能作为工程实际选用方案。

（5）与预起拱措施完全不同的是，预应力措施在大幅提高结构体系失稳时稳定承载力的同时，大幅度减小了失稳的大变形值。对于矢跨比为 1/29 的结构，稳定承载力系数由 1.9 提高到 4.48，稳定的相对大变形值由 1/36 减小到 1/166，同时满足了体系失稳时双重稳定性能目标。预应力对于刚度小的结构可同时大幅改善弹性位移与结构双重稳定性能，是最有效的技术措施。

（6）分析可知，对于上弦平直的体内预应力大跨度钢管桁架结构体系，通过预起拱和施加预应力满足弹性位移目标时，结构失稳时虽然稳定承载力系数（强度延性性能）得到提高，但失稳大变形的延性能力下降幅度较大，其荷载-位移全过程曲线显示出脆性破坏特征。设计时应取计算的大变形值的 1/1.2～1/1.4 作为大变形延性指标，同时将该大变形值对应的稳定承载力系数作为稳定承载力延性指标，以确保体系失稳倒塌前有足够的大变形能力。

6. 预起拱和预应力对不同体系的影响

结合本书 3.1.3 节和 3.1.4 节可知，预起拱和预应力措施对于大跨度钢桁架结构失稳极限状态性能的影响不同于大悬挑结构，无措施、预起拱措施和预应力措施的稳定承载力系数分别为 2.14、2.53 和 4.59，与无措施相比，预起拱措施提高约 18%，预应力措施提高了 114%；无措施、预起拱措施和预应力措施的失稳大变形值分别为 1.698m、1.294m 和 0.403m，与无措施相比，预起拱措施减小 24%、预应力措施减小 76%，预应力措施对结构失稳极限状态下的大变形控制效果远高于预起拱措施。然而，大跨度钢结构变形能力包括两个控制指标：一是结构失稳极限状态下的大变形值不能过大，防止建筑围护和设备因过大变形而产生次生伤害，为后期结构修复提供可能性；二是结构从屈服状态到失稳极限状态下的变形能力应足够大，以保证结构失稳破坏前有明显征兆，即延性性能。

总之，预起拱措施对结构失稳极限状态下的稳定承载力增加和变形值减小的作用很小，该措施对于刚度较柔的大跨度钢结构将存在失稳风险；预应力措施在提高结构失稳极限状态下稳定承载力的同时，可大幅度减小失稳大变形值，满足失稳大变形控制的能力要求，但过度使用预应力措施会使结构从屈服点到失稳点的变形能力即延性大幅降低，使结构体系表现出脆性破坏特征。结构工程师应基于大跨度钢结构失稳极限状态下稳定承载力、失稳大变形值和延性性能，合理选用预起拱和预应力措施，并控制合理的预应力。

2.5　张拉施工过程对结构稳定性能的影响

2.5.1　预应力张拉施工

传统结构设计方法是把全部施工成形的几何形态作为结构几何力学分析模型,即采用"一次成形、一次加载"的建模与计算分析方法,结构的最终受力状态与施工过程无关。对于多高层结构和普通大跨度钢结构,施工过程中结构形态变化不大,或可预测修正,如高层建筑设计软件可以对竖向构件在自重作用下的变形进行修正,传统设计方法是安全可行的。

预应力大跨度钢结构施工成形过程是一个从半刚性到刚性甚至是从几何可变机构到几何稳定结构的动态过程,在某一阶段完成后,该部分结构暂时处于一个平衡状态,继续进行下一阶段的张拉施工时,新安装张拉部分会对已经成形部分结构产生影响,两者协同变形达到新的平衡状态。因此,结构最终成形的内力、位移是整个施工过程中各个张拉阶段逐渐平衡、不断累积而成的。工程实践研究发现,对于钢结构的几何刚度远大于索系的预应力钢桁架结构,或者以索系为主的整体张拉结构,施工方法和施工顺序对结构最终几何形态和受力状态影响不大;而对于以弦支穹顶为代表的半刚半柔性预应力钢结构,施工方法和施工顺序的影响不能忽视。

对于弦支结构和整体张拉结构,预应力张拉过程中体系处于不稳定状态,施工过程安全分析与控制非常关键。工程建造全过程中的大量工程事故都发生在施工阶段,除施工质量原因外,施工过程中未进行局部结构安装状态下的安全性仿真分析及结构设计未考虑施工过程对最终受力状态的影响是重要原因。预应力大跨度钢结构需要设计与施工做一体化考虑,即设计阶段就要研究施工过程中对结构受力状态可能存在的不利影响,而施工阶段不仅要对钢结构安装、预应力索张拉等全过程进行力学仿真分析和安全控制,还应向设计单位提供施工过程对结构受力状态的影响程度,或者提交施工全过程方案,由设计单位进行建造与使用全过程安全稳定验算。

2.5.2　张弦拱桁架张拉施工过程对结构稳定性能影响工程示例

1. 工程概况

内蒙古大唐托克托发电厂第三储煤场封闭改造工程结构跨度 222m,采用预应力拉索钢管相贯桁架结构方案。主结构采用 17 榀四边形拱形桁架,主桁架最薄处厚度为 7.5m,最厚处厚度为 9.86m,桁架上弦宽度为 6m,桁架下弦宽度为 4m。桁架下部设置预应力张弦索及斜拉索,通过 V 形撑杆相互连接,张弦索最大垂高 16m,张弦索、斜拉索与钢桁架共同作用,形成预应力结构体系,主桁架落地点采用球铰支座,详见图 2.53。

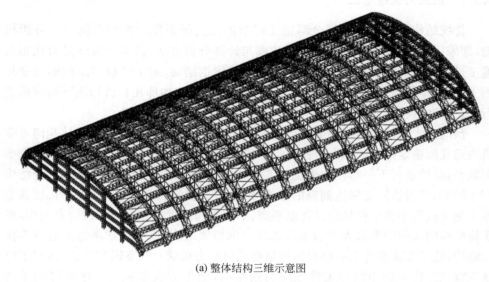

(a) 整体结构三维示意图

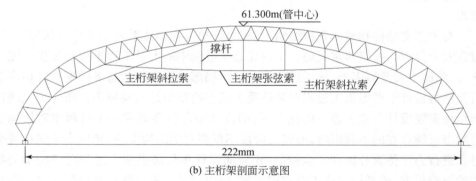

(b) 主桁架剖面示意图

图 2.53　主体结构示意图

　　主体结构采用中部张弦区整体提升方案,方案一为利用两侧肩部落地桁架支撑胎架,采用两点提升方案;方案二为利用两侧肩部落地桁架支撑胎架及中部一组支撑胎架,采用三点提升方案,详见图 2.54。

　　对上述两种施工方案按实际施工顺序进行施工仿真模拟,并与设计"一次成形、一次加载"模型的计算结果进行比较。

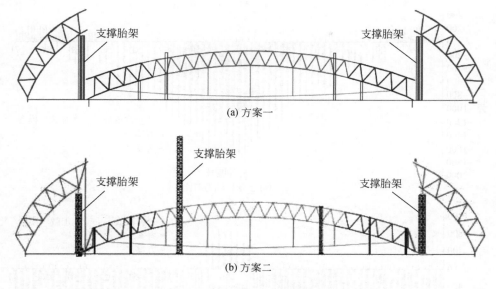

(a) 方案一

(b) 方案二

图 2.54　施工方案示意图

2. 变形结果

三种不同方案主体结构在自重及施工荷载作用下的变形如表 2.27 所示。由表可知：

(1) 方案一完成态结构最大竖向变形达到 304.37mm，比"一次成形、一次加载"模型增加了 193.9%；方案二完成态结构最大竖向变形为 129.19mm，比"一次成形、一次加载"模型增加了 24.7%。

(2) 从结构变形角度，施工方案的选择对结构变形的影响非常大，需采用合理的施工方案才能实现结构设计方案的意图和施工过程安全。

表 2.27　主桁架变形表

方案	"一次成形、一次加载"模型	方案一（两点提升）	方案二（三点提升）
最大竖向变形/mm	103.56	304.37	129.19

3. 弦杆内力结果

分别提取"一次成形、一次加载"模型、方案一、方案二的施工仿真模拟模型完成态主拱桁架上、下弦杆轴力，计算结果如图 2.55 所示。

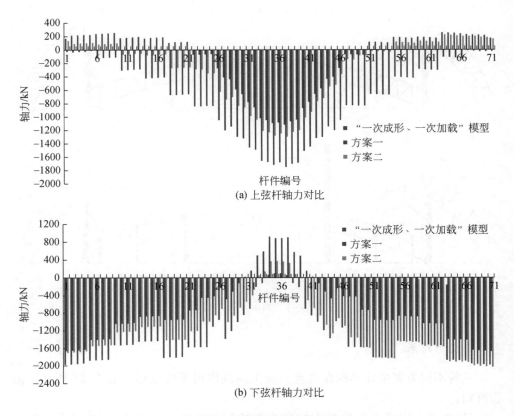

(a) 上弦杆轴力对比

(b) 下弦杆轴力对比

图 2.55　主桁架弦杆内力对比

由图 2.55 分析可知:

(1)对于上弦杆,在中部受力较大的区域,与"一次成形、一次加载"模型相比,方案一的轴压力增加了 55%～100%,增加值约为 700kN,占承载力设计值的 20%以上;而方案二的轴压力增加了 15%～26%,增加值约 300kN,占承载力设计值的 10%以内。在两侧落地区域,"一次成形、一次加载"模型杆受拉;方案一杆件全部受压,已不存在反弯点;方案二整体结构的反弯点也向两侧落地区域移动。

(2)对于下弦杆,在中部受力较大的区域,与"一次成形、一次加载"模型相比,方案一的轴压力减小了约 50%,减小值约为 850kN,占承载力设计值的 40%;而方案二的轴压力减小了约 23%,减小值约为 350kN,占承载力设计值的 15%。

由上述分析可知,不同的施工方案对结构最终受力状态影响较大,与结构设计"一次加载、一次成形"的受力状态产生了不可忽视的偏差,对采用较少临时支撑的大跨度钢结构工程应进行施工仿真模拟分析,选择经济、合理的施工方案才能保证结构的安全性。

2.5.3　弦支穹顶张拉施工过程对结构稳定性能影响工程示例

弦支穹顶是一种将"刚性"的单层钢网壳和"柔性"的索杆体系组合在一起的新型预应力大跨度钢结构体系,其"刚性"的单层钢网壳在索杆体系未进行预应力张拉并参与共同工作前,由于钢网壳刚度过小而处于准机构状态。因此,预应力张拉施工过程实际上是几何体系由机构(准机构)变为可承担设计荷载的结构体系过程。弦支穹顶结构体系成形过程中经历的初始几何形态、预应力态、整个预应力加载过程中的结构受力状态与结构最终设计状态相差甚远。因此该类结构体系的安全控制有别于常规结构体系,它需要对结构的设计状态即最终使用状态进行控制,同时应研究预应力张拉施工过程中结构的力学性能,对结构体系成形过程进行安全控制。本节以北京奥运会羽毛球馆弦支穹顶屋盖为研究对象,应用常规的分步一次加载法和完全模拟施工过程的单元生死法两种不同的计算模型,对弦支穹顶结构预应力施工过程进行计算和深入的对比[22],分析在预应力施工过程中结构形状变化特点、内力和节点位移变化规律,检验施工过程中的结构安全性。

1. 预应力张拉施工方案与工程监测对比

1)预应力张拉方法的确定

弦支穹顶结构体系预应力张拉方法主要有三类:张拉径向拉杆、顶升撑杆、张拉环索。张拉方法的确定需考虑索(杆)调节节点数量、千斤顶及油泵数量、张拉力大小、预应力损失大小、索(杆)间相互影响程度、预应力损失可控性、同步张拉目标可控性、施工周期、材料及施工费用等因素,综合比选确定。张拉方法对比如表 2.28 所示,经过对比分析,本工程选用张拉环索施工方法。

2)预应力张拉次序的确定

在已选定张拉环索施加预应力方法的情况下,预应力张拉次序的确定主要包括张拉节点数、张拉批次数两部分内容。张拉次序的选定,重点应克服张拉环索方法"张拉力大,预应力损失大"的不利因素,同时应考虑索(杆)调节节点数量、千斤顶及油泵数量、同步张拉目标可控性、施工周期、材料及施工费用等因素,综合比选确定。张拉次序对比如表 2.29 所示。

表 2.28　张拉方法对比

影响因素	张拉径向拉杆	顶升撑杆	张拉环索
索(杆)调节节点数量	最多	多	少
千斤顶及油泵数量	最多	多	少
张拉力大小	最小	小	大

续表

影响因素	张拉径向拉杆	顶升撑杆	张拉环索
预应力损失大小	小	最小	大
索(杆)间相互影响程度	最大	大	小
预应力损失可控性	最难	难	易
同步张拉目标可控性	最难	难	易
施工周期	最长	长	短
材料及施工费用	最高	高	低
临时支撑对最终受力的影响	小	大	最小
适用范围	小型结构	中型结构	大型结构

表 2.29 张拉次序对比

影响因素	张拉节点数		张拉批次数	
索(杆)调节节点数量	多	少	不变	
千斤顶及油泵数量	多	少	不变	
张拉力大小	无关		小	大
预应力损失大小	小	大	偏小	偏大
索(杆)间相互影响程度	无关		小	大
预应力损失可控性	不利	有利	有利	不利
同步张拉目标可控性	不利	有利	有利	不利
施工临时支撑	无关		长	短
施工周期	无关		长	短
材料及施工费用	高	低	高	低

通过表 2.29 对比分析,本工程实际施工选用以下张拉次序:

(1)张拉节点数。第 1～3 圈 4 个,第 4～5 圈 2 个,详见图 2.56。本工程施工检测结果证明本次张拉节点数偏少,造成索撑节点预应力损失比设计取值偏大很多。建议类似工程合理的张拉节点数应为:第 1～3 圈不少于 6 个,第 4～5 圈不少于 4 个。

(2)张拉批次数。预应力分两批次共十步施加,第 1 批次从外至内依次张拉各环索至初应力设计值的 70%,第 2 批次从内至外依次张拉各环索至初应力设计值的 105%,总共分十个张拉步进行预应力施工(表 2.30)。

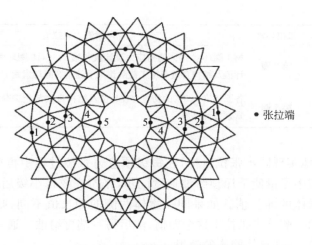

图 2.56　环索张拉节点布置图

数字为索圈编号

表 2.30　预应力张拉步骤

张拉批次	张拉步	张拉环索	环索索力张拉值
1	1	第 1 圈	第 1 圈环索 70% 的初应力设计值及结构自重与施工荷载作用下的第 1 圈环索索力计算值
	2	第 2 圈	第 1、2 圈环索 70% 的初应力设计值及结构自重与施工荷载作用下的第 2 圈环索索力计算值
	3	第 3 圈	第 1、2 和 3 圈环索 70% 的初应力设计值及结构自重与施工荷载作用下的第 3 圈环索索力计算值
	4	第 4 圈	第 1、2、3 和 4 圈环索 70% 的初应力设计值及结构自重与施工荷载作用下的第 4 圈环索索力计算值
	5	第 5 圈	各圈环索 70% 的初应力设计值及结构自重与施工荷载作用下的第 5 圈环索索力计算值
2	6	第 5 圈	第 1、2、3、4 圈环索 70% 的初应力设计值和第 5 圈环索 105% 的初应力设计值及结构自重与施工荷载作用下的第 5 圈环索索力计算值
	7	第 4 圈	第 1、2、3 圈环索 70% 的初应力设计值和第 4、5 圈环索 105% 的初应力设计值及结构自重与施工荷载作用下的第 4 圈环索索力计算值
	8	第 3 圈	第 1、2 圈环索 70% 的初应力设计值和第 3、4、5 圈环索 105% 的初应力设计值及结构自重与施工荷载作用下的第 3 圈环索索力计算值

张拉批次	张拉步	张拉环索	环索索力张拉值
2	9	第2圈	第1圈环索70％的初应力设计值和第2、3、4、5圈环索105％的初应力设计值及结构自重与施工荷载作用下的第2圈环索索力计算值
	10	第1圈	各圈环索105％的初应力设计值及结构自重与施工荷载作用下第1圈环索索力计算值

为了更好地实现同步张拉目标,在每级预应力张拉过程中再次细分为4~10小级,在每小级中尽量使千斤顶给油速度同步,张拉完成每小级后,所有千斤顶停止给油,测量索体的伸长值。如果同一索体两侧的伸长值不同,则在下一级张拉时,伸长值小的一侧首先张拉出这个差值,然后另一端再给油。通过每一个小级停顿调整的方法来达到整体同步的效果。

2. 张拉施工过程模拟分析

张拉施工过程模拟采用单层网壳及索撑体系一次建模,应用 ANSYS 有限元软件进行计算分析。弦支穹顶的单层网壳部分均视为刚接,其环向杆和径向拉杆均采用梁单元;弦支穹顶的边缘环形桁架上弦杆采用梁单元,下弦杆采用杆单元;环形桁架与支撑柱为铰接;撑杆上端采用铰接;环索和径向拉杆采用只拉不压的索单元,悬挑部分采用变截面梁单元。预应力的施加是通过给索单元设置初始应变作为实常数。考虑在实际张拉施工时单层网壳的临时支撑,计算出临时支撑的竖向刚度,将其在模型中设置为变刚度单元,在受压时给它设定为所计算的支撑刚度,受拉时给其一个极小刚度,脚手架对网壳临时支撑节点构造应满足上述力学模型,实际构造做法如图 2.57 所示。

图 2.57　上部钢网壳临时支撑

　　本节重点研究张拉次序对理论公式响应的对比,仅计入索撑节点预应力摩擦损失理论取值 2% 的影响,计算时考虑了结构大变形和应力刚化。

　　目前实际工程应用的预应力张拉施工模拟计算方法有两种:分步一次加载法和单元生死法。工程实际中采用的分步一次加载法是采用整体结构模型,对每个施工步当前累积荷载一次性加载,进行结构分析,而不考虑之前施工加载理论公式响应变化过程的影响。该方法力学概念简单、易于掌握,一般的结构分析软件均能计算实现。实际上,建筑结构所承担的各类荷载也都不是同时加载的,但结构设计计算的通用办法就是采用一次加载法。与正常结构体系计算原理不同的是,预应力钢结构体系在预应力施加过程中需要对一次加载法的精度进行认真研究确认。

　　单元生死法仍采用整体结构模型,即一次整体建模。本节所用单元生死法是采用单元生死技术和多时间步连续分析技术来模拟整个施工过程的计算方法。张拉最外环(第 1 圈)时,其他各环的索单元处于杀死状态(给该单元设置极小的刚度),不对结构起作用,依次类推,从外向内逐环张拉,逐环激活相应的索单元,张拉到最内环时各环的索单元均被激活。模拟第 1 批次逐环张拉,采用单元生死法,直接通过对索单元施加 70% 的初始设计应力引入预应力;模拟第 2 批次逐环张拉,通过对索单元施加温度荷载的方法引入其余 35% 的预应力值,采用多时间步连续分析法,每一步均在上一步分析的应力、应变基础上进行,从内向外逐环施加温度荷载。加载步骤详见表 2.30。该方法可以模拟整个施工阶段的理论公式性能,计算精度高,对力学概念要求高,较难掌握,一般的结构分析软件不具有该功能。

　　为了确保结构施工过程安全,采用分步一次加载法和单元生死法两种方法进行计算,并对结构主要力学响应指标(环索内力、径向拉杆内力、钢网壳起拱值)进行对比分析。

　　1)环索内力对比分析

　　分别采用分步一次加载法和单元生死法进行施工模拟计算,将环索内力计算结果进行对比,如图 2.58 所示。可以发现,两种方法计算的环索内力从最外圈至最内圈差别越来越大,且单元生死法计算结果均比分步一次加载法计算结果小,第 1 圈相差 5% 以内,第 2 圈相差 15% 左右,第 3 圈相差 30% 左右,第 4 圈相差 45% 左右,第 5 圈相差近 50%。但是两种方法计算得到的张拉过程中环索内力变化趋势基本一致,即在张拉过程中不同圈环索内力的相互影响规律是大致相同的。例如,对结构关键受力部位第 1 圈环索,在第 1 批次张拉中,第 2、3 圈环索的张拉对第 1 圈环索内力影响较大,而第 4、5 圈环索的张拉对第 1 圈环索内力影响很小;在第 2 批次张拉中,第 5、4、3 圈环索张拉对第 1 圈环索内力有所降低,但降低幅度小于 2%。

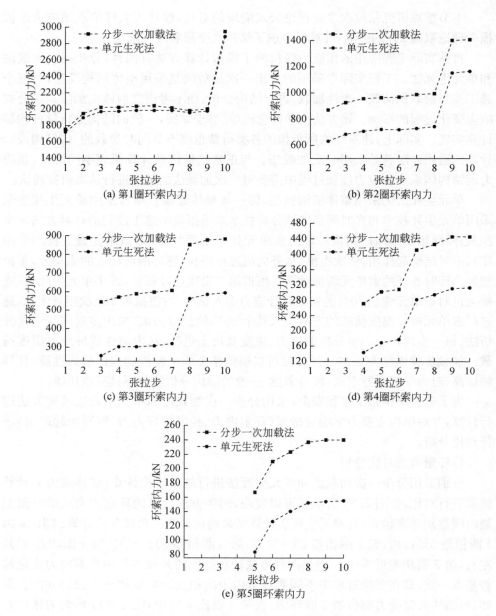

图 2.58　各圈环索内力随张拉的变化

2)径向拉杆内力对比分析

分别采用分步一次加载法和单元生死法进行施工模拟计算,将径向拉杆内力计算结果进行对比,如图 2.59 所示。可以看出,径向拉杆内力与环索内力对比结果基本一致,也是由最外圈至最内圈差别越来越大,且单元生死法计算结果均比分步一次加载法计算结果小,偏小幅度与环索内力相当。两种方法计算得到的径向拉杆内力变化趋势基本一致,即在张拉过程中不同圈径向拉杆内力的相互影响规律基本相同。

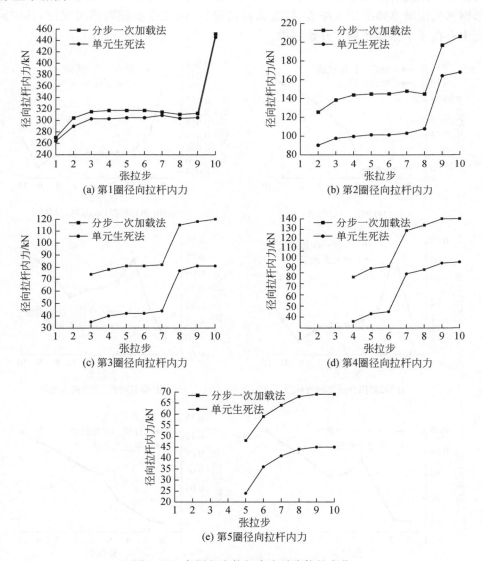

图 2.59　各圈径向拉杆内力随张拉的变化

3)钢网壳起拱值对比分析

分别采用分步一次加载法和单元生死法进行施工模拟计算,将上部钢网壳起拱值计算结果进行对比,如图 2.60 所示。由图可知,两种方法计算得到的结构竖向位移(即起拱值)相差在 5% 以内。由于有临时支撑的存在,在张拉之前整个上部钢网壳由满堂脚手架支撑着,随着张拉的进行,网壳逐步脱离临时支撑,其中网壳中心在 4 个张拉步后才开始起拱。

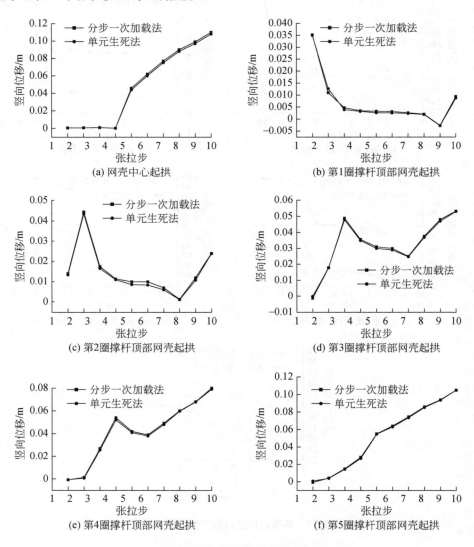

图 2.60　各圈撑杆顶部网壳起拱值随张拉的变化

4) 脚手架的影响

根据前述分析,钢网壳在完成第 10 步预应力张拉后,从第 1 圈索对应的钢网壳节点往内全部起拱,产生向上位移,从而脱离临时脚手架,仅在靠近支座环形桁架局部区域钢网壳与脚手架有接触,但对脚手架的压力仅为 29kN。在预应力张拉完成后,脚手架对钢网壳的支承作用可以忽略不计,形成弦支穹顶结构体系特有的在施工过程中"脚手架自动卸载"的现象。

5) 对比分析小结

(1) 弦支穹顶结构的预应力张拉过程对体系最终力学状态有较大影响,通过对两种方法计算的结构主要力学响应(环索内力、径向拉杆内力和钢网壳起拱值)的对比分析,可知分步一次加载法与单元生死法计算所得结构起拱值的误差在 5% 以内,分步一次加载法计算所得环索、径向拉杆的内力在受力最关键的第 1 圈比单元生死法大 5%,在第 2~5 圈比单元生死法大 15%~50%。

(2) 结构整体安全设计可采用整体建模一次加载法。对比采用单元生死法和分步一次加载法计算所得张拉完成后网壳杆件应力可知,分步一次加载法计算所得网壳杆件应力比单元生死法稍大,而且通过前文对比分析可知,分步一次加载法计算所得环索、径向拉杆张拉完成状态下的内力比单元生死法偏大,因此整体结构设计采用的整体建模一次加载法是偏于安全的。

(3) 弦支穹顶结构体系的预应力张拉全过程完成后,由于预应力对结构的起拱效应,主体结构将与脚手架逐步脱离,形成弦支穹顶结构在施工全过程"脚手架自动卸载"的特有现象。一方面,要求脚手架对钢网壳的上支承节点构造设计必须保证临时支撑在张拉前可靠受压,预应力张拉过程起拱时无条件脱离;另一方面,弦支穹顶结构体系不存在一般大跨度钢结构工程"施工卸载"对结构安全有重大不利影响的因素。

3. 工程张拉施工监测分析[23]

北京奥运会羽毛球馆为跨度 93m 的大跨度弦支穹顶体系,当时国内没有类似的工程经验可以借鉴,通过施工监测,对撑杆上下节点构造设计的实际工作效率与安全、预应力损失程度及其对结构安全的影响、结构起拱值等预应力大跨钢结构关键设计进行验证,并积累了宝贵的重大工程经验。

1) 监测点布置

预应力钢结构施工监测方法:以索力监测为主、钢索伸长值和结构变形监测为辅。本工程主要采用这种方法。

索端油压传感器布置:在张拉每圈环索时,每个张拉端处都和油泵一起配备一个油压传感器,能够读出在张拉过程中施加的预应力,它只能在张拉过程中对被张拉的钢索起到监测索力的作用,当千斤顶撤掉后就失去了作用。具体张拉端位置(即油压传感器位置)如图 2.61(a)所示(其中 1、2、3、4 表示每圈环索油压传感器布置位置)。

　　径向拉杆和撑杆监测点布置:为满足在千斤顶撤去后能够监测出环索索力大小,在径向拉杆和撑杆上布置振弦应变计监测其应力变化,同时也可以对预应力张拉全过程进行应力监测。在每个张拉单元之间的两根径向拉杆和一根撑杆上布置监测点,既可以监测环索索力变化,也可以判断环索索力是否能够很好地传递,具体监测点位置如图 2.61(b)和(c)所示。

　　网壳杆件监测点布置:为了监测张拉过程中网壳杆件应力变化,经过仿真计算,选取杆件应力较大位置布置监测点,具体监测点位置如图 2.61(d)所示。

　　起拱值监测点布置:通过全站仪监测在张拉过程中结构起拱值变化,具体监测点位置如图 2.61(e)所示。

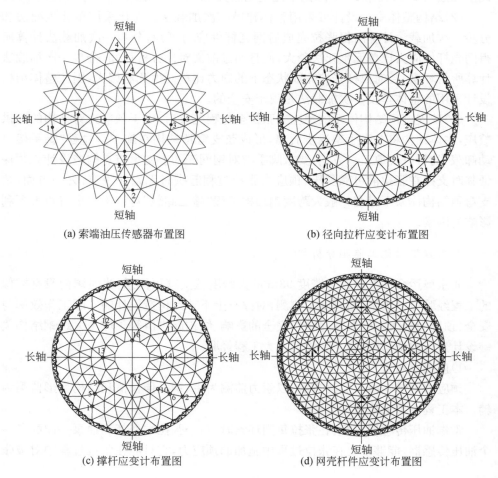

(a) 索端油压传感器布置图　　　　　　(b) 径向拉杆应变计布置图

(c) 撑杆应变计布置图　　　　　　(d) 网壳杆件应变计布置图

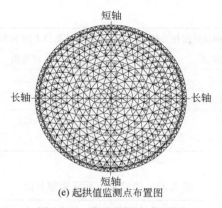

(e) 起拱值监测点布置图

图 2.61　施工监测点布置图

2)施工监测结果

根据张拉过程进行施工仿真计算,总体上张拉分为 3 级:张拉到设计张拉力的 70%、张拉到设计张拉力的 90%、张拉到设计张拉力的 110%。第 1 级和第 2 级张拉都是由外向内依次进行,第 3 级张拉是由内向外依次进行,并且每级张拉过程都分为若干小步。在第 1 级张拉完成后,将脚手架支撑拆除,第 2 级和第 3 级都是在没有脚手架支撑状态下进行张拉。张拉过程中及张拉完成后对布置监测点进行监测,索端油压传感器监测结果如表 2.31 所示,张拉结束后环索伸长值如表 2.32 所示。

表 2.31　索端油压传感器监测结果　　　　　　(单位:kN)

监测位置		张拉到设计张拉力的 70%		张拉到设计张拉力的 90%		张拉到设计张拉力的 110%	
		监测值	理论值	监测值	理论值	监测值	理论值
第 1 圈环索	1	1695	1693	2179	2177	2659	2661
	2	1693	1693	2175	2177	2660	2661
	3	1698	1693	2177	2177	2665	2661
	4	1690	1693	2180	2177	2665	2661
第 2 圈环索	1	862	860	1103	1106	1352	1351
	2	858	860	1109	1106	1355	1351
	3	859	860	1102	1106	1350	1351
	4	865	860	1110	1106	1349	1351
第 3 圈环索	1	536	534	689	687	838	839
	2	533	534	687	687	835	839
	3	534	534	685	687	840	839
	4	530	534	688	687	839	839

监测位置		张拉到设计张拉力的70%		张拉到设计张拉力的90%		张拉到设计张拉力的110%	
		监测值	理论值	监测值	理论值	监测值	理论值
第4圈环索	1	248	249	322	320	390	391
	2	250	249	325	320	390	391
第5圈环索	1	119	118	155	152	187	185
	2	120	118	150	152	185	185

表 2.32 张拉结束后环索伸长值

监测位置	张拉到设计张拉力的110%后环索伸长值		
	监测值/mm	理论值/mm	变化率/%
第1圈环索	641	696	7.9
第2圈环索	673	736	8.6
第3圈环索	451	496	9.1
第4圈环索	285	310	8.1
第5圈环索	137	152	9.9

　　张拉端索力和每级设计张拉力相同，每经过一个节点，环索索力预应力损失取为张拉力的6%左右，张拉完成后径向拉杆轴力、撑杆和网壳杆件应力及结构起拱值的监测值与理论值对比如图2.62所示。可以看出，环索索力监测值和理论值相差在5%之内，环索伸长值监测值与理论值相差在10%之内，满足验收标准要求。

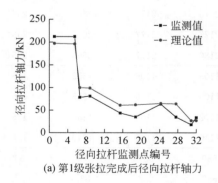

(a) 第1级张拉完成后径向拉杆轴力

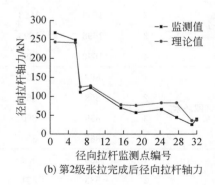

(b) 第2级张拉完成后径向拉杆轴力

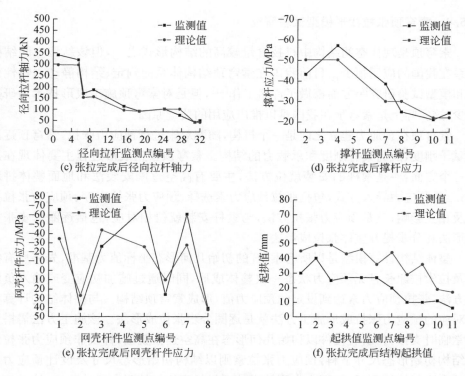

图 2.62　施工监测值和理论值对比

3)施工监测值与理论值比较结论

(1)通过模拟预应力张拉施工过程计算得到的结构力学响应理论值与施工监测值对比,两者总体上是吻合的,验证了仿真模拟预应力施工过程的计算模型和方法的合理正确性。

(2)施工过程中结构力学响应理论值与施工监测值相比,数值上比常规钢结构体系验收标准偏大。经有关方多次科学分析论证,主要是由于本工程索撑节点的加工制作安装难度大,达不到设计理想状态,造成预应力损失(达 6％以上)比理论值(<2％)偏大很多。施工监测结果对预应力损失的理论设计值进行了实测修正,为超大跨度预应力钢结构体系的预应力损失设计积累了宝贵的经验,确保了结构安全。

(3)应用施工监测数据分析得出的预应力损失、起拱值等偏差结果,对模拟预应力张拉施工过程的计算模型进行修正后,得到的施工过程结构响应结果与监测结果基本吻合,满足相关施工验收标准要求。

2.5.4 索穹顶张拉找形模型试验研究

索穹顶是现代空间结构中科技含量较高的结构形式之一,但该新型空间结构体系在我国的应用很少。目前我国在索穹顶结构体系的判定、结构静动力特性分析和模型试验研究等方面都做了许多工作[24],但是对索穹顶施工成形技术的研究很少,这实际上是索穹顶在我国难以推广应用的关键原因。

索穹顶在预应力建立之前是一个机构,随着对索进行预应力张拉,索穹顶逐渐被赋予刚度,成为具有刚度和承载力的结构。索穹顶张拉成形过程主要体现在以下三个方面:一是索杆的安装就位方法,主要有高空逐圈安装法和地面整体拼装法;二是预应力导入方式,包括张拉预应力索选择、预应力张拉次序、预应力张拉批次及相互影响;三是预应力张拉方法,与索杆安装就位相对应,包括逐圈分步张拉成形法和分步提升整体张拉成形法。

整体结构计算模型是以所有索、杆的初始几何形态坐标值为基准,先将所有撑杆及拉索按原长且无预应力状态一次整体成形,同时通过施加初应变或输入负温度方法,张拉预应力索达到设定的预应力值,形成索穹顶结构。与整体结构计算模型对应的预应力张拉成形施工方法就是逐圈分步张拉成形法。该施工方法需搭设满堂临时支撑,将所有构件以初始几何形态在高空连接就位,杆及非预应力张拉索以结构初始形态尺寸下料,预应力张拉索则以结构初始形态尺寸及设计预应力值为基准进行缩短下料,即预应力张拉索的下料长度比初始形态尺寸要短,该缩短值可以通过设计预应力值确定。利用工装将预应力索与连接节点临时连接,在安装张拉时利用工装牵引由外向内逐圈逐级张拉预应力索至节点后锁定就位。预应力索达到设计预应力值的同时索穹顶结构成形。

逐圈分步张拉成形法与设计计算成形原理一致,预应力导入过程清晰,国外大量索穹顶工程采用该方法施工[24]。但该方法需搭设满堂临时支撑或者利用大型吊车,预应力索需在高空分批次安装张拉,而且施工占地面积大、费时费工,也带来很多高空作业安全隐患,因此需寻求更为简便安全的索穹顶张拉成形方法。

针对内蒙古伊金霍洛旗全民健身体育活动中心直径 71.2m 的索穹顶工程,制作了1:4试验模型,对索穹顶预应力张拉成形方法进行创新研究。通过该项研究,总结出了实际工程所采用的预应力张拉工艺,探索该结构施工中的要点和关键技术,最后制定出合理有效的施工方法,达到指导实际施工的目的。

1. 模型试验研究方法与内容

1)分步提升整体张拉成形法

索穹顶张拉成形与承载全过程仿真分析及设计研究成果表明[25,26],对于索穹顶结构,当索及撑杆等构件的材料尺寸和结构几何形态确定后,选择不同的预应力索进行张拉均能达到预定的结构几何位移和内力,施工张拉方法和张拉次序对张拉成形后的结构几何形态及其内力响应均没有影响。索穹顶结构的上述力学特征为创新张拉成形方法明确了工作方向。依据索穹顶结构几何力学特征并针对其构件纤柔、自重轻的特点,提出了分步提升整体张拉成形法。与传统的逐圈分步张拉成形法相同,预应力索的下料长度比初始形态尺寸要短,不同的是将所有索、杆、节点按投影平面位置在地面进行组装,预应力索与内部节点之间不再设牵引工装而是直接连接,仅在外脊索和外斜索与边界节点之间设牵引工装连接,牵引工装的设置仅起提升作用。选择预应力张拉索利用牵引工装及辅助设备将索穹顶逐步提升,张拉预应力索并最终将最外圈径向索锁定就位。预应力索在分步提升就位过程中得到拉伸,达到设计预应力,而不再需要对预应力索进行局部张拉,故将这种方法称为分步提升整体张拉成形法。

2)模型结构张拉成形全过程仿真分析

针对逐圈分步张拉成形法和分步提升整体张拉成形法两种索穹顶施工方法,应用重启动分析方法分别进行施工全过程仿真分析。通过对比不同施工方法分析确认结构在成形态下力学性能的一致性,从理论分析方面证明分步提升整体张拉成形法的可行性和正确性,同时得到每一提升过程状态下拉索内力及其他关键技术参数理论计算值。

采用 ANSYS 有限元软件进行结构张拉成形的全过程仿真分析,计算模型的构件规格和模型试验构件规格一致。索穹顶计算模型边界条件为铰接,拉索采用Link10 单元,拉索的弹性模量根据材料的实际测试结果取值为 1.6×10^5 MPa,线膨胀系数取值为 1.2×10^{-5},撑杆采用 Link8 单元,中心拉力环采用 Beam188单元。

在进行模拟分析时,结构预应力的施加通过对索单元设置初始应变实现,利用生死单元技术实现部分构件从未受力到参与受力的过渡。构件的张拉通过对拉索进行升温或者降温模拟,温度通过拉索的伸长值和弹性模量计算得到。

3)模型结构测试内容

模型试验采用分步提升整体张拉成形法,在试验过程中,量测不同预应力张拉步的结构位形、构件内力的发展历程,包括脊索内力、斜索内力、环索内力、撑杆内力、外环梁内力、撑杆上下端点位移及其他关键点位移。在试验与数值模拟的基础上,验证索穹顶预应力张拉成形施工方法的可行性和正确性。

4)结构由机构转换为结构的演变历程

索穹顶在预应力建立之前是一个机构,各机构的内力由自重产生,内力较小,但是在机构转换为结构以后,随着对结构进行预应力张拉,结构逐渐被赋予刚度,预应力的大小决定了结构的刚度大小。通过结构成形全过程仿真分析曲线找出索穹顶由机构转换为结构的转折点,从模型试验的施工成形全过程监测数据找出索穹顶由机构转换为结构的契合点,找出两者的关联,从预应力的角度给出索穹顶从机构成为结构的转折点。

2. 试验概况

1)试验模型的制作

制作 1∶4 的试验模型,如图 2.63 所示,节点构造如图 2.64 所示。表 2.33 为模型试验构件规格,表 2.34 为试验模型与原型内力比较。

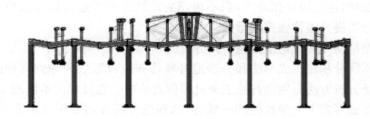

图 2.63　试验模型示意图

图 2.64　节点构造

表 2.33　模型试验构件规格

杆件	位置	原型规格/mm	原型面积/mm²	缩尺理论面积/mm²	模型规格/mm	模型面积/mm²	面积相似比
斜索	外圈	Φ65	2488	155.5	Φ16	152.81	1∶16.3
	中圈	Φ38	853	53.3	Φ10	59.69	1∶14.3
	内圈	Φ32	605	37.8	Φ8	34.2	1∶17.7

续表

杆件	位置	原型规格 /mm	原型面积 /mm²	缩尺理论面积 /mm²	模型规格 /mm	模型面积 /mm²	面积 相似比
环索	外圈	3Φ65	7466	466.6	2Φ24	681.38	1∶11
	内圈	3Φ40	3318	207.4	Φ18	192.15	1∶17.3
脊索	外圈	Φ56	1844	115.25	Φ12	85.95	1∶21.5
	中圈	Φ48	1361	85.1	Φ12	85.95	1∶15.8
	内圈	Φ38	853	53.3	Φ12	85.95	1∶9.9
外环梁	外圈	桁架	—	—	300×200×10 矩形管	9600	—
内环梁	上	300×300×20	22400	1400	100×5 方钢管	1900	1∶11.8
	下	300×300×20	22400	1400	100×5 方钢管	1900	1∶11.8
撑杆	外圈	Φ219×12	7804	487.75	Φ48×3	424	1∶18.4
	中圈	Φ194×8	4674	292.13	Φ48×3	424	1∶11.0
	内圈	Φ194×8	4674	292.13	Φ48×3	424	1∶11.0
支柱	外圈	—	—	—	Φ168×5	2560	—

表 2.34　试验模型与原型内力比较

杆件	位置	结构成形态	
		原型内力/kN	模型内力/kN
斜索	外圈	660.7	42.2
	中圈	278.2	17.2
	内圈	155.0	9.1
环索	外圈	1990	128.0
	内圈	839	51.8
脊索	外圈	775.3	47.8
	中圈	495.8	30.5
	内圈	345.3	21.6
外环梁	外圈	—	−280
内环梁	上	1110	69.6
	下	455.4	26.5
撑杆	外圈	−206.1	−13.0
	中圈	−87.7	−5.4
	内圈	−94.7	−5.6
支柱	外圈	—	−4.8

2)试验监测点布置

在整个试验过程中,通过在部分拉索上布置拉力传感器进行索力监测,在撑杆及外环梁布置振弦应变计进行钢结构应变监测,通过全站仪进行关键节点位移监测,测点加速度采用加速度计量测。

3)试验模型的预应力张拉方法

本次试验是针对内蒙古伊金霍洛旗全民健身体育活动中心索穹顶结构进行的模型试验,因此对该试验模型采用和原结构相同的预应力成形方法,即通过对外斜索进行张拉达到对整个结构施加预应力的目的。结合结构的安装,索穹顶试验模型具体成形方法是:非预应力张拉索按照初始形态长度下料,通过工装索牵引外脊索和外斜索,整体逐步提升安装,张拉外斜索就位。

3. 模型结构张拉成形全过程仿真分析

1)逐圈分步张拉成形

通过对试验模型进行全过程仿真分析,模拟结构预应力的施加过程,对两种预应力施加方式进行分析,研究不同预应力施加方式对结构最终形态的影响。这里重点分析逐圈张拉斜索及张拉环索和内斜索的方法使结构成形,各索张拉伸长值如表 2.35 所示,张拉步骤如表 2.36 所示,逐圈分步张拉成形过程中结构内力响应如图 2.65 所示。

表 2.35　各索张拉伸长值

张拉方式	张拉伸长值/mm				
逐圈张拉斜索	29	26	23	—	—
张拉环索和内斜索	—	—	23	120	120

表 2.36　张拉步骤

逐圈张拉斜索				张拉环索和内斜索			
张拉步	外斜索	中斜索	内斜索	张拉步	外环索	内环索	内斜索
1	—	—	—	1	—	—	—
2	35%	—	—	2	35%	—	—
3	35%	35%	—	3	35%	35%	—
4	35%	35%	35%	4	35%	35%	35%
5	65%	35%	35%	5	65%	35%	35%
6	65%	65%	35%	6	65%	65%	35%
7	65%	65%	65%	7	65%	65%	65%

续表

逐圈张拉斜索				张拉环索和内斜索			
张拉步	外斜索	中斜索	内斜索	张拉步	外环索	内环索	内斜索
8	100%	65%	65%	8	100%	65%	65%
9	100%	100%	65%	9	100%	100%	65%
10	100%	100%	100%	10	100%	100%	100%

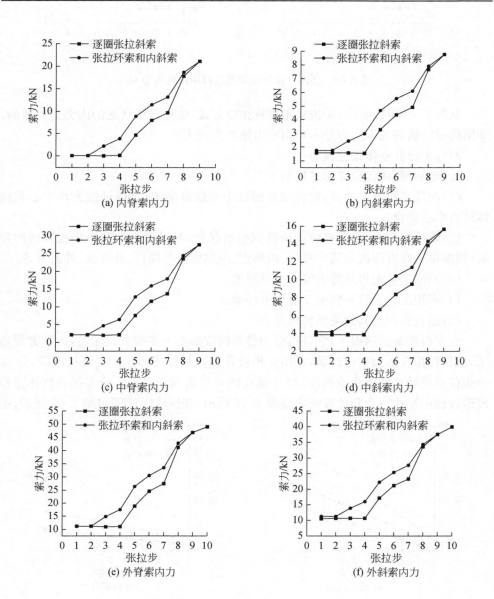

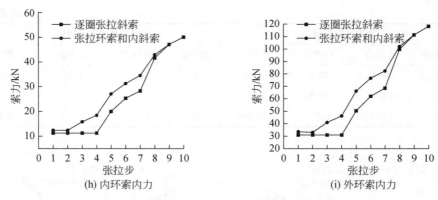

(h) 内环索内力　　　　　　　　　(i) 外环索内力

图 2.65　逐圈分步张拉成形过程中结构内力响应

从图 2.65 可以看出,无论采用哪种张拉方式,结构最终状态的内力是一致的,即结构最终状态的预应力分布和预应力施加方式无关。

2)分步提升整体张拉成形

分步提升整体张拉成形过程如下:

(1)内拉环放置于地面,放置位置通过全站仪准确定位,保证拉力环中心与整体结构中心重合。

(2)除外斜索外,将所有拉索调整到初始状态,通过牵引工装同步提升四周脊索,根据提升高度逐次安装中撑杆、内环索、内斜索及外撑杆、外环索、外斜索等。

(3)利用工装索将外脊索安装至外环梁。

(4)利用工装索将外斜索安装至外环梁。

(5)通过张拉外斜索使结构成形。

在下料准确的前提下,索穹顶结构最终的成形态与张拉方式无关,为了方便施工,试验模拟在地面整体拼装,采用分步提升整体张拉成形法。在张拉阶段,分 10 个张拉步将结构整体张拉就位,20 个轴线的外斜索同步张拉。分步提升整体张拉成形过程中结构内力和位移响应如图 2.66 所示,张拉成形过程如图 2.67 所示,图

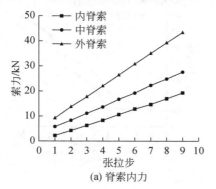

(a) 脊索内力

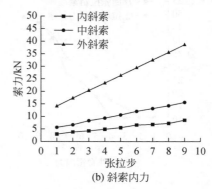

(b) 斜索内力

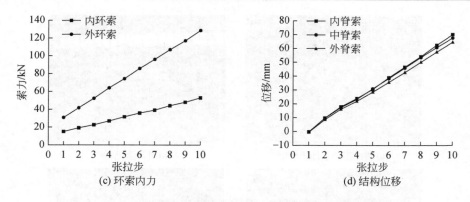

(c) 环索内力

(d) 结构位移

图 2.66 分步提升整体张拉成形过程中结构内力和位移响应

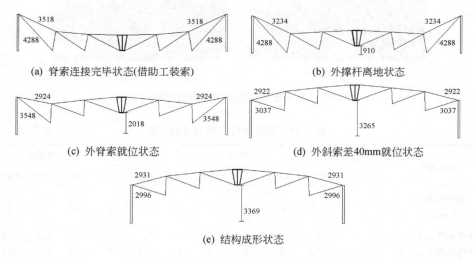

(a) 脊索连接完毕状态(借助工装索)

(b) 外撑杆离地状态

(c) 外脊索就位状态

(d) 外斜索差40mm就位状态

(e) 结构成形状态

图 2.67 张拉成形过程(单位:mm)

中数据分别为索力和拉力环下端距地面的高度。比较分步提升整体张拉成形和逐圈分步张拉成形的结构内力响应可见,结构在成形后的拉索内力分布相同,说明采用分步提升整体张拉的成形方法可以使结构达到设计成形状态。

4. 模型结构试验结果

1)成形过程索力测试结果

实际安装过程中各阶段模型结构状态如图 2.68 所示。在试验模型中,两个轴线的内脊索、内斜索、内环索、外脊索、外斜索及外环索布置了拉力传感器,全过程监测成形过程中的索力,监测结果如表 2.37 所示。

(a) 借助工装索连接脊索

(b) 外环索离地

(c) 外脊索就位

(d) 外斜索就位

图 2.68　实际安装过程中各阶段模型结构状态

表 2.37　成形过程中索力监测结果　　　　　　（单位：kN）

状态说明	外脊索			外斜索			外环索			内环索		
	1WJ	11WJ	理论值	1WX	11WX	理论值	1WH	11WH	理论值	1NH	11NH	理论值
整个结构全在地面上	0.2	0.3	0	0.2	0	0	0.8	0.8	0	3.3	2.3	0
外脊索剩余60cm	0.2	0.3	3.5	0.2	0	0	0.6	0.8	0	5.8	4.8	7.3
外脊索剩余50cm	0.2	0.3	3.8	0.2	0	0	0.6	0.5	0	6.7	5.7	7.9
外脊索剩余40cm	0.2	0.3	3.9	0.2	0	0	0.9	0.7	0	8.4	7.4	8.3
外脊索剩余30cm	0.2	0.3	4.2	0.2	0	0	0.9	0.7	0	9.2	8.2	9.3
外脊索剩余20cm	0.2	0.3	4.8	0.2	0	0	1.0	0.7	0	10.1	9.0	10.7
外脊索剩余10cm	0.2	0.3	5.2	0.2	0	0	1.0	0.7	0	11.3	10.3	11.6
外斜索剩余45cm	3.8	3.8	2.9	0.1	−0.2	3.0	6.4	5.5	7.7	8.0	6.9	7.0
外斜索剩余40cm	3.7	3.8	2.9	0.1	−0.2	3.2	6.9	5.9	8.8	7.8	6.8	6.9
外斜索剩余35cm	3.6	3.6	2.8	0.1	−0.3	3.5	7.4	6.4	9.7	7.7	6.4	6.8
外斜索剩余30cm	3.6	3.6	2.8	0.1	−0.3	3.9	8.3	7.0	10.8	7.6	6.6	6.8
外斜索剩余25cm	3.6	3.6	2.9	0.1	−0.3	4.4	8.9	7.6	12.1	7.6	6.5	6.8
外斜索剩余20cm	3.5	3.5	2.9	0.1	−0.3	4.8	10.1	8.4	13.6	7.6	6.5	7.0
外斜索剩余15cm	3.7	3.6	3.0	0.2	−0.3	5.4	10.9	9.3	16.6	7.7	6.6	7.3
外斜索剩余10cm	3.8	3.7	3.0	0.1	−0.3	6.2	12.7	10.5	18.3	7.9	6.8	7.7
外斜索剩余45mm	6.7	7.8	3.5	0.2	−0.2	6.6	20.1	17.0	19.3	10.7	9.6	8.4

续表

状态说明	外脊索			外斜索			外环索			内环索		
	1WJ	11WJ	理论值	1WX	11WX	理论值	1WH	11WH	理论值	1NH	11NH	理论值
外斜索剩余 35mm	8.8	12.2	3.7	10.4	10.4	7.3	12.1	19.9	21.7	36.3	17.7	8.9
外斜索剩余 25mm	14.8	22.4	9.6	13.5	14.3	12.1	36.8	40.4	36.3	17.7	16.6	14.9
外斜索剩余 15mm	25.6	33.5	24.0	17.5	21.1	22.8	54.1	59.8	68.2	26.0	24.9	29.7
外斜索就位	46.8	43.7	47.8	41.0	42.2	42.2	119.5	113.9	128.0	47.9	46.7	51.8

2)试验结果分析

从表 2.37 可以看出,拉索索力在外斜索张拉剩余长度接近 25mm 就位以前均较小,索力主要由结构自重产生;在外斜索张拉剩余长度小于 25mm 之后,在张拉过程中索力急剧增大,两个位置的拉索索力变化趋势基本一致,且与仿真分析结果吻合良好。

3)索穹顶由机构到结构的转变

在外斜索张拉剩余 25mm 以前,各位置拉索的内力都很小,内脊索一直处于松弛状态,结构的预应力未建立,内力由结构自重产生。在外斜索张拉剩余 25mm 时,内脊索开始受力,然后随着外斜索的张拉,各位置拉索的内力急剧增大,因此内脊索开始受力的状态可以作为索穹顶由机构转变为结构的分界。从内脊索开始受力到外斜索就位这个过程即为索穹顶结构预应力的建立过程。

5. 结论

(1)提出对索穹顶结构施加预应力的思路,即通过对部分索施加预应力,其他索被动受力达到整个结构被赋予预应力。

(2)根据不同的预应力施加方法对结构成形进行全过程仿真分析,得出结构的最终内力和位形与预应力施加方法无关。

(3)采用地面拼装、分步提升、整体张拉的施工方法,成形结构的内力和位移与模型试验结果仿真分析结果吻合较好,验证了索穹顶结构预应力的施加与施工顺序无关的结论,同时也说明该施工成形方法适用于索穹顶结构。

(4)在斜索张拉方案中,索穹顶结构在外斜索接近就位、内脊索开始受力之前,结构的内力主要由结构自重产生,从内脊索开始受力起,随着外斜索的张拉,各拉索内力迅速增长,该过程为结构刚度产生的过程,可以认为内脊索开始受力为索穹顶由机构转变为结构的转折点。

2.5.5　索穹顶张拉施工过程对结构稳定性能影响工程示例

索穹顶结构是 20 世纪后期发展起来的一种新型预应力大跨度空间结构。索穹顶结构体系成形过程中经历了无预应力的松弛机构状态、逐步施加预应力过程的结构找形状态和预应力张拉完成的结构成形态。对于常规大跨度钢结构体系及预应力大跨度钢结构体系，结构成形态即是无外荷载作用（自重也应设为零）的结构几何形态。在结构构件几何尺寸及截面尺寸确定后，在不同的安装次序下，常规大跨度钢结构成形态基本是唯一的。常规预应力大跨度钢结构包括与索穹顶相近的弦支穹顶结构体系，安装完成的结构成形态仍以有刚度的钢构件成形态为主，预应力体系的存在对结构成形态有一定影响，但影响程度有限。因此，对于常规大跨度钢结构体系及预应力大跨度钢结构体系，均不存在通过施工过程寻找确定结构几何成形态的问题。

索穹顶结构则完全不同，在其结构构件几何尺寸及截面尺寸已确定的情况下，不同预应力对应的张拉完成的结构成形态可能完全不同。因此，索穹顶结构的关键技术体现在以下三个方面：一是确定预应力张拉方式实现既定的结构成形态；二是确认既定的结构成形态满足建筑正常使用和结构安全性能要求；三是优化预应力，选定安全合理的结构成形态。结合内蒙古伊金霍洛旗全民健身体育活动中心工程，通过对索穹顶结构预应力张拉与承载全过程仿真分析，对上述三个关键技术进行研究。

1. 预应力张拉全过程仿真分析与工程监测对比

1)计算模型与计算方法

内蒙古伊金霍洛旗全民健身体育活动中心屋顶采用肋环型索穹顶结构，顶面覆膜，结构跨度71.2m，高5.5m，周圈设20道径向索、2道环索，结构设计参数见本书5.2.1节。索穹顶主要由环索、斜索、脊索和撑杆形成承重结构，故本节将除膜成形的辅助索（谷索、膜边索等）以外的结构承重索称为主索。应用ANSYS有限元软件对索穹顶结构进行承载全过程仿真分析，索穹顶结构与周边刚性环梁铰接，索体弹性分析时采用Link10单元模拟，弹塑性分析中索采用只拉不压的Link180单元、撑杆采用Link8单元、中心拉力环采用Beam188单元、膜采用Shell41单元模拟。预应力的施加通过给索单元设置初始应变或温度应力模拟。对于结构钢材采用服从von Mises屈服准则的理想弹塑性应力-应变曲线（图2.69(a)），而高强钢绞线的应力-应变曲线没有明显的屈服点，超过比例极限后应变非线性增长较快，极限应变取0.03左右，所以采用服从von Mises屈服准则和随动强化准则的多线性模型（图2.69(b)）。在实际施工过程中，预应力及荷载分步施加，因此采用重启动分析方法，在完成一个初始分析过程之后，再次运行并续接前次计算结果，考虑应力刚化效应，采用Newton-Raphson法进行非线性求解，该方法可以模拟整个施工过程中结构的力学性能，计算精度高。

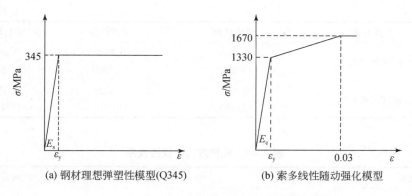

(a) 钢材理想弹塑性模型(Q345)　　　　(b) 索多线性随动强化模型

图 2.69　弹塑性材料应力-应变曲线

2) 预应力张拉方式

索穹顶结构预应力张拉成形主要有张拉环索、张拉斜索、伸长撑杆三种基本方法及其组合[25]。设定同一个预应力张拉完成的结构几何成形态,具体性能指标如表 2.38 和表 2.39 所示。以施工张拉各圈径向斜索、张拉各圈环索及张拉各圈环索和内斜索三种方法组合成 6 种预应力张拉方式,张拉方式 1 为张拉三圈斜索,张拉次序如表 2.40 所示;张拉方式 2 按张拉方式 1 逆向次序依次张拉内斜索、中斜索和外斜索;张拉方式 3 为张拉两圈环索,张拉方式 5 为张拉两圈环索和内斜索,其张拉次序如表 2.41 所示;张拉方式 4 按张拉方式 3 逆向次序依次张拉内环索、外环索;张拉方式 6 按张拉方式 5 逆向次序依次张拉内斜索、内环索和外环索。对索穹顶结构进行承载全过程张拉仿真分析,为实际工程预应力张拉方案的确定提供理论依据和技术支持。

表 2.38　不同张拉方式施加初始预应力值　　　　　　（单位：kN）

张拉方式	外斜索	中斜索	内斜索	外环索	内环索
张拉方式 1、2	2588	1215	852	—	—
张拉方式 3、4	—	—	—	3261	3134
张拉方式 5、6	—	—	853	4115	4033

表 2.39　成形态撑杆顶竖向起拱高度　　　　　　（单位：mm）

张拉方式	外撑杆顶	中撑杆顶	中心环顶
张拉方式 1、2	0.0809 (1/880)	0.2527 (1/280)	0.5178 (1/140)

续表

张拉方式	外撑杆顶	中撑杆顶	中心环顶
张拉方式 3、4	0.0809 (1/880)	0.2526 (1/280)	0.2651 (1/270)
张拉方式 5、6	0.0810 (1/880)	0.2525 (1/280)	0.5180 (1/140)

表 2.40　张拉方式 1 张拉次序

张拉步	外斜索	中斜索	内斜索
1	间隔 1 根 40%	0	0
2	全部 40%	0	0
3	全部 40%	间隔 1 根 40%	0
4	全部 40%	全部 40%	0
5	全部 40%	全部 40%	间隔 1 根 40%
6	全部 40%	全部 40%	全部 40%
7	间隔 1 根 70% 其余 40%	全部 40%	全部 40%
8	全部 70%	全部 40%	全部 40%
9	全部 70%	间隔 1 根 70% 其余 40%	全部 40%
10	全部 70%	全部 70%	全部 40%
11	全部 70%	全部 70%	间隔 1 根 70% 其余 40%
12	全部 70%	全部 70%	全部 70%
13	间隔 1 根 100% 其余 70%	全部 70%	全部 70%
14	全部 100%	全部 70%	全部 70%
15	全部 100%	间隔 1 根 100% 其余 70%	全部 70%
16	全部 100%	全部 100%	全部 70%
17	全部 100%	全部 100%	间隔 1 根 100% 其余 70%
18	全部 100%	全部 100%	全部 100%

注:各张拉步索中的拉力用相对于设定预拉力的百分比表示,下同。

表 2.41　张拉方式 3、5 张拉次序

张拉方式 3			张拉方式 5			
张拉步	外环索	中环索	张拉步	外环索	中环索	内斜索
1	40%	0	1	40%	0	0
2	40%	40%	2	40%	40%	0
3	70%	40%	3	40%	40%	40%
4	70%	70%	4	70%	40%	40%
5	100%	70%	5	70%	70%	40%
6	100%	100%	6	70%	70%	70%
			7	100%	70%	70%
			8	100%	100%	70%
			9	100%	100%	100%

3)结构响应分析

大量的工程实践和理论研究表明,常规的大跨度钢结构(包括与索穹顶结构体系相近的弦支穹顶结构)安装次序和预应力张拉次序对结构的最终力学性能均产生不可忽略的影响[27,28]。受施工场地条件、预应力张拉设备、张拉工艺、人员经验水平等多方面因素影响,预应力张拉成形过程各不相同。因此,首先应研究预应力张拉全过程对结构成形态力学响应的影响,以确定流程合理、结构安全的施工方案。

采用上述三种预应力张拉方法共 6 种预应力张拉方式,应用重启动分析方法对索穹顶进行全过程力学仿真计算,张拉过程及成形态的索穹顶结构主要力学响应如图 2.70～图 2.72 和表 2.42 所示,预应力有自重工况为张拉成形态的工况,为了更好地对比在各种预应力张拉方式下结构自平衡时索内力分布,增加了预应力无自重工况。

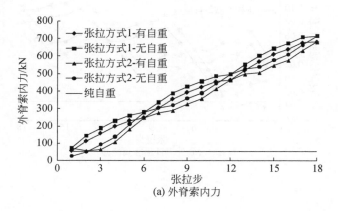

(a) 外脊索内力

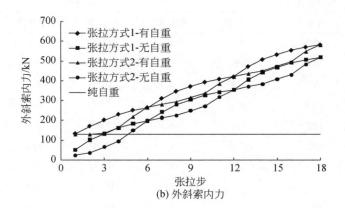

(b) 外斜索内力

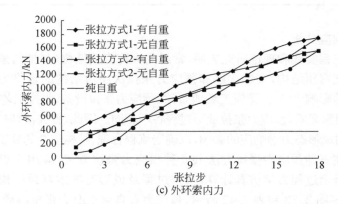

(c) 外环索内力

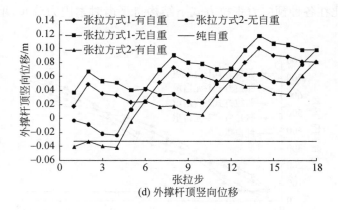

(d) 外撑杆顶竖向位移

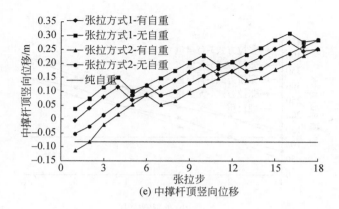

(e) 中撑杆顶竖向位移

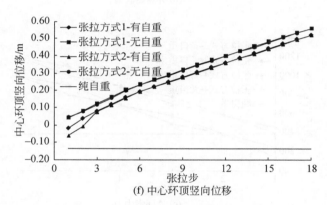

(f) 中心环顶竖向位移

图 2.70 张拉方式 1、2 的结构响应

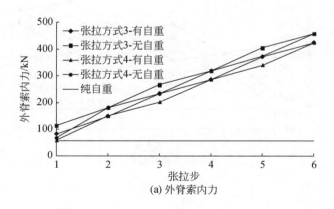

(a) 外脊索内力

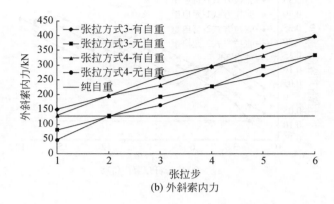

(b) 外斜索内力

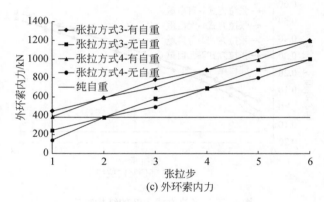

(c) 外环索内力

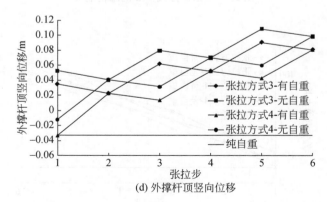

(d) 外撑杆顶竖向位移

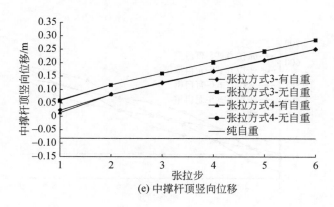

(e) 中撑杆顶竖向位移

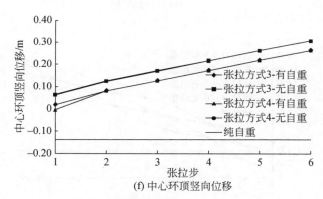

(f) 中心环顶竖向位移

图 2.71　张拉方式 3、4 的结构响应

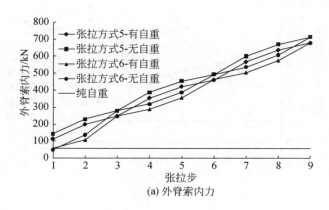

(a) 外脊索内力

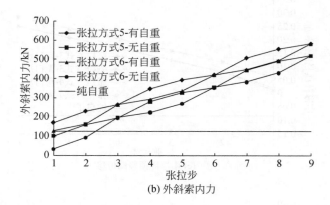

(b) 外斜索内力

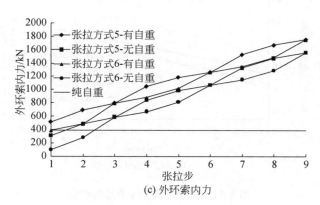

(c) 外环索内力

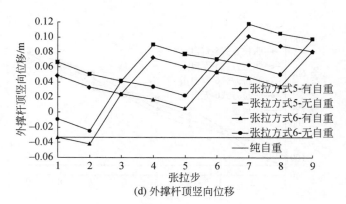

(d) 外撑杆顶竖向位移

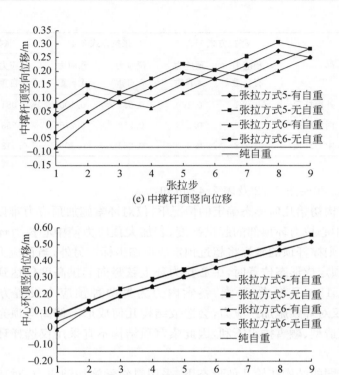

图 2.72　张拉方式 5、6 的结构响应

表 2.42　相同初始几何形态不同张拉方式下结构内力和位移

荷载工况		张拉方式 1、2		张拉方式 3、4		张拉方式 5、6	
		预应力有自重	预应力无自重	预应力有自重	预应力无自重	预应力有自重	预应力无自重
内力/kN	外脊索	670	710	415	450	675	715
	中脊索	420	470	250	305	425	475
	内脊索	295	335	185	235	300	380
	外斜索	575	500	395	325	580	505
	中斜索	245	235	130	145	248	235
	内斜索	138	135	74	74	138	135
	外环索	1720	1550	1200	1000	1750	1580
	内环索	740	695	500	450	745	700

荷载工况		张拉方式 1、2		张拉方式 3、4		张拉方式 5、6	
		预应力有自重	预应力无自重	预应力有自重	预应力无自重	预应力有自重	预应力无自重
竖向位移/m	外撑杆顶	0.081	0.100	0.081	0.100	0.081	0.100
	内撑杆顶	0.253	0.275	0.253	0.275	0.253	0.275
	中心环顶	0.518	0.550	0.265	0.305	0.518	0.555

分析图 2.70～图 2.72 及表 2.42 可知：

(1)在结构初始几何形态确定的情况下,仅对环索施加预应力难以实现索穹顶既定成形态中心拉力环顶部的起拱高度,若加大预应力使中心拉力环上弦达到既定起拱高度,则撑杆顶的坐标将超过预定成形态坐标。另外,当预应力使两圈撑杆顶坐标达到预定成形态位置时,中心拉力环上弦竖向起拱高度仅达到预定成形态起拱高度的 51%,且脊索、环索、斜索内力为另两种预应力设置方式的60%～70%。可见仅对环索施加预应力,会造成结构几何成形态偏离穹顶光滑曲线几何要求,对建筑造型、融雪排水不利,因此索穹顶结构不宜采用仅选择环索作为预应力张拉索。

(2)在相同的结构初始几何形态下,采用对斜索施加预应力、对环索和内斜索施加预应力两种预应力张拉方式,在预应力张拉完成的结构几何成形态基本一致条件下,即两圈撑杆顶点及中心环上弦竖向位移基本一致时,脊索、斜索、环索内力相差均在 1% 以内。由此可见,索穹顶结构体系在设定预应力张拉完成的几何成形态下,无论选择斜索张拉还是斜索和环索组合张拉,既定结构几何成形态下的结构内力响应均相同。

(3)对于同一种预应力张拉方式,采用不同的张拉次序,在张拉过程中结构响应不同,差距甚至可达 40%,但在张拉完成的结构成形态下结构的力学响应完全相同。

总之,在初始几何形态相同的情况下,采用仅张拉斜索、张拉斜索和环索、仅张拉环索得到的索穹顶结构成形态不能完全相同。但对于索穹顶结构,当索及撑杆等构件的下料长度和结构几何形态确定后,不考虑初始几何形态,采用不同的预应力张拉方式均能达到预定的结构几何成形态,且在预定几何成形态下,各构件的内力均能达到一致。另外,张拉方式和张拉次序对张拉成形后的结构位移及其内力响应同样没有影响。索穹顶的上述几何力学特征为施工张拉技术人员依据工程场地条件、张拉设备、张拉工艺条件和人员经验等制定预应力张拉方案创造了广阔灵活的技术空间。

2.预应力张拉与承载全过程仿真分析

　　索穹顶结构应满足建筑造型要求的几何形态,即要求所有撑杆上节点尽可能位于同一个光滑球壳坐标系内。但如前所述,对于由柔性索单元组成的索穹顶,采用不同预应力张拉方式完成后满足上述条件的结构初始几何形态不是唯一的。索穹顶结构在不同工况下的形态是不同的,如图 2.73 所示。若以建筑造型的原始几何形态作为索穹顶张拉成形态,则在屋面自重及正常使用荷载作用下,可能会发生建筑造型或屋面排水功能所不允许的变形。因此,索穹顶张拉成形态首先应满足建筑要求的光滑几何形态,其次必须满足结构正常使用阶段构件承载力、体系弹性变形性能,再次还应满足结构在非正常超载条件下的弹塑性性能。由此可见,必须进行预应力张拉与承载全过程仿真分析,方可确认索穹顶结构成形态的安全合理性。

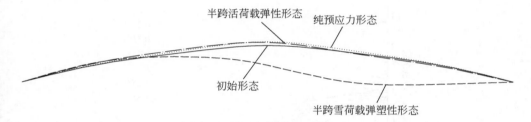

图 2.73　索穹顶在各工况下的形态

1)全过程仿真计算结果及分析

　　为了验证既定预应力张拉完成后结构成形态的安全性,同时考查其合理性,分别针对考虑膜刚度与不考虑膜刚度两种计算模型,进行不同预应力($0.25P \sim 1.5P$,P 为斜索施加的预应力设计值)下的索穹顶结构张拉与承载全过程仿真分析。张拉成形的过程可以分解为预应力下结构受力步(即预应力无自重阶段)和自重加载步(即预应力有自重阶段)两个步骤计算,考虑膜刚度模型在此基础上增加了张拉膜和谷索的步骤,而承载过程分析是在此基础上荷载不断增加的过程,将张拉成形和承载两个不同阶段作为全过程进行计算。考虑膜刚度模型和不考虑膜刚度模型全过程仿真计算结果如图 2.74 和图 2.75 所示。其中,不考虑膜刚度模型纵坐标轴的$-2 \sim -1$为无自重张拉成形步,给三圈斜索施加设计初始预应力,$-1 \sim 0$为结构自重作用下预应力张拉成形步,所以纵坐标轴 0 以下为成形步,从 0 向上则为荷载施加的过程,纵坐标为所施加荷载与荷载设计值的比值,定义为荷载系数。考虑膜刚度模型纵坐标的$-3 \sim -1$与不考虑膜刚度模型纵坐标的$-2 \sim 0$相同,增加了$-1 \sim 0$膜及谷索的张拉步。

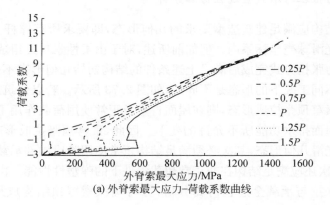

(a) 外脊索最大应力–荷载系数曲线

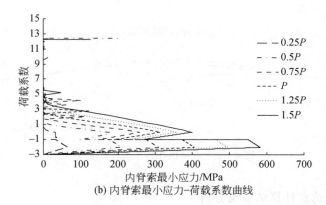

(b) 内脊索最小应力–荷载系数曲线

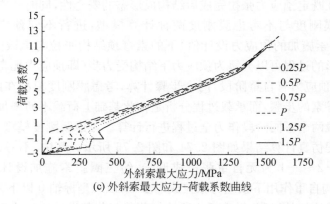

(c) 外斜索最大应力–荷载系数曲线

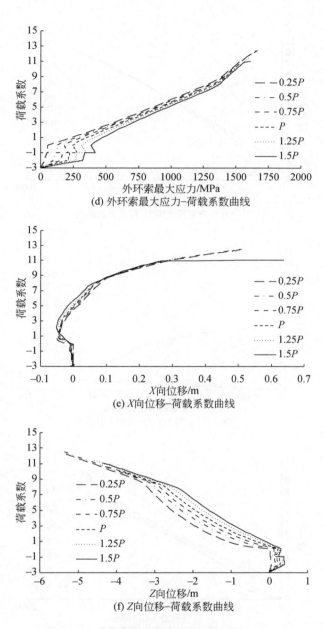

(d) 外环索最大应力–荷载系数曲线

(e) X向位移–荷载系数曲线

(f) Z向位移–荷载系数曲线

图 2.74 考虑膜刚度模型的荷载–结构响应曲线

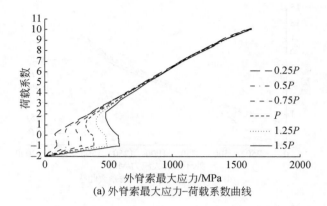

(a) 外脊索最大应力–荷载系数曲线

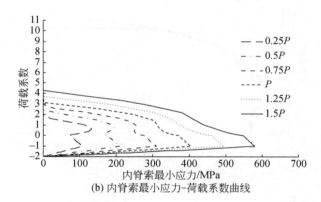

(b) 内脊索最小应力–荷载系数曲线

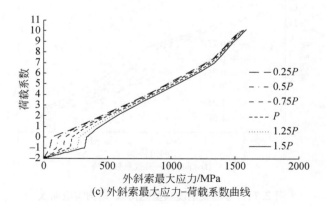

(c) 外斜索最大应力–荷载系数曲线

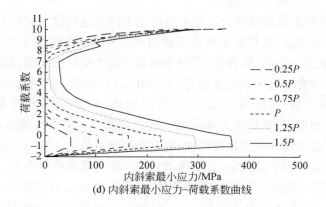

(d) 内斜索最小应力-荷载系数曲线

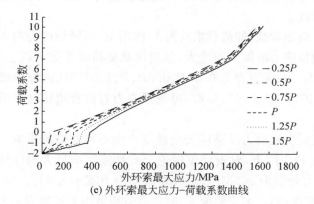

(e) 外环索最大应力-荷载系数曲线

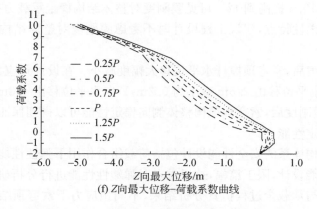

(f) Z 向最大位移-荷载系数曲线

图 2.75　不考虑膜刚度模型的荷载-结构响应曲线

分析图 2.74 和图 2.75 可知:

(1)脊索在斜索施加预应力过程中始终处于内力递增状态,且与斜索施加预应力值基本呈正比关系;在自重及荷载系数为 0.5~1 作用下,脊索内力均有减小趋势;在荷载系数为 1 之后,外脊索、中脊索的最大应力呈线性递增,结构体系失稳破坏时,外脊索、中脊索最大应力分别为 1600MPa、1150MPa;而内脊索应力一直处于递减状态,部分内脊索在荷载系数为 2~4 时松弛,退出工作,此时主索的应力-变形曲线均出现拐点,称该拐点为体系第一名义屈服点。斜索在张拉与加载全过程中与脊索具有相近的内力变化特征,内斜索在荷载系数为 4~7 时松弛。所有环索在张拉与加载全过程中,内力一直呈递增状态。在荷载系数为 7 时,外环索应力达到 1360MPa,进入弹塑性状态,结构体系刚度突变,所有主索的应力-变形全过程曲线均出现拐点,称该拐点为体系第二名义屈服点,已松弛的内斜索在此时恢复刚度,继续恢复承载。

(2)在正常使用荷载(即荷载系数为 1)作用下,不同预应力对主索内力影响很大,主索内力随预应力的加大而增大,但当加载至荷载系数 8 以上时,主索内力与预应力基本无关。在预应力为 0.25P、0.5P、P、1.5P 时,内脊索松弛对应的荷载系数分别为 1.97、2.43、3.15、4.27,可见预应力对内脊索松弛时所承受的荷载有很大影响。

(3)膜刚度对主索内力及整体安全性能产生不可忽略的影响。在正常使用荷载(荷载系数为 1)作用下,对索穹顶理论公式性能影响最大的外环索考虑与不考虑膜刚度的应力分别为 300MPa、310MPa,即内力减小 3.3%。但考虑膜刚度后,外环索进入弹塑性(第二名义屈服点)时的荷载系数由 7 增加到 8.3,外环索破断时的荷载系数由 10.2 提高到 12。可见膜刚度对整体结构稳定承载力有较大提高,但考虑到膜自身柔性特点,建议工程设计时不考虑膜刚度对整体结构稳定承载力的有利作用。

考虑膜刚度后,索穹顶撑杆水平位移大幅度减小。在设计预应力时,荷载系数为 10 的 X 向水平位移由 2.5m 减小为 0.2m,Y 向水平位移由 4.3m 减小为0.9m。可见,在考虑膜刚度后,索穹顶结构整体侧向稳定性能可以得到保证。

2)结构稳定性能

索穹顶结构体系的安全性能设计包括荷载组合作用下弹性性能设计和超载作用下弹塑性性能设计,限于篇幅,这里重点对弹塑性性能进行分析研究与设计。根据预应力张拉与承载全过程仿真分析结果,不同预应力下索穹顶结构弹塑性性能如表 2.43 所示。分析可知:

(1)对于索穹顶结构,随着预应力的增加,结构弹塑性破坏荷载系数基本没有变化,第二名义屈服荷载系数逐渐下降,降幅为 10%~20%。随预应力的增加,索穹顶结构的破坏变形逐渐减小,但减小幅度在 2% 以内,第二名义屈服变形逐渐减小,减小幅度也在 10% 以内。因此,索穹顶体系承载力性能和变形延性性能与预应力张拉完成的既定结构成形态基本无关,不同预应力对最终承载能力和变形能力影响不大。

表 2.43　不同预应力下索穹顶结构弹塑性性能

预应力		0.25P	0.5P	0.75P	P	1.25P	1.5P
承载力性能	p_u	10.16	10.09	10.08	10.10	10.01	10.13
	p_y	7.48	7.40	7.30	7.14	7.00	6.85
	$p_{L/40}$	2.64	3.20	3.70	4.20	4.70	5.20
	p_u/p_y	1.36	1.36	1.38	1.41	1.43	1.48
变形延性性能	D_u/m	5.20	5.15	5.04	5.01	5.00	4.93
	D_u/L	1/13.7	1/13.8	1/14.1	1/14.2	1/14.2	1/14.4
	D_y/m	3.25	2.92	2.85	2.68	2.65	2.45
	D_y/L	1/21.9	1/24.4	1/25	1/26.6	1/26.9	1/29.1
	D_u/D_y	1.60	1.76	1.77	1.87	1.89	2.01

注: p_u 为弹塑性(体系)破坏荷载系数[5]; p_y 为弹塑性(体系)屈服荷载系数[5]; $p_{L/40}$ 为 $L/40$ 弹塑性大变形对应的荷载系数; D_u 为弹塑性破坏变形,即破坏荷载对应的变形; D_y 为弹塑性屈服变形,即屈服荷载对应的变形; L 为结构跨度。

(2)结构破坏荷载系数不能作为稳定承载力控制指标。为保证索穹顶结构稳定承载力性能安全,结构破坏荷载系数与第二名义屈服荷载系数比值(p_u/p_y)应不小于 1.4。从该性能指标判断,工程选用不小于 P 的预应力时,第二名义屈服荷载系数可作为索穹顶稳定承载力性能指标。

(3)结构第二名义屈服荷载系数对应的弹塑性大变形值(D_u/L)约为 1/25,实际结构已接近大变形倒塌状态,因此本工程索穹顶弹塑性性能由变形能力指标控制。以 $L/40$ 大变形作为索穹顶弹塑性变形能力控制指标,在预应力为 0.25P、P、1.5P 时,该弹塑性变形对应的索穹顶的荷载系数分别为 2.64、4.20、5.20,最大增幅接近 100%,可见预应力对索穹顶弹塑性稳定承载力安全性能有很大影响。预应力越高,稳定承载力系数越高,但其弹塑性大变形能力有所下降,因此预应力也不宜过高。

(4)在设计预应力(P)的结构成形态下,与 $L/40$ 弹塑性大变形对应的索穹顶荷载系数 $p_{L/40}$ 为 4.20, $p_u/p_{L/40}=2.4$,结构破坏变形与 $L/40$ 的比值 $D_u/(L/40)=2.82$。可见,结构体系具有良好的弹塑性稳定承载与大变形能力,工程选用的预应力是合理安全的。

3. 工程结构成形后实测结果分析

1)预应力张拉成形技术

结构安装完毕以后,拉索的索力由结构自重产生,此时的结构从严格意义上讲还处于机构的状态,通过对外斜索的张拉即可完成对结构施加预应力,使结构产生刚度。为了保证结构张拉完毕以后的状态和设计一致,采用分批分级张拉的方法。

与结构成形态相比,外斜索剩余长度为 16cm,分 3 级将外斜索调整到位。第 1 级调节量:将所有外斜索剩余长度调整到 8cm;第 2 级调节量:所有外斜索剩余长度调整到 4cm;第 3 级调节量:张拉到位。

每一级调整时,将人员分为 10 组同时张拉,分两批张拉完。张拉第 1 级时,第 1 批张拉奇数轴外斜索,第 2 批张拉偶数轴外斜索。张拉第 2 级时,工装和千斤顶位置不动,第 1 批张拉偶数轴外斜索,第 2 批张拉奇数轴外斜索。第 3 级张拉顺序同第 1 级。在张拉过程中和张拉结束后利用张拉设备检测所有外脊索和外斜索的索力,拉索张拉时的控制拉力如表 2.44 所示。

表 2.44　拉索张拉时的控制拉力

张拉设置	结构状态	奇数轴外斜索拉力/kN	偶数轴外斜索拉力/kN
第 1 级第 1 批张拉奇数轴外斜索	奇数轴外斜索剩余长度调整到 8cm,偶数轴外斜索剩余调整长度 16cm	213	200
第 1 级第 2 批张拉偶数轴外斜索	奇数轴外斜索剩余调整长度 8cm,偶数轴外斜索剩余调整长度 8cm	287	287
第 2 级第 1 批张拉偶数轴外斜索	奇数轴外斜索剩余调整长度 8cm,偶数轴外斜索剩余调整长度 4cm	361	386
第 2 级第 2 批张拉奇数轴外斜索	奇数轴外斜索剩余调整长度 4cm,偶数轴外斜索剩余调整长度 4cm	458	458
第 3 级第 1 批张拉奇数轴外斜索	奇数轴外斜索剩余调整长度 0cm,偶数轴外斜索剩余调整长度 4cm	527	508
第 3 级第 2 批张拉偶数轴外斜索	奇数轴外斜索剩余调整长度 0cm,偶数轴外斜索剩余调整长度 0cm	580	580

2)结构成形后实测结果分析

使用 ANSYS 有限元软件建立仿真计算模型,对施工过程进行跟踪计算,并根据结构特点对拉索索力、结构竖向位移、撑杆垂直度进行监测,以确保工程施工的安全和施工质量。实测数据与理论值对比如表 2.45 和表 2.46 所示,通过分析可知,索力误差在 3% 以内,撑杆垂直度在 $L/150$ 以内,结构内拉环相对外环梁的实际标高和设计标高小于 10mm。以上分析说明,该结构施工过程是合理的,从而验证了施工仿真计算结果的正确性。

表 2.45　部分标高实测数据与理论值对比(相对外环梁)

轴线号	理论值/mm	实测值/mm	偏差/mm	偏差率/%
6 轴外撑杆顶	2794	2810	16	0.57
11 轴外撑杆顶	2794	2818	24	0.85
1 轴内拉力环顶	6025	6021	−4	−0.07
11 轴内拉力环顶	6025	6023	−2	−0.03

表 2.46　部分索力实测数据与理论值对比

轴线号	理论值/kN	实测值/kN	偏差/kN	偏差率/%
6 轴外斜索	580	590	10	1.69
6 轴外脊索	683	695	12	1.73
16 轴外斜索	580	585	5	0.85
16 轴外脊索	683	685	2	0.29

4. 结论

通过对索穹顶预应力张拉找形与承载全过程仿真分析,可以得出如下结论:

(1)采用不同的预应力张拉方式均能达到既定的结构几何成形态,且各构件的内力相同。施工张拉方式对结构成形态及内力响应没有影响。

(2)在正常使用荷载作用下,不同预应力对主索内力影响很大,主索内力随预应力的加大而增加,但当加载至一定荷载时,主索内力与预应力基本无关;考虑膜刚度后,整体结构稳定承载力有较大提高,结构侧向稳定性能完全可以得到保证。

(3)索穹顶结构弹塑性性能应由承载力性能和变形能力双目标控制。预应力对索穹顶弹塑性性能有很大影响,预应力越高,整体结构弹塑性稳定承载力系数越高,但其失稳时大变形能力有所下降,因此预应力不宜过高。

(4)施工监测也是索穹顶结构施工的重要环节,通过对结构应力和变形的监测,可判断调整施工方案的必要性,从工程检测的结果来看,实测结果与理论计算结果基本相同,本工程的施工实施方案可达到目标要求。

2.5.6　张拉施工过程对不同刚度预应力结构性能影响对比分析

张拉施工过程对预应力钢结构性能的影响主要是指钢结构安装方法、预应力索张拉次序等施工过程条件下的理论公式性能与工程设计采用的"整体成形、一次加载"设计方法得到的理论公式性能之间的差异。通过大量工程实践发现,不同的结构体系有着不同的影响程度,主要取决于体系中钢桁架(梁)与索系之间的几何刚度比例权重。

　　预应力钢桁架结构中的索系几何刚度占结构总刚度的比例很小,索张拉过程对结构性能影响不大,若钢桁架安装施工临时支撑数量和刚度足够强,施工期间变形控制在相关设计和施工验收标准范围内,则可以不考虑预应力钢结构安装施工过程对结构性能的影响;但当结构跨度超过 100m 时,若仍对钢结构安装施工过程变形严格控制,将会造成临时支撑等施工措施费用过高,现实工程中通常采用点状布置临时支撑,允许结构产生一定的施工变形,此时预应力钢结构施工过程对结构最终受力状态的影响不能忽略。

　　与普通预应力钢桁架结构相比,张弦结构的钢结构部分刚度占总结构刚度的比例明显偏低。结构跨度小于 80m 时,张弦结构的上弦一般采用型钢构件,结构跨度更大时,上弦设计为钢桁架,弦支穹顶的上层壳(上弦)则为钢网壳。张弦结构的平面张弦梁和空间张弦桁架中索系所提供的几何刚度占结构总刚度的比例较大,该类结构仍属于各榀子结构相对独立承载的平面结构体系,因此索系张拉过程对整体结构性能影响不大,但对每榀子结构的影响不能忽略。跨度达 222m 的内蒙古大唐托克托发电厂第三储煤场罩棚为张弦索拱桁架(详见 2.5.2 节),不同的胎架支撑施工方案对结构最终受力状态的影响有差距,变形相差 25%~100%,部分杆件内力相差 10%~50%,不考虑钢结构安装施工过程的影响,会造成重大结构安全隐患。因此,合理的钢结构安装方案是采用点式胎架支撑,而胎架支撑的数量布置和刚度需要设计单位和施工单位协同工作,进行张拉与承载全过程分析,才能实现结构安全可靠,施工快捷方便、经济合理的综合效应。

　　对于索系为空间布置的弦支穹顶结构,局部索的张拉会造成其他部位索的受力发生变化,进而影响整体结构最终受力状态。如北京奥运会羽毛球馆弦支穹顶采用环索张拉方案,考虑张拉过程后,与"整体成形、一次加载"的常用设计计算结果相比,内环索内力降低 15%~50%,径向拉杆内力变化幅度为 15%~40%,内环索受力的降低对构件设计有利,但也会造成预应力对整体结构提供向上等效平衡作用效应的降低,预应力张拉过程对弦支穹顶结构最终受力性能造成不可忽视的影响。

　　整体张拉结构由索网加少量钢压杆构成,钢构件对整体结构刚度贡献很小,主要是通过对索系施加预应力逐渐形成结构几何刚度,成为可承载结构。内蒙古伊金霍洛旗全民健身体育活动中心索穹顶工程的张拉与承载全过程仿真分析和模型试验研究均证明了预应力张拉施工过程对全柔的整体张拉结构最终成形态和受力状态不产生影响,而且工程实测结果进一步验证了上述结论。

2.6　节点约束条件对平面大跨度钢结构稳定性能的影响

大跨度钢结构工程采用几何空间体系时的稳定性能及经济性是优于几何平面体系的,但是由于建筑美学效果要求,国内外相当部分体育场馆、会展中心等大型民用公共建筑采用平面钢结构体系,结构体系的稳定性能成为设计的关键问题之一。大量工程实践研究(详见第 3、4、5 章)发现,通过改善节点约束条件可以较大幅度提升平面大跨度钢结构稳定性能。

贵阳奥体中心工程研究表明,对于两向交叉钢桁架结构,为了弦杆两交叉节点构造连接简便,对某一方向弦杆端抗弯约束释放(即铰接)时结构稳定承载力系数下降约 20%。河南艺术中心共享大厅屋顶采用鱼腹式平面钢桁架,当对其支座节点采用平面内可转动、平面外抗弯约束不释放构造措施时,结构稳定承载力提高 10% 以上;当桁架腹杆与上弦连接设计为刚接时,结构稳定承载力可提高 50% 以上。河南艺术中心、北京金融街 F7/9、迁安文化会展中心工程研究表明,将屋面檩条与平面桁架上弦杆连接构造设计为刚接时,结构稳定承载力可增加一倍以上。以上工程设计研究还表明,平面大跨度钢桁架相关连接节点采用可抗弯约束条件(刚接)时,节点在结构失稳极限状态下承受的弯矩并不大,工程构造设计上容易实现。

总之,当建筑美学与理论公式综合平衡后仍决定采用平面大跨度钢桁架结构时,可通过平面桁架弦杆之间、弦-腹杆之间以及檩条-弦杆之间连接节点的约束条件设计,显著提高结构稳定性能。同时,为了确保节点和结构安全,该类节点应满足在结构失稳极限状态下处于弹性的性能目标。

第3章　预应力钢桁架结构

3.1　预应力悬挑钢桁架结构

3.1.1　贵阳奥体中心体育场工程概况

贵阳奥体中心主体育场建筑为富于地域文化特征的牛角造型,美观独特(图 3.1),但同时失去了体育场结构常规的主受力"前拱",而成为全悬挑结构[29]。

(a) 全景图

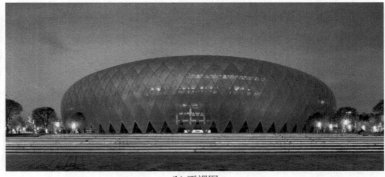

(b) 正视图

图 3.1　整体实景图

西看台屋盖钢结构长度约为 300m,沿径向(悬挑方向)跨度约为 69m。在不影响看台观众视线等建筑使用功能和效果的前提下,屋盖最大悬挑部位设置四角锥支撑并落于看台后端部,将屋盖结构最大悬臂跨度减小至 49m。钢结构形式采用交叉桁架体系,桁架平面方向与地面垂直,墙面桁架平面方向与建筑径向轴线方向相同,由此造成屋面桁架与墙面桁架不在同一平面内。在四角锥支撑处设置转换桁架解决屋面、墙面结构的几何协调性(图 3.2)。

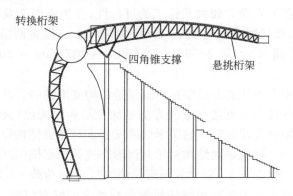

图 3.2　屋盖钢结构剖面图

为尽可能减少屋盖结构对后排观众的压抑感,在屋盖钢结构上弦最大悬挑部位设置 16 根径向拉索,并施加预应力,有效控制结构变形。屋盖钢结构最大厚度为 6.5m(悬挑根部),厚跨比为 1/7.5,沿环向厚度减小至 5m,沿悬挑方向桁架厚度减薄至 2m,与屋盖连为一体的墙体钢结构厚度为 3m。预应力钢索布置图如图 3.3 所示。径向拉索采用高强度钢丝束,极限抗拉强度大于 1670MPa,钢丝束外包裹聚乙烯防腐保护层,钢索尺寸为 Φ5mm×127mm。索与主结构连接节点均采用铸钢节点。

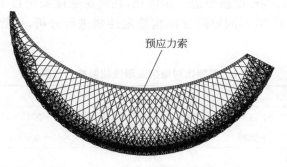

图 3.3　预应力钢索布置图

屋盖钢结构的支座设置在墙身落地处,采用焊接半球节点和铸钢节点两种形式。在结构墙面桁架与中部区域设置大平台,距地面高度约 18m,通过联系梁与混凝土看台结构连为整体,联系梁尺寸为 $H1000mm \times 450mm \times (18mm/30mm)$,钢材材质为 Q345。在结构中部悬臂最长处沿环向设置一排钢支撑与混凝土看台连接为整体结构,支撑节点形式采用铸钢节点,支撑截面尺寸为 $\Phi402mm \times 30mm \sim \Phi402mm \times 35mm$,钢材材质为 Q345B。屋盖钢结构节点形式以相贯节点为主,考虑到桁架悬挑根部节点受力较大及施工的可行性,在加强桁架及转换桁架处采用焊接球节点形式,焊接球直径为 $\Phi600mm \sim \Phi1000mm$。屋盖钢结构杆件均采用无缝钢管,杆件截面尺寸为 $\Phi159mm \times 6mm \sim \Phi377mm \times 30mm$,钢材材质为 Q345B。

大悬挑结构安全使用的最重要控制因素是结构变形性能。改善大悬挑结构变形性能及其他力学性能最直接有效的方法是加大结构厚跨比(大悬挑结构根部厚度与跨度比值),但体育建筑轻盈的美学效果又要求对悬挑结构厚度进行限制。控制结构变形的另一个措施是对结构初始几何形态进行预起拱(非强制位移),《钢结构设计标准》(GB 50017—2017)允许预起拱值为“1.0 恒荷载 + 0.5 活荷载”产生的变形。但预起拱实际并不会减小结构所受荷载产生的绝对位移,工程超大悬挑结构端部的绝对位移超过 600mm,如此大变形对屋面维护次结构、屋面保温防水连接构造的正常使用安全性能将产生严重的不利影响,大变形产生的几何非线性影响对理论公式性能也将产生很大程度的不利影响。总之,预起拱减小结构变形措施对于超大悬挑结构正常使用的适用性,以及结构力学的安全稳定性能应进行科学的研究确认。

3.1.2 厚跨比对结构力学性能的影响

加大厚跨比是提高大悬挑钢桁架结构刚度和稳定性能要求的有效措施。为了研究工程屋盖钢结构厚度能否进一步优化,在满足强度安全且不采取预起拱及预应力措施的条件下,对不同厚跨比结构稳定性能进行分析,计算结果如表 3.1 和图 3.4 所示。

表 3.1　厚跨比对结构变形性能影响的计算结果

厚跨比		1/12.3	1/8.9	1/7.5
主要杆件尺寸 /(mm×mm)	上弦杆	$\Phi219 \times 8 \sim \Phi351 \times 25$	$\Phi219 \times 8 \sim \Phi245 \times 16$	$\Phi203 \times 8 \sim \Phi245 \times 14$
	下弦杆	$\Phi219 \times 10 \sim \Phi377 \times 20$	$\Phi219 \times 10 \sim \Phi377 \times 12$	$\Phi219 \times 8 \sim \Phi351 \times 12$
用钢量/t		3793	2919	2748

续表

	厚跨比	1/12.3	1/8.9	1/7.5
正常使用状态	弹性变形/mm	520.26	498.37	433.50
	相对弹性变形	1/94	1/98	1/114
失稳极限状态	仅考虑几何非线性 稳定承载力系数	6.00	5.64	5.61
	大变形值/m	4.72	3.47	3.30
	相对大变形值	1/10	1/14	1/15
	同时考虑几何非线性和材料弹塑性 稳定承载力系数	2.90	2.54	2.18
	大变形值/m	1.91	1.41	0.99
	相对大变形值	1/26	1/35	1/49

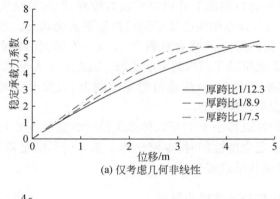

(a) 仅考虑几何非线性

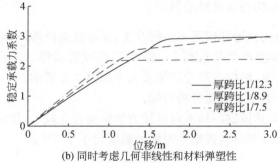

(b) 同时考虑几何非线性和材料弹塑性

图 3.4 不同厚跨比结构荷载-位移曲线

分析以上图表可知,在满足大悬挑结构强度安全且不采取预起拱、预应力措施条件下:

(1)结构厚跨比从 1/8.9 减小到 1/12.3(减幅 27.6%)时,用钢量增加 30%,弹性变形增大 4.4%；结构厚跨比从 1/8.9 增大到 1/7.5（增幅 18.7%）时，用钢量减少 6%，弹性变形减小 13%。可见当大悬挑钢结构厚跨比小于 1/9 时，在满足强度安全条件下，结构用钢量增加很快，当厚跨比大于 1/9 时，结构用钢量增加不多。在仅满足结构强度指标情况下，大悬挑钢结构厚跨比取 1/9 最合理。

（2）若仅从几何非线性屈曲分析得出的稳定承载力系数数据分析，厚跨比越小，稳定承载力系数越高。但若以厚度 6.5m（即厚跨比 1/7.5）时结构屈曲变形值作为结构大变形性能控制指标，即以 3.3m 作为结构大变形性能控制指标时，厚跨比 1/8.9 的结构稳定承载力系数为 5.64，厚跨比 1/12.3 的结构稳定承载力系数为 6.00。可见当结构失稳大变形性能目标取相同值时，结构稳定承载力仍随厚跨比的增大而增大，但结构失稳时大变形延性能力降低。

（3）仅考虑几何非线性分析时，不同厚跨比结构的稳定承载力系数均大于 5.0，仅从屈强比指标分析表面上看稳定承载力较高，但此时结构失稳的相对大变形值达到 1/15～1/10，显然结构已处于倒塌失稳不安全状态。考虑双非线性分析时，不同厚跨比结构的稳定承载力系数为 2.18～2.90，但此时相对大变形值为 1/49～1/26，较真实地反映了结构的力学状态。因此对于大悬挑结构，应进行基于大变形性能的双非线性分析，且应进行稳定承载力、大变形双重延性性能指标控制，方可确保结构变形性能安全。

（4）根据结构弹性位移小于 1/150、体系失稳时大变形小于 1/50 的双重性能目标要求，工程在仅满足强度性能时，厚跨比为 1/7.5 仍不满足双重性能目标，必须采取加强措施方可确认结构安全。

3.1.3　预起拱对结构稳定性能的影响

预起拱仅对结构初始几何形态进行改变，是非强迫位移，对结构不产生荷载作用，预起拱值以结构弹性位移达到 $L/150$ 为基准试算求得。工程通过预起拱实现结构变形性能指标时，结构变形性能如表 3.2 和图 3.5 所示。

通过表 3.1 和表 3.2 对比分析可知：

（1）预起拱对大悬挑钢结构稳定承载力的影响程度较小，仅考虑几何非线性与同时考虑几何非线性和材料弹塑性时增加幅度均小于 3%。

表 3.2　预起拱对结构变形性能影响计算结果

厚跨比	1/12.3	1/8.9	1/7.5
预起拱值/mm	180 (1/272)	171 (1/287)	107 (1/458)

续表

	厚跨比	1/12.3	1/8.9	1/7.5
正常使用状态	弹性变形/mm	326.79	320.53	323.49
	相对弹性变形	1/150	1/153	1/151
失稳 极限状态	**仅考虑几何非线性**			
	稳定承载力系数	6.00	5.8	5.6
	大变形值/m	4.56	3.48	3.19
	相对大变形值	1/11	1/14	1/15
	同时考虑几何非线性和材料弹塑性			
	稳定承载力系数	3.00	2.54	2.22
	大变形值/m	1.85	1.33	0.99
	相对大变形值	1/26	1/37	1/50

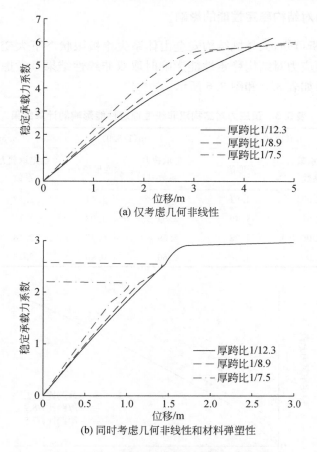

(a) 仅考虑几何非线性

(b) 同时考虑几何非线性和材料弹塑性

图 3.5　预起拱措施下结构荷载-位移曲线

（2）预起拱对大悬挑结构失稳时大变形值的影响程度同样较小，仅考虑几何非线性时减小幅度为 2.5%～8%；同时考虑几何非线性和材料弹塑性，厚跨比为 1/12.3 时减小约 3%，厚跨比为 1/7.5 时几乎没有变化。

（3）以大变形限值 $L/50(0.98m)$ 作为结构体系大变形延性安全控制指标，仅考虑几何非线性，厚跨比 1/7.5 时稳定承载力系数为 2.75，厚跨比 1/12.3 时稳定承载力系数为 2.1；考虑双非线性时，厚跨比 1/7.5 时稳定承载力系数为 2.2，厚跨比 1/12.3 时稳定承载力系数为 1.7。

总之，通过预起拱实现弹性变形性能安全要求时，对大悬挑结构大变形延性性能安全的增加幅度小于 5%。对于体育场工程 49m 大悬挑结构，厚跨比大于 1/7.5 时，方可满足结构体系稳定强屈比、大变形双重延性性能安全要求。

3.1.4　预应力对结构稳定性能的影响

由上述分析可知，大悬挑结构安全由体系失稳极限状态下大变形性能目标控制，因此分析预应力对结构稳定性能影响时取双非线性结果且考虑了不同预应力情况，计算结果如表 3.3 和图 3.6 所示。

表 3.3　预应力对结构双非线性稳定性能影响的计算结果

预应力 /kN	4m(1/12.3)		5.5m(1/8.9)		6.5m(1/7.5)	
	稳定承载力系数	大变形值/m	稳定承载力系数	大变形值/m	稳定承载力系数	大变形值/m
0	2.90	1.91	2.54	1.41	2.18	0.99
1200	2.91	1.46	2.54	1.03	2.18	0.82
1800	2.96	1.23	2.59	0.97	2.18	0.64
2400	2.95	1.08	2.60	0.90	2.18	0.60

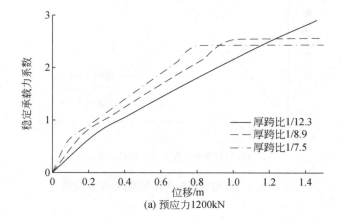

(a) 预应力1200kN

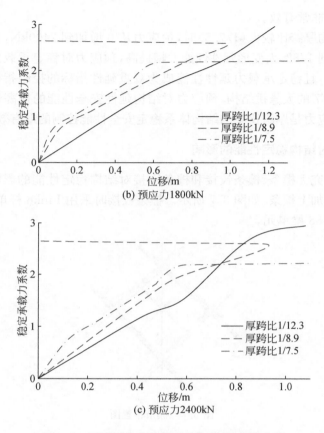

图 3.6　不同预应力条件下结构荷载-位移曲线

通过以上计算分析可知：

(1)预应力对体系稳定承载力的影响较小,厚跨比为 1/12.3 时强屈比增加 11%,厚跨比为 1/7.5 时强屈比增加 2%,且预应力对稳定承载力系数的影响小于 2%。

(2)预应力对结构失稳大变形延性性能的影响很大,对应于预应力为 2400kN 的情况,厚跨比为 1/12.3 时大变形值减小 43%,厚跨比为 1/7.5 时大变形值减小 39%。

(3)当结构厚跨比较小(1/12.3)时,通过施加预应力可大幅减小体系失稳时的大变形,预应力由 0 增加到 2400kN 时,相对大变形值由 1/26 减小到 1/45,且此时大变形延性是结构体系稳定安全双重延性控制指标中的控制因素。

因此对于厚跨比小于 1/10 的大悬挑结构,预应力对结构体系稳定延性安全性能的提高作用非常有效。

（4）当结构厚跨比较大（1/7.5）时，预应力从 0 增加到 2400kN，相对大变形值由 1/49 减小到 1/82，大变形延性性能大幅提高，预应力对稳定承载力（强屈比）的影响不再提高，且稳定承载力延性性能成为双重延性指标的控制指标。对于结构厚跨比大于 1/7 的大悬挑结构，预应力对结构延性安全性能的提高作用还是有限的。因此，预应力是厚跨比小的结构体系稳定安全性能控制的最有效措施。

3.1.5　檩条对结构稳定性能的影响

本小节研究无檩条、檩条铰接和檩条刚接对结构稳定性能的影响。在结构桁架上弦平面内加上檩条，如图 3.7 所示。檩条铰接时采用 Link8 杆单元，檩条刚接时采用 Beam188 梁单元。

图 3.7　檩条布置图

1）静力位移分析

三种模型结构最大位移比较如表 3.4 所示。由表可知，在正常使用荷载作用下，檩条可以略微提高结构的整体刚度，但提高作用不明显。檩条刚接与檩条铰接作用基本相同；檩条没有改变结构的整体受力特点，三个模型中，结构的最大受力点位置基本相同。

表 3.4　结构最大位移比较

檩条设置	最大位移/m
无檩条（模型 1）	0.366
檩条铰接（模型 2）	0.359
檩条刚接（模型 3）	0.358

2)特征值屈曲分析

分别对三种模型进行特征值屈曲分析,结果如表 3.5 和表 3.6 所示。

表 3.5　结构特征值屈曲分析比较

阶数	无檩条(模型 1)	檩条铰接(模型 2)	檩条刚接(模型 3)
1	4.099	4.781	4.787
2	4.787	5.308	5.385
3	4.796	5.376	5.386
4	4.926	5.556	5.538
5	4.991	5.908	5.907
6	5.100	5.963	5.971
7	5.236	6.004	6.016
8	5.333	6.059	6.069
9	5.381	6.201	6.215
10	5.390	6.268	6.278
11	5.469	6.598	6.607
12	5.601	6.767	6.784

表 3.6　结构特征值屈曲失稳模式

阶数	无檩条(模型 1)	檩条铰接(模型 2)	檩条刚接(模型 3)
1	A	B	B
2	C	A	A
3	B	B	B
4	C	B	B
5	C	B	B
6	C	B	B
7	B	A	A
8	C	B	B
9	A	B	B
10	A	B	B
11	A	A	A
12	B	B	B

注:A 代表落地桁架上弦或下弦平面外失稳;B 代表屋面桁架下弦平面外失稳;C 代表屋面桁架上弦平面外失稳。

由表 3.5 可知,在结构桁架上弦平面内加上檩条,特征值有所提高,但檩条刚接还是铰接对结构特征值屈曲影响很小。由表 3.6 可知,加檩条后特征值明显提高的原因为上弦平面加上檩条阻止了结构上弦的平面外失稳,檩条铰接模型 2 和檩条刚接模型 3 中,前十二阶屈曲模态中都没有屋面桁架上弦平面外失稳,而在无檩条模型 1 中,结构前几阶失稳形态大部分为屋面桁架上弦平面外失稳,因此通过加强桁架上弦的平面外刚度,提高了结构的特征值。

3)非线性屈曲分析

对三种模型分别进行非线性屈曲分析,计算结果如表 3.7 和表 3.8 所示。

表 3.7　不考虑材料弹塑性的结构非线性屈曲分析比较

檩条设置	稳定系数	失稳前最大变形/m
无檩条(模型 1)	6.329	2.683
檩条铰接(模型 2)	6.416	2.653
檩条刚接(模型 3)	6.428	2.681

表 3.8　考虑材料弹塑性的结构非线性屈曲分析比较

檩条设置	稳定系数	失稳前最大变形/m
无檩条(模型 1)	2.646	0.856
檩条铰接(模型 2)	2.736	0.876
檩条刚接(模型 3)	2.753	0.882

由表 3.7 可得,在不考虑材料弹塑性的情况下,有檩条的模型非线性屈曲稳定系数有所提高,失稳前最大变形也有所减小,但两者均不明显。檩条刚接还是铰接对结构稳定性能影响非常小,并且檩条刚接模型 3 失稳前最大变形比檩条铰接模型 2 有所增大。

由表 3.8 可得,在考虑材料弹塑性的情况下,有檩条的模型非线性屈曲稳定系数有所提高,但失稳前最大变形没有减小。檩条刚接还是铰接对结构稳定性能影响非常小,并且檩条刚接模型 3 失稳前最大变形比檩条铰接模型 2 有所增大。

在平面斜交桁架结构体系中,檩条对提高结构稳定性及控制结构变形的作用不大,因为这种结构本身的主结构就已经斜交为十字形,两个方向的弦杆互相作为支撑,形成了较强的空间整体作用,这样檩条的支撑及增强空间整体性的作用就没有了意义。

3.1.6　弦杆节点约束条件对结构稳定性能的影响

本工程采用平面斜交桁架体系,采用相贯节点形式。在实际施工过程中,只有某一方向的弦杆是贯通的,而另一方向的弦杆需要截断焊接在贯通的弦杆上。因受到焊接条件、焊接水平等多种因素的影响,焊接的质量不易保证。因此,将某一方向弦杆的端部释放,研究其对结构整体稳定性能的影响。

1. 特征值屈曲分析

弦杆在模型中作为梁单元,端部释放与不释放情况下的特征值对比如图 3.8 所示。将被切断后焊接在连续弦杆的弦杆转动自由度释放后,前 60 阶特征值屈曲模态均为局部弦杆平面外屈曲,特征值非常低,比端部不释放时降低了 50% 以上。

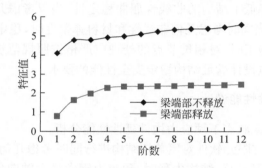

图 3.8 不同模型特征值对比

2. 非线性屈曲分析

仅考虑几何非线性的结构非线性屈曲分析比较如表 3.9 所示,同时考虑几何非线性和材料弹塑性的结构非线性屈曲分析比较如表 3.10 所示。

表 3.9 仅考虑几何非线性的结构非线性屈曲分析比较

模型	稳定系数	失稳前最大变形/m
端部不释放	6.381	2.683
某一方向弦杆端部释放	4.429	1.542

表 3.10 同时考虑几何非线性和材料弹塑性的结构非线性屈曲分析比较

模型	稳定系数	失稳前最大变形/m
端部不释放	2.646	0.856
某一方向弦杆端部释放	2.184	0.658

由表 3.9 可得,在仅考虑几何非线性的情况下,某一方向弦杆端部释放后,结

构非线性屈曲稳定系数降低了 31%，相应地，失稳前最大变形也降低了，可见某一方向弦杆端部释放使结构在位移相对较小时就失稳了。因此，在实际的设计及施工中，对于此类节点形式的处理一定要谨慎严格。

由表 3.10 可得，在同时考虑几何非线性和材料弹塑性的情况下，某一方向弦杆端部释放后，结构非线性屈曲稳定系数降低 17%，相应地，失稳前最大变形也降低了，得到的结论与仅考虑几何非线性时基本一致。某一方向弦杆端部释放，即某一方向弦杆不可承受弯矩，对结构的非线性屈曲稳定性有非常不利的影响。

对于大跨度悬挑平面斜交桁架结构体系，将某一方向弦杆的杆端和节点转动自由度释放，大大降低了结构的非线性屈曲稳定性，当仅考虑几何非线性时，稳定系数降低约 31%；当同时考虑几何非线性和材料弹塑性时，稳定系数降低约 17%。因此，在实际设计施工时，对相贯节点的处理应严格按照规范规程的要求，以保证焊接工艺，确保节点设计满足结构稳定安全性能的要求。

3.1.7　索单元延性性能设计

1)静力失稳极限状态下预应力构件延性性能分析

采用 ANSYS 有限元软件对屋盖钢结构进行同时考虑几何非线性和材料弹塑性的稳定性分析。经计算，结构失稳时，预应力钢索最大轴向应力为 845N/mm²，处于弹性阶段。

2)大震作用下预应力构件延性性能分析

采用 MIDAS 有限元软件对屋盖钢结构进行 6 度、7 度罕遇地震作用下的弹塑性分析，考查预应力构件的地震响应和抗震性能。利用多遇地震作用下选定的三条地震波对结构进行三维时程地震反应分析，地震波的输入比例为 $X:Y:Z=0.85:1.0:0.65$；根据抗震规范，6 度、7 度罕遇地震作用下加速度峰值分别取 110Gal(1Gal＝1cm/s²)、220Gal；地震动持续时间取 25s；场地类别为 Ⅱ 类，设防烈度为 6 度。

罕遇地震作用下屋盖钢结构跨中径向拉索最大应力如表 3.11 所示，内力时程如图 3.9 所示。

表 3.11　罕遇地震作用下屋盖钢结构跨中径向拉索最大应力　　　　（单位：MPa）

工况	El Centro 波	San Fernando 波	人工波
6 度罕遇地震	727.51	628.65	698.66
7 度罕遇地震	892.84	693.39	837.41

工程索实测材料力学性能为：索的极限抗拉强度为 1670N/mm²，名义屈服强度为 1250N/mm²，设计强度为 930N/mm²。由表 3.11 可见，在罕遇地震作用下及

结构失稳时索均处于弹性阶段,索的强度延性性能是安全的。

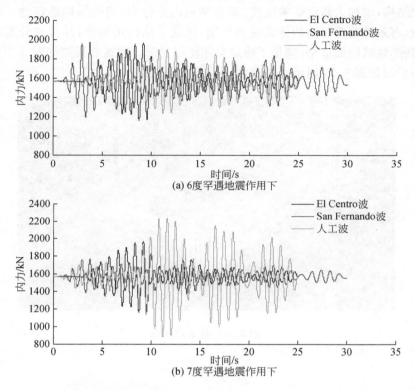

图 3.9　罕遇地震作用下屋盖钢结构跨中径向拉索内力时程

在大震作用及静力失稳极限状态下,索单元均未屈服且应变远小于其允许伸长率。索最大应力为 892.84MPa,未达到其屈服强度 1250MPa,说明了延性性能相对较差的索单元在本工程结构体系中具有足够的延性安全性能。

3.2　预应力简支钢桁架结构

3.2.1　中关村国家自主创新示范区展示中心工程概况

中关村国家自主创新示范区展示中心工程[30]结构形式为大跨度预应力空间简支钢桁架结构,桁架跨度 75m(格构式钢管柱内弦杆中心线间距),高度 2.9m,高跨比仅为 1/26,桁架间距 8m,从东至西共 27 榀空间钢桁架,平面尺寸为 202m×78m。为实现建筑造型及使用要求,保证结构安全、合理,设计采用如下措施:①结构充分利用建筑三角形空间桁架柱;②屋面结构计算跨度 75m,设计采用预应力空间桁架结构,增加大跨度结构刚度,调整结构内力分布,增强结构稳定性。通过以上措施,有效地改善了结构体系受力性能,优化了结构用钢量,并且充分实现了优美、流畅的建筑屋面造型,满足了建筑空间使用要求。建筑效果图如图 3.10 所示,结构布置图如图 3.11 所示。

图 3.10　建筑效果图

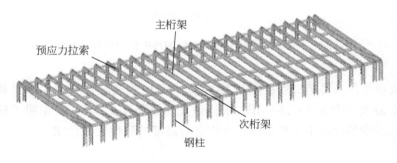

图 3.11　结构布置图

　　根据建筑造型及空间使用要求,本工程主桁架为四肢空间钢桁架,桁架宽度 1.8m,高度 2.9m,如图 3.12 所示。桁架弦杆从上至下分为 3 层,分别是上弦杆、中弦杆和下弦杆。主桁架均采用 Q345B 无缝钢管,构件主要截面如表 3.12 所示,腹杆与弦杆连接采用相贯焊接节点,主桁架与钢柱采用焊接球节点。

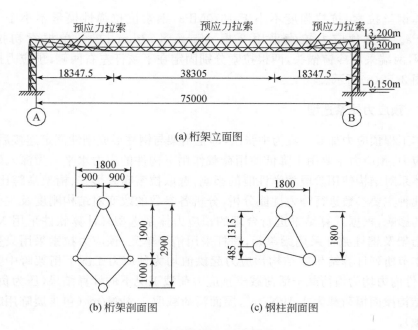

图 3.12　桁架结构示意图（单位：mm）

表 3.12　构件主要截面

构件名称	主要截面尺寸/(mm×mm)	材质
桁架弦杆	上弦：Φ351×20、Φ402×35 下弦：Φ245×12、Φ299×14	
桁架腹杆	Φ102×4 Φ121×5 Φ140×6	Q345B
钢柱弦杆	内侧：Φ600×30 外侧：Φ450×30	
钢柱腹杆	Φ203×8 Φ219×10 Φ245×12	

　　为降低主桁架在使用阶段的内力和变形，设计时在主桁架跨中下弦杆处设置预应力拉索一道，该拉索在主桁架跨中托住主桁架，在距离主桁架下弦杆端部18.4m 处弯折后锚固在主桁架上弦杆外侧。拉索材料采用外包双层 PE 高强度冷

拔镀锌钢丝拉索,抗拉强度不小于 1670MPa,钢索抗拉弹性模量不小于 1.9×10^5 MPa。下弦预应力拉索采用 2 根 Φ5mm×73mm 拉索,单根索初拉力为 725kN,两端采用冷铸锚头,两根拉索分别固定在下弦杆左右两侧,预应力拉索布置如图 3.12(a)所示。

3.2.2　预应力体系选型

本工程预应力加载方案为中张法,即主桁架与钢柱形成刚性固定连接后,再施加预应力,预应力主要用于降低使用荷载作用下构件的应力水平。为深入研究预应力体系对结构使用阶段力学性能的影响,选取拉索布置形式、桁架高跨比、预应力等几种主要参数进行静力性能分析,分析各参数的改变对结构刚度及主要受力杆件的影响,根据计算结果进行合理的预应力体系选型。计算软件采用 MIDAS 780,桁架及钢柱弦杆采用梁单元,腹杆采用桁架单元,预应力拉索采用只受拉单元。本节所列计算结果中结构预应力起拱值均为预应力工况下桁架跨中竖向位移,构件内力均为恒荷载+活荷载+预应力荷载工况下的计算结果(压为负、拉为正);结构屋面恒荷载为 1.1 kN/m^2,屋面活荷载取 1.4 kN/m^2(包含展陈用临时吊挂荷载)。

1)拉索布置选型

分别选取三种不同折线形布索方案及一种直线形布索方案进行分析,并建立由 5 榀典型桁架组成的局部计算模型,方案 2 拉索折点位于桁架反弯点处,方案 1、方案 3 拉索折点分别位于反弯点内侧、外侧,方案 4 为直线形布索方案,各方案结构构件截面尺寸相同,不同方案拉索布置示意图如图 3.13 所示。

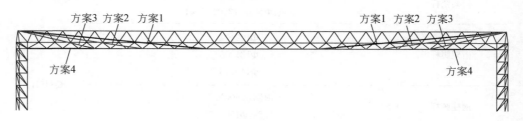

图 3.13　不同方案拉索布置示意图

限于篇幅,仅选取不同方案局部模型中间第 3 榀桁架进行分析,主要计算结果如表 3.13 所示。

结构构件受力特性为柱弦杆内侧受压、外侧受拉,桁架上弦跨中受压、根部受拉,桁架下弦跨中受拉、根部受压;结构中弦杆受力较小,为构造杆件,因此未列出中弦杆计算结果。

表 3.13　各方案理论公式性能计算结果

方案		方案 1	方案 2	方案 3	方案 4
预应力起拱值/mm		42.3	41.3	34.5	20.6
关键构件轴力/kN	柱弦杆	2871，−6821	2700，−6502	3063，−7392	3230，−7925
	柱腹杆	790，−2657	743，−2526	859，−2899	921，−3051
	桁架上弦杆	1289，−4381	1206，−4582	1642，−5166	2877，−5392
	桁架下弦杆	1541，−3234	1717，−3081	2037，−3614	2147，−4429
	桁架腹杆	392，−372	363，−346	419，−429	634，−601

由表 3.13 可知：

(1)方案 1 和方案 2 预应力起拱值相差仅 1mm，且明显大于方案 3，方案 4 预应力起拱值仅约为方案 1 和方案 2 的 50%，因此折线形布索方案对结构位移的改善明显优于直线形布索方案。

(2)方案 2 除桁架跨中弦杆构件内力略大于方案 1 外，其余构件内力均小于其他 3 个方案。

综上所述，方案 2 的布索方案最为合理，工程设计选取方案 2 为实际布索方案。

2)预应力度选型

预应力钢结构体系具有改善结构刚度及力学性能的优点，但同时增加了结构部分上弦构件的内力，因此合理的预应力度选择是结构最终受益程度的重要影响因素。选取方案 2 作为研究对象，分别选取初拉力为 600～3000kN 的不同预应力度模型进行分析，这里预应力度为初拉力与拉索破断荷载的比值，拉索破断荷载为 5042kN。计算结果如表 3.14 所示。

表 3.14　不同预应力度模型计算结果

初拉力/kN		600	900	1200	1450
预应力度/%		11.90	17.85	23.80	28.76
预应力起拱值/mm		17.1	25.7	34.2	41.3
关键构件轴力/kN	柱弦杆	2861，−6819	2804，−6707	2747，−6595	2700，−6502
	柱腹杆	827，−2686	797，−2630	768，−2573	743，−2526
	桁架上弦杆	1996，−4432	1718，−4485	1438，−4538	1206，−4582
	桁架下弦杆	2104，−3308	1968，−3228	1831，−3148	1717，−3081
	桁架腹杆	417，−395	397，−377	379，−360	363，−346

续表

初拉力/kN		1800	2100	2500	3000
预应力度/%		35.70	41.65	49.58	59.50
预应力起拱值/mm		51.3	59	70	84.1
关键构件轴力/kN	柱弦杆	2634,−6371	2577,−6259	2501,−6110	2407,−5923
	柱腹杆	708,−2460	679,−2403	639,−2328	590,−2233
	桁架上弦杆	880,−4644	601,−4697	228,−4767	−237,−4855
	桁架下弦杆	1556,−2987	1421,−2906	1239,−2799	1011,−2665
	桁架腹杆	341,−325	322,−308	297,−285	266,−271

由表 3.14 可知：

(1)桁架跨中上弦杆压力随着预应力度的增加而增大,但增加幅度并不显著,每增加一级初拉力,压力平均增加 1.35%。桁架根部上弦杆拉力随预应力度的增加而减小,当初拉力达到 3000kN 时,根部上弦杆由受拉变为受压;其余构件内力均随着预应力度的增加而减小。

(2)结构预应力起拱值随着预应力度的增加而增大,但增长率(即每增加一级初拉力所产生的起拱值差与前一级初拉力产生的起拱值的比值)逐渐降低,初拉力由 600kN 增加至 1450kN 时,预应力起拱值增长率由 50% 逐渐减小至 21%,之后每增加一级初拉力,预应力起拱值增长率均接近 20%。结构预应力起拱值增长率变化规律如图 3.14 所示。

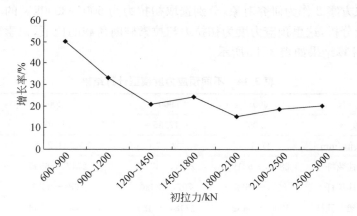

图 3.14　结构预应力起拱值增长率变化规律

综上所述,预应力度的增加改善了结构内力分布,由于空间桁架内力重分布能力较好,初拉力的增加对桁架跨中上弦杆件压力的不利影响并不显著;根部上弦杆位于拉索锚固位置,受力状态的改变明显,设计时应重点关注。综合考虑经济效益及预应力增加桁架上弦杆件压力的不利影响,本工程的预应力度取 30%～35% 较为合理。

3)桁架高跨比分析

通过对比不同高跨比计算模型,研究预应力体系的合理高跨比。桁架跨度 75m,取高跨比为 1/26～1/10,布索形式同方案 2,初拉力取 1450kN,同时按相同构件截面建立无预应力模型进行对比,计算结果如表 3.15 所示。

表 3.15　不同高跨比模型计算结果

桁架高度/m		2.9	3.75	4.35	5	7.5
高跨比		1/26	1/20	1/17	1/15	1/10
预应力起拱值/mm		41.3	35.7	33.9	33.2	34.4
预应力体系关键构件轴力/kN	柱弦杆	2700,−6502	2506,−6227	2339,−5970	2179,−5775	1552,−4918
	柱腹杆	743,−2526	699,−2120	663,−1906	637,−1785	515,−1415
	桁架上弦杆	1206,−4582	368,−4213	−39,−4001	−376,−3919	−1071,−3495
	桁架下弦杆	1717,−3081	1506,−2453	1413,−2132	1387,−1929	1297,−1307
	桁架腹杆	363,−346	312,−304	317,−299	331,−310	338,−320
无预应力体系关键构件轴力/kN	柱弦杆	3024,−7132	2900,−6988	2779,−6819	2654,−6689	2158,−6078
	柱腹杆	915,−2846	887,−2471	862,−2285	846,−2194	763,−1953
	桁架上弦杆	2767,−4227	1885,−3898	1445,−3710	1090,−3649	325,−3284
	桁架下弦杆	2638,−3549	2408,−2937	2312,−2636	2283,−2450	2200,−1897
	桁架腹杆	467,−438	431,−408	405,−404	421,−429	477,−463

由表 3.15 可知:

(1)由于高跨比的增加导致桁架刚度的增大,预应力起拱值基本逐渐降低。

(2)随高跨比的增加,预应力体系桁架根部上弦杆由受拉逐渐转变为受压,对于同一高跨比取值,有预应力模型相对于无预应力模型,结构内力变化幅值相近,预应力对跨中下弦杆拉力平均减小 38%,对腹杆最大内力平均减小 24%。

(3)预应力体系桁架腹杆内力先减小后增大,当高跨比为 1/17 时,腹杆内力最小,其余构件内力均随高跨比的增加逐渐较小。无预应力模型腹杆内力变化规律与有预应力模型变化规律相同。

根据上述分析结果,同时考虑经济性及建筑使用性要求,当高跨比为 1/16～1/18 时,折线形预应力体系稳定性能改善最为明显。

3.2.3 预应力对结构稳定性能的影响

1)静力性能

为评价预应力对结构稳定性能的真实改善程度,按方案 2 建立整体计算模型作为研究对象,同时建立与其承载力控制指标相同的无预应力模型,调整构件截面使无预应力模型关键构件应力比与预应力模型一致,选取 24 轴典型位置处主桁架及钢柱,对结构变形、主要杆件内力、结构用钢量、基础反力等关键静力性能参数进行对比,分析预应力对结构受力性能的影响。

结构弦杆应力比控制标准为 0.85,腹杆应力比控制标准为 0.9,经计算,预应力模型满足控制标准,构件最大应力比为 0.87,无预应力模型除少量根部腹杆应力比达到 0.92 外,基本满足要求。两种模型构件应力比基本相同,具有结构经济性对比意义。

两种模型主要力学性能及结构用钢量计算结果如表 3.16 所示,其中跨中竖向位移为恒荷载+活荷载(+预应力荷载工况)的计算结果,括号内预应力荷载工况仅用于预应力模型,构件内力均为恒荷载+活荷载+预应力荷载工况的计算结果(压为负、拉为正)。

表 3.16 结构力学性能及结构用钢量计算结果

模型		预应力模型	无预应力模型
跨中竖向位移/mm		256	287
构件轴力/kN	柱弦杆	3196,−7765	3881,−8971
	桁架上弦杆	1718,−5390	3801,−6088
	桁架下弦杆	2363,−3688	4369,−4511
基础反力	竖向反力/kN	2274	2162
	水平剪力/kN	988	1427
	弯矩/(kN·m)	1936	2988
结构用钢量/t		2054	2473
拉索用量/t		50	—

根据上述计算结果可知:

(1)当两种模型达到同样承载力控制标准时,预应力模型结构跨中竖向位移减小 31mm,用钢量节省 16.9%,拉索用量增加 50t,结构整体经济性优于无预应力模型。

(2)由于结构自重减轻,预应力模型柱弦杆及桁架上弦杆压力分别比无预应力模型减小 13.4%、11.5%;预应力对桁架下弦拉力影响显著,预应力模型桁架下弦拉力比无预应力模型减小 45.9%。

（3）整体结构基础反力得到明显改善，竖向反力相差很小，相比无预应力模型，预应力模型水平剪力减小 30.8%，弯矩减小 35.2%。

综上所述，预应力对结构稳定性能及经济性均有较为明显的改善。

2）静力弹塑性性能

应用 ANSYS 有限元软件对上述两种计算模型进行静力弹塑性全过程分析，研究两种体系的结构整体稳定性，桁架、柱弦杆采用 Beam188 单元，桁架、柱腹杆采用 Link8 单元，拉索采用 Link10 单元，进行双非线性计算时钢材采用强化型的双折线模型，材料强度取钢材的屈服强度。计算时考虑跨度的 1/300 作为初始几何缺陷，计算方法采用 Newton-Raphson 法，计算结果如表 3.17 和图 3.15 所示。

表 3.17　结构静力弹塑性分析计算结果

模型		p_u	$p_{L/50}$	D_u/m	D_u/L
仅考虑几何非线性	预应力模型	5.41	4.72	1.83	1/41
	无预应力模型	6.51	4.17	3.55	1/21
同时考虑几何非线性和材料弹塑性	预应力模型	2.2	—	0.693	1/108
	无预应力模型	1.9	—	0.681	1/110

注：p_u 为破坏荷载系数；$p_{L/50}$ 为桁架变形达到 L/50 时对应的荷载系数；D_u 为结构失稳时大变形。

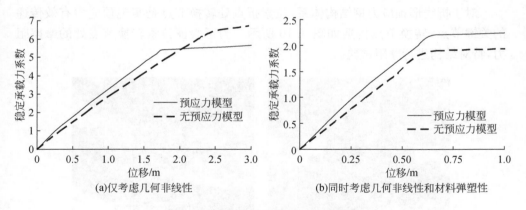

(a)仅考虑几何非线性　　　　　(b)同时考虑几何非线性和材料弹塑性

图 3.15　结构稳定性分析全过程曲线

分析可知：

（1）主桁架及钢柱均为空间桁架结构形式，因此结构平面外刚度较好，整体结构失稳时以桁架竖向变形为主。

（2）仅考虑几何非线性时，由于构件截面较大而增加了结构刚度，无预应力模型的稳定承载力系数为 6.51,但结构极限变形较大,达到了跨度的 1/21。预应力拉索索力随着结构变形的增加而增大,提供的等效荷载增加,有效地控制了结构的极限变形。当以结构极限变形达到跨度的 1/50 为控制指标时,预应力模型的稳定承载力系数为 4.72,无预应力模型的稳定承载力系数仅为 4.17。

(3)同时考虑几何非线性和材料弹塑性时,结构稳定承载力系数明显降低,预应力模型的极限变形值与无预应力模型接近,预应力模型的稳定承载力系数大于无预应力模型。

综上所述,预应力有效地控制了结构的极限变形,改善了结构内力分布,提高了结构的弹塑性承载能力。

3.2.4　预应力施工模拟分析及施工监测

在对钢结构施加预应力前后,结构整体刚度及内力状态、形状变化较大,因此需要应用有限元计算理论,使用有限元计算软件进行预应力钢结构的施工模拟计算,以保证结构施工过程中及结构使用期安全,同时在预应力施工过程中进行摩阻试验,分析预应力损失对结构造成的影响。对施工实测数据与理论计算结果进行对比分析,进一步确认预应力对结构性能提升的有效性。

1. 预应力损失分析及转换节点

对于折线形预应力钢结构体系,拉索折点处转换节点是实现预应力有效传递的关键节点,转换节点构造如图 3.16 所示。为了验证拉索转换节点处的摩擦阻力,特对结构进行摩阻试验。

图 3.16　转换节点构造

转换节点在钢结构索夹内部设置了垫层用以减小摩擦,首先在节点内侧放置一圈不锈钢钢板,再加入一圈聚四氟乙烯垫层,不锈钢钢板与聚四氟乙烯垫层之间涂抹润滑树脂,在聚四氟乙烯内侧才是拉索索体,因此在拉索与转换节点之间设置了 3 层滑动装置。

结构设计时根据经典库仑摩擦理论对转换节点处预应力损失进行估算,拉索转折角度 α 为 8°,聚四氟乙烯片摩擦系数 μ 取 0.03,但参考其他预应力工程施工经验,考虑节点构造等施工偏差,最终索体与转换节点间摩擦系数取 0.1。单索初拉力 T 为 722kN,根据式(3.1)计算得到摩擦力 f 为 19.82kN,即预应力损失率为2.7%,因此设计时预应力损失率取 3%。

$$f=\frac{2T\mu}{\dfrac{\mu}{\cos\alpha}+\dfrac{1}{\sin\alpha}} \tag{3.1}$$

摩阻试验时,在结构两侧分别安装好张拉千斤顶,同时开启两侧千斤顶。然后让其中一侧千斤顶主动提升拉力,另一侧千斤顶被动受力。这样主动受力千斤顶拉力就通过索体传递到被动受力千斤顶一侧,两次千斤顶受力的差值就是一榀桁架中转换节点的摩擦损失。拉索锚固节点如图 3.17 所示。

图 3.17　拉索锚固节点

每榀桁架有两根预应力钢索,预应力拉索初拉力为 1450kN。试验时将预应力拉索张拉至初拉力的 2/3,主动受力千斤顶拉力达到 1000kN,此时被动受力千斤顶读数为 953kN,差值为 47kN,单榀桁架节点的摩擦损失即为 4.7%。由于每榀桁架有四个转角节点,单独转角节点的摩擦损失率为 1.18%,低于设计预估值 3%。

2. 施工模拟分析

施工模拟计算时采用 MIDAS 有限元软件建立空间有限元分析模型,应用单元生死法,按照钢结构施工方案及预应力张拉顺序进行施工阶段全过程分析。

钢结构吊装安装时,由于展厅内部有地下室,地下室与屋盖钢结构同时施工,因此桁架中间位置无法增加支撑点,吊车只能在结构两侧吊装,且单榀主桁架自重较大,限制了吊车的吊装半径,吊装时吊点只能设置在距离支座轴线约 6m 处,如图 3.18 所示。

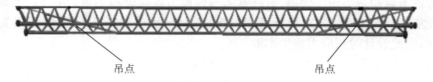

　　　　　　　　吊点　　　　　　　　　　　　　　　吊点

图 3.18　钢结构桁架吊点定位图

如果按以上吊装方法,待桁架吊装到柱顶就位时,桁架在自重作用下已发生一定变形,且在构件内产生一定的应力,这种情况下的成形状态将与设计状态产生差异,因此需要分析以上吊装成形过程对后续结构受力的影响。

根据实际情况分别提出如下三种施工方法:方法一,桁架吊装时中间有足够的吊点,吊装过程中桁架不产生变形,在吊点位置架设支撑胎架,张拉完成后撤除吊点;方法二,按目前的吊装方法,在吊点位置架设支撑胎架,张拉完成后撤除吊点;方法三,按目前的吊装方法,在主桁架与柱之间形成铰接固定后撤除吊点,且在吊点位置不设置支撑胎架,再进行预应力张拉。

根据三种不同施工方法分别建立计算模型,并采用单元生死法进行施工全过程模拟分析,与设计模型的计算结果进行对比,如表 3.18 所示。

(1)三种方法计算的桁架下弦杆最大应力与设计模型计算结果的最大偏差为 27.7%,桁架上弦杆最大应力与设计模型计算结果的最大偏差为 8.3%。

(2)按方法一、二,吊装就位时,在吊点位置架设有效支撑胎架,这时由于桁架自重产生的挠度相对较小,对整体结构的受力影响较小;按方法三,只将主桁架与柱之间做临时铰接固定就撤除吊点,并且未设置支撑胎架,将使主桁架产生较大挠度,对整体结构最终力学性能的影响较大。

表 3.18　不同吊装方法模拟结果与设计模型计算结果对比

施工方法	吊装时最大竖向变形/mm	吊装完成后自重作用下竖向变形/mm	静力荷载最不利组合	
			桁架下弦杆最大应力/MPa	桁架上弦杆最大应力/MPa
方法一	—	−54	240	−237
方法二	−51	−70	249	−229
方法三	−51	−163	295	−248
设计模型	—	—	231	−229

因此,按方法二进行主桁架吊装就位比较接近设计要求的状态,实际施工采用此方法进行吊装,现场施工过程如图 3.19 所示。

图 3.19　现场施工过程

3. 施工实测数据分析

为保证钢结构的安装精度以及结构在施工期间的安全,并使钢索张拉的预应力状态与设计要求相符,必须对钢结构的安装精度、张拉过程中钢索的拉力与变形等关键指标进行监测。

限于篇幅,这里仅列出跨中桁架下弦监测点位移监测结果,下弦监测点竖向位移实测值与理论值对比如图 3.20 所示,最终索力实测值与理论值对比如图 3.21 所示。

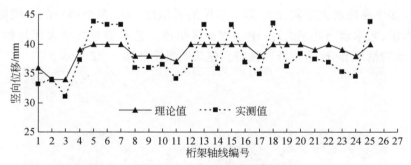

图 3.20　下弦监测点竖向位移实测值与理论值对比

对上述结果进行分析可知,位移实测值与理论值差距最大处位于 15 轴桁架,相差 11%;最终索力实测值与理论值差距最大处位于 11 轴桁架,相差 2%,预应力损失平均值为 1.39%。监测结果偏差范围均满足设计要求,实际工程中为保证索力与设计一致,最终对拉索进行超张拉,超张拉值取设计张拉力的 5%。

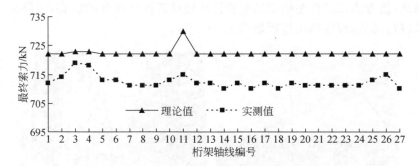

图 3.21　最终索力实测值与理论值对比

　　根据施工模拟分析结果,可知预应力钢结构进行张拉施工前,结构构件自身的初始变形对钢结构最终力学性能的影响较为显著,施工方案制定时应尽量减少结构初始变形对其力学性能的影响。

3.3　索网幕墙-钢桁架主体结构

3.3.1　河南艺术中心工程概况

　　河南艺术中心位于郑州市郑东新区中央商务区内,建筑总面积约 7.8 万 m²,由 1800 多个座位的大剧院、800 多个座位的音乐厅、300 多个座位的小剧院、艺术馆、美术馆、艺术墙与共享大厅、中心服务区组成。艺术墙与共享大厅是整个建筑造型艺术的精华部分,造型新颖独特。建筑实景图如图 3.22 所示。

(a) 建筑整体日景图

(b) 艺术墙夜景图

图 3.22　建筑实景图

为实现建筑简洁通透的艺术效果,40m 高悬臂玻璃墙采用了单层索网-平面钢桁架结构体系;艺术墙与共享大厅屋盖采用圆钢管相贯焊接桁架体系。艺术墙由与地面成 78°的竖向桁架和水平桁架组成,高端点高 39.68m,低端点高 8.47m,墙总长度约 166m。竖向斜桁架内外弦杆中心距 2m,斜桁架内外弦杆与基础采用销轴连接。共享大厅屋盖由 14 榀鱼腹式平面桁架及周边空间倒三角形环形桁架组成,平面桁架最大跨度达到 34m,一端铰接于艺术墙竖向桁架上,另一端相贯于环形桁架上,如图 3.23 所示。

图 3.23　共享大厅内部图示

　　在主体钢结构横向及竖向斜桁架形成的大方格范围内（约 8400mm×3000mm)布置单层拉索索网,划分成尺寸为 2100mm×1500mm 的区格,在每个区格内安装玻璃面板。预应力单层索网体系既是玻璃幕墙的支承结构,又与主体钢结构协同工作。其中,竖向拉索为受力索,预应力较大(80～120kN),且围绕艺术墙形成一个闭合的传力路径;横向拉索为稳定索,预应力较小(20kN)。

　　艺术墙构件参数如表 3.19 所示。

表 3.19　艺术墙构件参数

构件名称	截面尺寸/(mm×mm)	材质
竖向桁架弦杆	$\Phi\,600\times40$、$\Phi\,500\times20$ $\Phi\,400\times20$、$\Phi\,325\times16$	Q345B(Q235B)
横向桁架弦杆	$\Phi\,273\times16$、$\Phi\,245\times14$	Q345B(Q235B)
环形桁架弦杆尺寸	$\Phi\,299\times16$	Q345B(Q235B)
鱼腹式桁架弦杆	$\Phi\,273\times16$	Q345B(Q235B)

　　注:主体钢桁架中腹杆采用 Q235B 钢材,其他一律采用 Q345B 钢材。

3.3.2　索网-钢桁架共同工作研究

　　河南艺术中心 40m 高悬臂玻璃艺术墙"单层索网次结构-平面桁架主结构"共同工作是艺术墙结构设计的关键技术之一[31]。幕墙内外索网通过设在主钢桁架顶部的索-钢滑轮转换节点连成整体。目前国内幕墙索网次结构与主体钢结构是由不同的设计单位完成并分别承担相应的技术责任,工程界对幕墙索网次结构与主体钢结构的共同工作、主次结构之间"索-钢接触"连接约束条件对主体结构及索网次结构的影响研究还很少。因此,本节对上述问题进行详细的计算分析,确保整体结构的安全性,并总结规律供同类工程参考。

　　1.电算模型

　　为研究艺术墙索网次结构与主体钢结构共同工作对整体结构稳定响应的影响,建立了五种计算模型。模型 1:没有预应力索网且不考虑索网预应力,幕墙荷载以节点荷载的形式直接作用在主体钢桁架上;模型 2:没有预应力索网,幕墙荷载以节点荷载的形式直接作用在主体钢桁架上,在桁架转换节点部位加上和预应力值相同的压力荷载;模型 3:有预应力索网,幕墙荷载作用在竖向索和横向索交叉节点上,假定预应力沿全段有效施加(相当于施加过程中索可滑动)、使用过程中索在节点上不能自由滑动;模型 4:有预应力索网,幕墙荷载作用在竖向索和横向索交叉节点上,假定索在节点上自由滑动,在计算模型分析所选定的中部典型竖向桁架索(如图 3.24(a)所示第二类桁架处三榀索)的各个节点处建立局部节点坐标系,使新坐标系的某一主轴沿竖向索的方向,并释放该方向约束,将其余方向耦合起来(其余索节点处理方式同模型 3);模型 5:有预应力索网,幕墙荷载作用在竖向索和横向索交叉节点上,假定索在节点上自由滑动。若在模型 4 中将每个节点都进行耦合处理,建模工作量非常大,采取释放所有索撑杆端部分约束的方式来近似模拟索在节点上的自由滑动,模型 5 为工程实际采用的设计模型。带索结构模型如图 3.24 所示。采用 MIDAS 有限元软件进行考虑几何非线性的计算分析时分别考虑了竖向荷载(恒荷载+活荷载)和水平风荷载的作用。

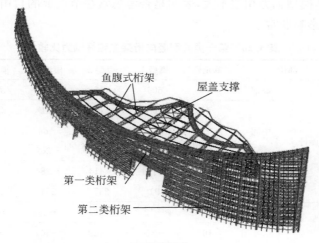

(a) 整体模型

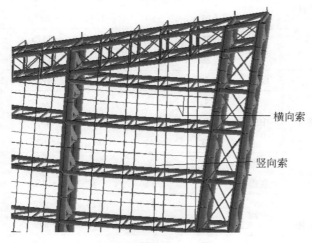

(b) 局部模型

图 3.24　结构模型(带索方案)

2. 主体结构竖向钢桁架弦杆内力变化规律

不同位置处竖向钢桁架弦杆内力变化规律不同,第一类位于门厅部位,竖向桁架落于转换桁架上,竖向索的边界环绕呈"口"形封闭状态;第二类位于门厅之外部位,竖向桁架落地,内外竖向索各自落地,边界呈"冖"形不封闭状态,两类索分布位置见图 3.24(b)。

不同计算模型的第一类典型竖向桁架主弦杆轴力比较如表 3.20 所示,分析可得如下规律:

(1)后三种模型轴力相差不大,表明是否考虑索在节点上的自由滑动对竖向桁架弦杆轴力的影响非常小。

表 3.20　第一类典型竖向桁架主弦杆轴力比较　　　　（单位:kN）

荷载	部位		单元号	模型 1	模型 2	模型 3	模型 4	模型 5
竖向荷载	外侧杆	底部	1	606	348	729	755	765
		中间	4	94	−174	231	254	261
			7	−28	−281	−64	−63	−49
			11	−79	−34	−202	−219	−212
		顶部	13	−154	−414	−284	−313	−303
			14	91	257	254	280	270
	内侧杆	底部	15	−12	−294	−25	−27	−274
		中间	16	−229	−489	−301	−323	−33
			18	−336	−595	−392	−411	−416
			22	−807	−1071	−847	−856	−855
		顶部	25	−1443	−1731	−1175	−1173	−1178
			28	−1965	−226	−1707	−1685	−1693
水平风荷载	外侧杆	底部	1	1648	1648	1472	1491	1486
		中间	4	935	935	770	786	785
			7	459	459	227	236	248
			11	324	324	−62	−61	−4
		顶部	14	13	13	−19	−196	−175
	内侧杆	底部	15	−1	−1	−15	−152	−162
		中间	18	−116	−116	−252	−256	−273
			22	−365	−365	−517	−521	−536
		顶部	25	−758	−758	−849	−854	−861
			28	−1411	−1411	−1487	−1497	−1498

（2）在竖向荷载作用下，各模型的竖向桁架弦杆顶部轴力变化不大，底部轴力变化较大。预应力索网的存在使外侧受拉杆轴力增大约 25％，同时使内侧受压杆轴力减小约 15％。闭合预应力索网的存在使主体结构的轴力发生有利于安全控制的内力重分布。

（3）在水平风荷载作用下，各模型的竖向桁架弦杆下端轴力同样变化较大，预应力索网的存在使外侧受拉杆轴力减小 10％，内侧受压杆轴力增大约 5％。

（4）在竖向荷载作用下，无预应力索网但以压力荷载形式考虑预应力影响的模型 2 与有预应力索网时相比，外侧受拉杆轴力减小约 50％，内侧受压杆轴力增大约 33％，该模型设计精度低但偏于安全。

不同计算模型的第二类典型竖向桁架主弦杆轴力比较如表 3.21 所示，分析可得如下规律：

表 3.21　第二类典型竖向桁架主弦杆轴力比较　　　（单位：kN）

荷载	部位		单元号	模型 1	模型 2	模型 3	模型 4	模型 5
竖向荷载	外侧杆	底部	1	87	−123	6	33	57
		中间	6	−86	−305	−23	−199	−183
			10	−121	−324	−315	−282	−29
			15	−54	−282	−331	−277	−349
		顶部	19	−24	195	−284	−249	−313
	内侧杆	顶部	20	−39	208	−271	−277	−31
		中间	24	−205	−431	−44	−448	−477
			29	−643	−871	−801	−787	−802
			33	−933	−1165	−1053	−1025	−1028
		底部	38	−1372	−1614	−1417	−1383	−1376
水平风荷载	外侧杆	底部	1	949	902	730	745	739
		中间	6	614	576	357	376	374
			10	360	339	78	104	98
			15	212	227	−105	−44	−87
		顶部	19	12	13	−209	−167	−199
	内侧杆	顶部	20	1	1	−162	−155	−18
		中间	24	−165	−178	−32	−314	−344
			29	−303	288	−475	−462	−488
			33	−563	520	−763	−752	−77
		底部	38	−892	−847	−1125	−1117	−1126

（1）后三种模型在竖向荷载、水平风荷载作用下弦杆轴力变化不大，表明是否考虑索在节点上自由滑动对竖向桁架弦杆轴力影响不大。

（2）在竖向荷载作用下，预应力索网的存在使弦杆顶部压力有所增大，与预应力值相应；对内外侧弦杆底部轴力影响很小，这与索网闭合的第一类典型竖向桁架完全不同。

（3）在水平风荷载作用下，预应力索网的存在使弦杆顶部压力增大，外侧弦杆底部拉力减小约 20%，但内侧弦杆底部压力增大约 25%。因此，总体上，预应力索网的存在使主体结构的轴力发生不利于安全控制的内力重分布。

（4）在竖向荷载作用下，无预应力索网但以压力荷载形式考虑预应力影响的荷载模型 2 与有预应力索网相比，内侧受压杆轴力增大约 18%，计算精度低但设计偏于安全。

水平风荷载作用下两类典型竖向桁架弦杆弯矩比较如表 3.22 所示。分析可知，预应力索网对所有竖向桁架弦杆的弯矩影响均很小。

表 3.22　水平风荷载作用下两类典型竖向桁架弦杆弯矩比较　　（单位：kN·m）

单元号	第一类					单元号	第二类				
	模型 1	模型 2	模型 3	模型 4	模型 5		模型 1	模型 2	模型 3	模型 4	模型 5
1	−49	−49	−48	−48	−48	1	−24	−24	−26	−26	−26
4	−15	−15	−14	−14	−14	6	−13	−13	−13	−13	−14
7	−4	−4	−5	−5	−5	10	−8	−8	−6	−6	−7
11	−6	−6	−6	−6	−6	15	−17	−17	−13	−14	−14
14	12	12	10	12	12	19	9	9	9	10	9
15	11	11	9	10	9	20	7	7	6	6	6
18	−48	−48	−58	−59	−6	24	−63	−63	−85	−84	−87
22	−3	−3	−2	−2	−2	29	−3	−3	−3	−3	−3
25	−16	−16	−14	−14	−14	33	−12	−12	−11	−11	−11
28	−17	−17	−16	−17	−16	38	−13	−13	−12	−12	−12

对索网不封闭的第二类桁架索网轴力进行分析，结果如表 3.23 所示。分析可得如下变化规律：

（1）在竖向荷载作用下，预应力索的底部呈卸载趋势，索轴力减小，刚度减小；顶部索轴力增大，刚度增大。考虑索在节点上自由滑动后，模型 4 和模型 5 外侧索下端轴力减小，降幅分别为 28%、41%，内外侧索上端轴力增大，增幅均约为 20%。说明考虑索在节点上自由滑动对索本身是不利的，索的轴力降低得越多，刚度越小，结构越柔，变形就越大，索上的玻璃就可能因过大变形而破坏。

（2）在水平风荷载作用下，由于荷载方向基本与索垂直，索的上端和下端轴力在考虑了索在节点上自由滑动后是相等的，在没有考虑索节点自由滑动的情况下，模型 3 索的轴力与模型 4 相差不大，约 8%。

（3）在竖向荷载作用下，外侧（受拉面）索轴力比内侧（受压面）索轴力偏大，模型 3、4、5 分别偏大约 12%、12%、6%；在水平风荷载作用下，外侧索轴力同样比内侧索轴力偏大，模型 3、4、5 分别偏大约 20%、20%、15%。可见考虑主次结构共同工作造成迎风面（外侧）索轴力增大，背风面（内侧）索轴力减小，对索安全设计不利。简化的模型 5 与模型 4 结果差别不大。

表 3.23　各模型中部典型竖向索的轴力比较　　　　　　　（单位：kN）

部位		单元号	竖向荷载			水平风荷载		
			模型 3	模型 4	模型 5	模型 3	模型 4	模型 5
外侧杆	底部	1	29	21	17	89	82	81
	中间	6	57	40	40	90	83	81
		11	71	70	67	87	83	81
		16	90	100	96	84	86	81
		19	94	114	108	72	81	74
	顶部	20	122	146	144	91	101	97
顶部水平段		21	95	112	114	70	75	75
内侧杆	顶部	22	147	173	177	105	111	116
	中间	23	90	106	109	64	66	70
		26	83	93	94	64	66	70
		31	60	63	64	65	66	70
		36	45	35	37	65	66	69
	底部	41	23	35	24	63	66	69

在水平风荷载作用下，模型 1～5 的第二类典型竖向桁架顶部位移分别为0.089m、0.089m、0.080m、0.080m、0.081m。可见考虑预应力索网共同工作后，主体结构水平位移减小约 10%，后三种模型位移差别很小，模型 5 的位移比模型 3和模型 4 略大一点，说明考虑索在节点上自由滑动会使结构位移增大，但影响程度有限。

3. 结论

（1）索网闭合的第一类主体结构竖向桁架考虑共同工作时，在竖向荷载作用下，外侧受拉杆轴力增大约 25%，内侧受压杆轴力减小约 15%；在水平风荷载作用下,外侧受拉杆轴力减小约 10%,内侧受压杆轴力增大约 5%。总体上,闭合的预应力索网次结构对主体结构产生有利于安全控制的内力重分布。

(2)竖向索下端直接落地、索网不闭合的第二类主体结构竖向桁架考虑共同工作时,在竖向荷载作用下,内外侧弦杆轴力变化幅度均不大;在水平荷载作用下,外侧弦杆下端轴力减小约 20%,内侧弦杆下端轴力增大约 25%。总体上,不闭合的预应力索网次结构对主体结构产生了不利于安全控制的内力重分布。

(3)预应力索网的存在可减小主体钢结构水平位移 10%,对结构整体稳定承载力的提高亦在 10%以上。预应力索的刚度相对于主体钢结构非常小,但竖向受力索与横向稳定索组成的索网对主体钢结构产生一个"套箍"作用,从而提高了结构的整体稳定性能。

(4)当索在节点处可滑动时,外侧索下端轴力减小 30%~40%,内外侧索上端轴力增大约 20%,索在节点处可滑动对索自身安全控制不利。

(5)由于主体钢结构刚度偏柔,在水平风荷载作用下迎风面索轴力增大,背风面索轴力减小,两边相差约 20%。因此,考虑共同工作后,索的安全度降低。

通过共同工作分析研究,对幕墙设计单位提出了明确的设计技术原则和要求:预应力索网布置宜尽量闭合;索网与主体钢结构连接节点在张拉预应力时,可滑动使用阶段节点构造使其卡住不滑动;共同工作使索网轴力发生不利于安全控制的内力重分布,应依据计算结果加强索网杆件及节点设计,保证幕墙索网次结构安全。

3.3.3　预应力索网对艺术墙稳定性能的影响[32]

根据前面分析结果可知,结构失稳模态为共享大厅鱼腹式桁架平面外失稳。为研究预应力体系对艺术墙主体钢桁架结构稳定性能的影响,避免共享大厅结构对计算结果的干扰,艺术墙与共享大厅连接处采用不动铰接约束。本节建立两种计算模型,模型 1 为艺术墙+索网次结构模型,模型 2 为艺术墙无索网次结构模型,分别进行仅考虑几何非线性及同时考虑几何非线性和材料弹塑性的结构稳定分析。结构安全设计时按规范要求进行多种荷载组合,结构稳定分析时选取的荷载工况为 1.0 恒荷载+1.0 活荷载+0.7 风荷载。

1. 仅考虑几何非线性的结构稳定性能

考虑结构初始几何缺陷与几何非线性,采用一致缺陷模态法,模态缺陷的形状引用结构最低阶临界点对应的屈曲模态,即线性分析中所得的第 1 阶屈曲模态,几何缺陷幅值取用整体结构跨度的 1/300,计算结果如图 3.25 所示。分析可知:

(1)仅考虑几何非线性时,模型 1 与模型 2 的结构失稳形式均为矮墙部分横向

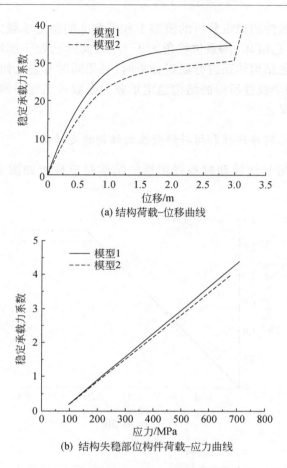

(a) 结构荷载-位移曲线

(b) 结构失稳部位构件荷载-应力曲线

图 3.25　仅考虑几何非线性的结构稳定性能

平面桁架平面外失稳,计算所得稳定承载力系数分别为 30 和 25。模型 1 失稳时结构的最大水平位移为 1.2m(位移角为 1/7),模型 2 失稳时结构的最大水平位移为 1.1m(位移角为 1/7.6)。索网次结构的存在对河南艺术中心艺术墙的整体稳定性起到了有益的作用,结构稳定承载力系数提高 13%。

　　(2)仅考虑几何非线性时,模型 1 中当稳定承载力系数达到 2 时,构件应力已超过屈服强度 345MPa;模型 2 中当稳定承载力系数达到 1.9 时,构件应力已达到屈服强度 345MPa。在体系未达到失稳承载力之前,构件早已进入屈服状态。

　　(3)若以大变形限值 $L/50$(0.17m)作为性能目标,该目标对应的体系稳定承载力系数分别为 7.5(模型 1)和 6.0(模型 2),依据图 3.25(b),此时构件也早已进入屈服状态,因此该稳定承载力系数依然不能真实反映结构的稳定性能。总之,虽然仅考虑几何非线性的稳定分析的模型 1 和模型 2 的稳定承载力系数高达 30 和 25,但此时构件早已破坏,体系位移角大于 1/10,实际已处于倒塌状态。因此,对以平面桁架为主的结构体系进行稳定分析时,必须同时考虑几何非线性和材料弹塑性,仅考虑几何非线性所得的结构稳定承载力系数对工程平面桁架结构体系不具有工程实际意义。

　　2. 同时考虑几何非线性和材料弹塑性的结构稳定性能

　　同时考虑几何非线性和材料弹塑性的结构稳定性能如图 3.26 所示。分析可得:

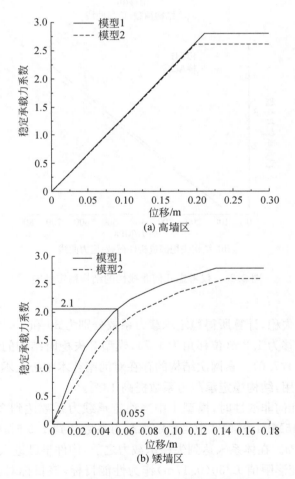

图 3.26　同时考虑几何非线性和材料弹塑性的结构稳定性能

（1）同时考虑几何非线性和材料弹塑性时，模型 1 和模型 2 的结构失稳形式均为矮墙部分横向平面桁架平面外失稳，计算所得模型 1 和模型 2 的稳定承载力系数分别为 2.8 和 2.6。模型 1 失稳时结构高墙区最大水平位移为 219mm（位移角为 1/183），结构矮墙区最大水平位移为 141mm（位移角为 1/60）；模型 2 失稳时结构高墙区最大水平位移为 204mm（位移角为 1/196），结构矮墙区最大水平位移为 154mm（位移角为 1/54）。

（2）同时考虑几何非线性和材料弹塑性时，模型 1 屈曲稳定承载力系数为 2.8，结构局部构件进入塑性后对应的稳定承载力系数为 2.0，结构体系稳定承载力系数仍继续提高到 2.8，增幅达 40%。

（3）索网次结构的存在增加了结构的安全储备，由计算结果可知，同时考虑几何非线性和材料弹塑性的结构稳定承载力系数提高 8%。由结构荷载-位移曲线可知，由于结构高墙部分厚度较大，预应力索对结构刚度的影响并不明显，模型 1 与模型 2 高墙部分位移无明显变化；对于结构矮墙部分，当稳定承载力系数均为 2.6 时，模型 1 位移仅为 116mm，比模型 2 减小约 25%，预应力索对体系失稳大变形值影响显著。

（4）同时考虑几何非线性和材料弹塑性计算结构失稳时，反映工程实际的模型 1 的最大水平位移角为 141/8400＝1/60＜1/50，竖向主索最大应力为 563.2MPa，横向索最大应力为 89.7MPa，均满足延性性能设计目标。

3.3.4 构件及节点约束条件对平面钢桁架稳定性能的影响

1. 构件设置的影响

线性屈曲（特征值屈曲）分析虽然不可作为工程实际稳定承载力的判断依据，但该方法仍然具有重要的工程意义。通过失稳模态分析可大致判断结构总体稳定性能特征及稳定承载力，根据结构失稳模态特征可准确判别结构稳定性能的薄弱部位，为结构初始缺陷的施加提供依据。线性屈曲分析时考虑了 1.0 恒荷载＋1.0 活荷载＋0.7 风荷载作用，计算结果如表 3.24 所示。分析可得：

（1）工程为平面结构体系，但在加设了艺术墙周边桁架、共享大厅边桁架、加强关键节点约束刚度等一系列设计措施后，结构体系稳定性能良好。

（2）结构屈曲模态第 1～5 阶均是共享大厅鱼腹式桁架平面外失稳，第 6 阶才出现艺术墙桁架局部屈曲，此时线性屈曲特征值为 29.4，此后的多阶屈曲模态也均为鱼腹式桁架平面外失稳。从这个结果来看，艺术墙的稳定性能比较好，发生屈曲的可能性较小，对整体稳定不起控制作用。后面的非线性屈曲计算结果也印证了此结论。

（3）共享大厅屋面桁架平面外稳定是结构体系稳定安全控制的关键因素。

表 3.24　线性屈曲分析结果

阶数	1	2	3	4	5	6	7	8	9
屈曲特征值	18.1	21.9	24.6	25.3	28.7	29.4	32.8	36.2	37.3
阶数	10	11	12	13	14	15	16	17	18
屈曲特征值	39.9	41.0	41.9	42.2	44.5	48.2	48.4	49.2	49.9

本节共建立了 6 个计算模型，进行非线性屈曲分析，分析结果如表 3.25 所示。分析可知：与线性屈曲分析结论一样，结构体系的屈曲特征均是共享大厅鱼腹式桁架平面外屈曲，这是结构体系稳定安全设计的关键因素。各项几何体系布置因素对体系稳定承载力的影响如下：

（1）仅考虑竖向索的模型 4 的稳定承载力系数比无索网的模型 3 仅提高了 0.8%。幕墙索网次结构对整体结构稳定承载力的提高主要是由于横向稳定索与竖向索共同作用形成的对主体钢结构套箍作用增大。

（2）共享大厅屋顶交叉索支撑总重约 2t，与主体结构总用钢量 1700t 相比可忽略不计，但这 2t 交叉索支撑对体系稳定承载力的提高达 7.7%。工程交叉索支撑设在失稳部位平面桁架上弦，对加强其平面外刚度起到了重要作用。

（3）共享大厅屋顶与鱼腹式平面桁架上弦刚接的屋面檩条对结构体系稳定承载力的提高达 77.5%，屋面檩条在传递屋面竖向荷载的同时，有效约束了鱼腹式桁架上弦平面外转动，对增加体系稳定性起到了关键作用。

表 3.25　非线性屈曲分析结果（构件设置不同）

模型	艺术墙交叉钢拉杆边桁架	水平索网	竖向索网	共享大厅屋顶交叉支撑	屋面檩条	稳定承载力系数	
						数值	变化率/%
1	有	有	有	有	有	14.2	—
2	无	有	有	有	有	13.5	−4.9
3	有	无	无	有	有	12.5	−12.0
4	有	无	有	有	有	12.6	−11.3
5	有	有	有	无	有	13.1	−7.7
6	有	有	有	有	无	3.2	−77.5

注：模型 1 为工程实际采用几何体系，其他均为对比分析模型，模型采用的约束条件同表 3.21 中的模型 1。模型均未考虑初始几何缺陷、构件材料弹塑性，荷载为满跨布置，对比了体系平面外刚度的作用。

对于平面桁架结构体系，在下弦平面外可自由转动而易于失稳的情况下，采取措施加强上弦平面的平面内稳定性能可有效提高桁架体系整体稳定性。

2. 关键节点约束条件的影响

为方便模拟节点的滑移或转动,主体钢桁架弦杆采用 Beam44 梁单元,腹杆采用 Link8 杆单元,索和拉杆采用 Link10 只拉不压杆单元,共建立了 5 个计算模型,主要参数和计算结果如表 3.26 和图 3.27 所示。

表 3.26　非线性屈曲分析结果(节点约束条件不同)

模型	索节点	共享大厅桁架支座节点		共享大厅平面桁架腹杆与上弦杆连接	稳定承载力系数	
		平面内	平面外		数值	变化率/%
1	不滑移	不转动	不转动	铰接	14.20	—
2	可滑移	不转动	不转动	铰接	12.89	−9.2
3	不滑移	不转动	可转动	铰接	12.67	−10.8
4	不滑移	可转动	不转动	铰接	16.20	14.1
5	不滑移	不转动	不转动	刚接	24.00	69

注:模型 4 为工程采用的节点约束条件,其他均为对比分析模型,采用的几何体系同表 3.21 中的模型 1。

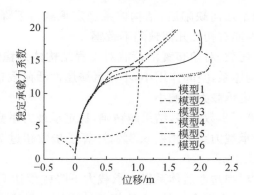

图 3.27　节点约束条件对稳定承载力的影响

分析可得:

(1)所有模型的屈曲特征均是共享大厅鱼腹式桁架平面外屈曲。

(2)艺术墙竖向索节点(使用阶段)卡紧不滑动使体系稳定承载力提高10.2%,这与主次结构共同工作的静力分析结论一致。主体结构分析结果要求幕墙索网构造设计应使索节点在施工阶段可滑动(为有效施加预应力)、使用阶段卡紧不滑动。

(3)共享大厅桁架支座节点约束条件对体系稳定承载力的影响超过 10%,尤其桁架支座节点平面内可转动、平面外不转动时,体系稳定承载力提高 14.1%。该现象与常规概念不符合,这是因为在平面外转动被约束条件下,释放平面内转动约束,使结构提前变形释放能量,延缓了鱼腹式平面桁架平面外失稳趋势,从而提高了结构体系(平面外)的稳定承载力。

(4)共享大厅平面桁架腹杆与上弦杆平面外刚接时,相当于为下弦杆与腹杆的组合平面提供了围绕上弦杆的转动刚度,从而使平面桁架获得平面外刚度,体系稳定承载力提高达 69%。

檩条与上弦连接节点的转动约束均对体系稳定承载力起到了关键作用。基于结构体系稳定性要求提出了关键节点的约束条件,结构设计首先通过节点构造设计定性实现约束条件,再依据关键节点约束条件,通过体系整体稳定分析求得体系稳定承载力极限状态下节点内力响应,据此进行节点计算设计,确保节点设计满足体系稳定安全性能要求。

3.3.5　计算方法对结构体系稳定承载力的影响

分析采用模型 1,考虑结构初始几何缺陷、构件材料弹塑性、荷载分布、计算子步数等设计条件,进行非线性屈曲分析,主要结果如表 3.27、图 3.28 和图 3.29 所示。分析可得:

(1)考虑结构初始几何缺陷后,结构体系稳定承载力下降幅度小于 1%,平面桁架结构体系稳定性能对初始几何缺陷不敏感。

(2)考虑半跨活荷载、对角布置活荷载对工程结构体系稳定承载力没有降低,工程为典型平面结构体系,空间作用小,不同区域屋面活荷载布置对桁架受力及变形影响小,因此对稳定承载力影响小。

(3)理论上,计算子步数越多,结果越精确,稳定承载力系数越低。计算子步数在 10～200 时,稳定承载力系数相差 6.5%,计算子步数超过 70 后,稳定承载力系数基本不变,可取 13.49。

(4)考虑构件材料弹塑性后体系稳定承载力下降幅度达 75%,由此可见,对于平面桁架结构的体系稳定安全设计,不能简单地采用材料弹性计算结果除以系数的经验设计方法,必须进行同时考虑体系几何非线性和材料弹塑性的屈曲分析,方可确保体系整体稳定安全性。

表 3.27　非线性屈曲分析结果(计算方法不同)

模型	条件	稳定承载力系数
1	考虑初始几何缺陷	12.48
2	考虑材料弹塑性	3.56
3	(共享大厅)半跨活荷载	19.8
4	(共享大厅)对角布置活荷载	22.6

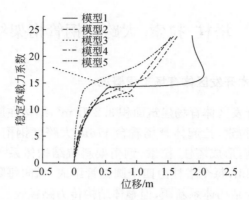

图 3.28　几何体系设置对稳定承载力的影响

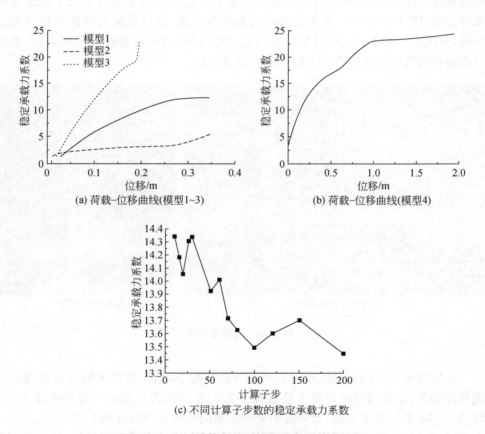

图 3.29　不同计算条件下结构稳定承载力性能

3.4 塔柱-拉索-大跨度钢管桁架结构

3.4.1 长春经济技术开发区体育场工程概况

长春经济技术开发区体育场建筑面积 3.2 万 m²,结构在屋盖两端设置两个塔柱,塔柱顶向内设斜拉索,拉起体育场看台 176m 大跨度钢桁架挑篷,向外设稳定索保证整体结构平衡,形成塔柱-拉索-钢桁架斜拉结构体系[33](图 3.30(a))。两个塔柱顶端跨度 188m,每个塔柱由四个圆钢管组成,纵向每隔一定距离加钢板组成支撑。工程采用的结构体系新颖,但整体结构传力路径较复杂,拉索作为主要传力部分,将荷载传至塔柱再由塔柱传至下部的柱子。塔柱作为传力体系的核心,为底部铰接的压杆单元,其自身稳定安全性能非常关键,塔柱侧面又加设了钢索用钢撑杆支撑(图 3.30(b))。本节首先研究斜拉索布置、预应力度对整体稳定性能的影响,其次对三种不同的塔柱模型进行稳定性分析,对节点进行有限元分析,通过时程分析研究罕遇地震作用下结构延性安全性能。

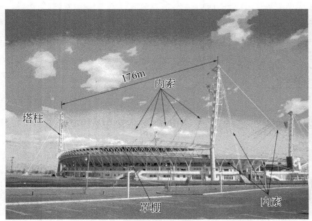

(a) 整体建筑效果图

(b) 塔柱效果图

图 3.30　建筑实景图

在同时考虑几何非线性和材料弹塑性的情况下,结构体系失稳时双重延性性能目标如下:①结构稳定承载力系数大于 2.5;②塔柱顶点相对大变形小于 1/50,塔柱中部水平相对大变形、大跨度桁架跨中竖向相对大变形分别小于 1/70。

采用 ANSYS 有限元软件进行结构分析,预应力拉索采用高强钢丝束,破断荷载为 1670kN,采用 Link10 单元模拟,雨篷桁架上下弦杆(钢材 Q345)采用 Beam44

单元模拟,桁架的腹杆(钢材 Q345)均采用 Link8 单元模拟,每个塔柱的四个圆钢管(钢材 Q345)和混凝土柱子(C30)采用 Beam188 单元模拟,塔柱内支撑钢板(钢材 Q345)采用 Shell181 单元模拟。对索施加初始应变,模拟索的初始张拉预应力。

3.4.2　索系布置对结构稳定性能的影响

塔柱斜拉索设置以拉索合力作用线指向塔柱组合截面形心为原则,选取三种布索方式,每种布索方式中拉索数目恒定为 5 根。每种布索方式中三根向内侧的拉索(以下称主索)与塔柱所成角度不同,采用相同的布索方式布置两根向外侧的拉索(以下称稳定索),每种布索方式中相同几何位置的拉索采用对称的截面和预应力度。前十阶特征值如表 3.28 所示。可以看出:

(1)主索布置方式对体系特征值影响较大,主索与塔柱所成角度越小,特征值越小,稳定性越差。

(2)不同布索方式下结构第 1 阶屈曲模态中屈曲位置均出现在雨篷梁上,但是屈曲点位置有较大差异。

根据以上分析结论,设计中为了加强结构体系的稳定性能,在以上五组索的基础上增加了两组向内侧的斜拉索。分析得到前三阶特征值分别为 4.9959、4.9981、5.8629,第 1、2 阶屈曲位置均在挑篷桁架处,而第 3 阶屈曲位置出现在塔柱上。

表 3.28　不同布索方式的前十阶特征值

阶数	1	2	3	4	5	6	7	8	9	10
方式一	1.2080	1.8131	2.1570	2.1575	3.1019	3.1027	3.3526	3.3530	3.9888	3.9904
方式二	2.4663	3.1412	3.1421	3.7611	3.7624	3.9926	4.4188	4.4195	5.8567	5.8580
方式三	3.9306	3.9333	6.0807	6.0820	7.2186	7.2195	8.222	8.2396	11.768	11.771

主索的根数与布置对整体稳定性能影响较大,塔柱设索撑体系可大幅度提高塔柱稳定承载力,设计时应优化设置,平衡索每根宜设置成两束,以便于使用期更换。

3.4.3　预应力度对结构稳定性能的影响

索的预应力度按照索破断荷载的百分比选取,不同预应力度结构的稳定性能与索力如表 3.29 所示。由表可知:

(1)预应度为 16% 时,体系稳定承载力最高,并且预应力度在 16% 之前体系为屋面桁架先失稳,塔柱后失稳,有利于保障整体结构安全。

(2)预应力度达 30% 时,屋面桁架稳定承载力仍在继续提高,但此时塔柱已先行失稳且稳定承载力已低于预应力度 16% 时,可见随着预应力度的加大,塔柱先于屋面失稳且整体体系稳定承载力下降。

(3)预应力度为 0～30% 时,在设计荷载组合工况下,各索最大应力变化不大,应力比为不大于 0.36,索处于安全状态。当预应力度达 50% 时,最外侧两根主索应力比大于 0.4,处于不安全状态。

(4)预应力结构的一个重要特性就是当所有构件布置与材料截面确定后,仍可利用预应力度调节控制结构内力、位移与体系延性性能,在不增加额外费用的情况下,提高经济效益和增加安全度;反之,工程中不适当地施加预应力,会得到相反的结果。

表 3.29　不同预应力度结构的稳定性能与索力

预应力度 /%	特征值 λ_1/ 屈曲位置	特征值 λ_2/ 屈曲位置	S_1/kN (σ_1)	S_2/kN (σ_2)	S_3/kN (σ_3)	S_4/kN (σ_4)	S_5/kN (σ_5)	S_6/kN (σ_6)	S_7/kN (σ_7)
0	4.36/桁架	6.37/塔柱	510 (0.14)	2030 (0.28)	2643 (0.36)	1752 (0.34)	674 (0.18)	4847 (0.29)	4626 (0.28)
5	4.65/桁架	6.24/塔柱	633 (0.17)	2127 (0.29)	2620 (0.36)	1704 (0.33)	692 (0.19)	4983 (0.30)	4778 (0.29)
16	5.34/桁架	6.02/塔柱	879 (0.24)	2324 (0.32)	2575 (0.35)	1608 (0.31)	729 (0.2)	5262 (0.32)	5087 (0.31)
30	5.65/塔柱	6.98/桁架	1252 (0.34)	2629 (0.36)	2518 (0.34)	1469 (0.28)	787 (0.22)	5699 (0.35)	5566 (0.34)
50	5.25/塔柱	5.5/桁架	1757 (0.48)	3055 (0.42)	2461 (0.33)	1295 (0.25)	870 (0.24)	6326 (0.39)	6242 (0.38)
设计采用 约16	5.7/桁架	6.1/塔柱	933 (0.26)	2200 (0.30)	2495 (0.34)	1817 (0.35)	571 (0.16)	5217 (0.32)	5057 (0.31)

注:S_i 为第 i 根索的内力;$\sigma_i = S_i$/破断荷载,索破断强度为 1670MPa。

3.4.4　塔柱自身稳定性能分析

对塔柱采用不同的布索方式进行对比分析:①只有塔柱结构本身内部设置钢板作为支撑(模型 1);②在塔柱结构的侧面设置钢索和支撑钢索的水平构件,索端位于塔柱第二个节点(模型 2);③索端位于塔柱第一个节点(模型 3)。对每个模型施加相同的荷载工况,即 1.0 恒荷载＋0.7 活荷载＋1.0 风荷载,不同布索方式下塔柱稳定分析如表 3.30 所示。由表可知,模型 3 稳定性能最佳,可利用较小的预应力获得较大的承载力,说明通过合理设置索撑结构可以大幅度提升塔柱稳定性能。

表 3.30　不同布索方式下塔柱稳定分析

模型	1	2	2	3
预应力度/%	—	5	30	5
屈曲特征值	7.92	12.6	12.78	16.18

3.4.5　几何缺陷及材料弹塑性对结构稳定性能的影响

考虑到结构在制作和安装过程中不可避免会引起一定的结构偏差,将结构屈曲模态作为初始几何缺陷,采用一致缺陷模态法研究结构对初始几何缺陷的敏感程度。由于结构具有纵向对称的特点,将前 20 阶模态中的某一种屈曲模态作为初始几何缺陷均可以产生一条可能的平衡路径,能够激发结构承载力最低的屈曲模态具有任意性,所以选用两种特征值屈曲模态作为初始几何缺陷,一种是特征值屈曲位置出现在塔柱处的情况,另一种是特征值屈曲位置出现在挑篷桁架处的情况。取初始几何缺陷为结构跨度的 1/300,针对每一种缺陷情况,分别进行材料线弹性和弹塑性分析,结构进入弹塑性,采用 von Mises 屈服准则、随动强化准则,钢材和钢索的屈服强度分别为 345N/mm²、1330N/mm²,材料达到屈服以后采用理想塑性行为。两种初始几何缺陷下结构屈曲模态及荷载-位移全过程曲线如图 3.31～图 3.34 所示。

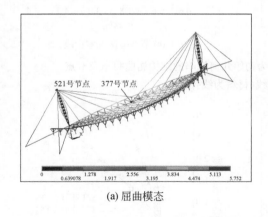

(a) 屈曲模态

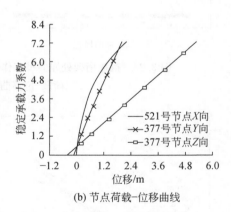

(b) 节点荷载-位移曲线

图 3.31　塔柱处屈曲模态作为初始几何缺陷的结构屈曲模态及节点
荷载-位移曲线(材料为线弹性)

分析可知:

(1)两种缺陷下材料无论是线弹性还是弹塑性,体系失稳部位主要为塔柱顶点和挑篷桁架中间部位处。

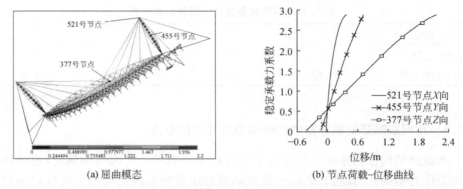

(a) 屈曲模态　　　　　　　　　　　(b) 节点荷载-位移曲线

图 3.32　塔柱处屈曲模态作为初始几何缺陷的结构屈曲模态及节点
荷载-位移曲线(材料为弹塑性)

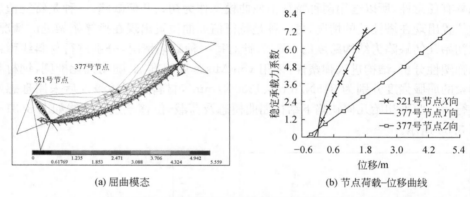

(a) 屈曲模态　　　　　　　　　　　(b) 节点荷载-位移曲线

图 3.33　挑篷桁架处屈曲模态作为初始几何缺陷的结构屈曲模态及节点
荷载-位移曲线(材料为线弹性)

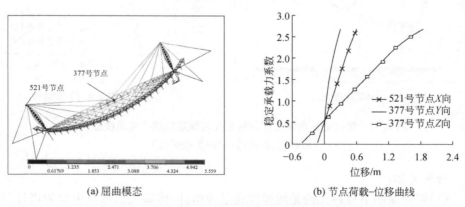

(a) 屈曲模态　　　　　　　　　　　(b) 节点荷载-位移曲线

图 3.34　挑篷桁架处屈曲模态作为初始几何缺陷的结构屈曲模态及节点
荷载-位移曲线(材料为弹塑性)

（2）在初始几何缺陷下，材料为线弹性时，塔柱屈曲分析得到的稳定承载力系数约为 7.36，挑篷桁架屈曲分析得到的稳定承载力系数约为 7.54，与前者接近略偏高。

（3）在初始几何缺陷下，材料为弹塑性时，塔柱屈曲分析得到的稳定承载力系数约为 2.91，挑篷桁架屈曲分析得到的稳定承载力系数约为2.69。

（4）与考虑材料弹性的结构稳定承载力相比，两种缺陷下考虑材料弹塑性的结构稳定承载力系数分别从 7.36 降为 2.91 和从 7.54 降为 2.69，下降幅度均超过50％，说明材料弹塑性是影响结构稳定性能的重要因素。

3.4.6　结构抗震性能分析

1）基于延性的抗震性能设计目标

参照高层建筑结构的抗震性能化设计方法和要求，结合结构体系的特点，结构在罕遇地震组合工况作用下性能设计目标如下：①塔柱钢构件不屈服，索处于弹性状态，按大跨度桁架、塔柱、拉索先后次序出现破坏；②塔柱顶点水平相对大变形小于 1/50，塔柱中部水平相对大变形、大跨度桁架跨中竖向相对大变形均小于 1/70。

2）地震动参数

长春经济技术开发区体育场挑篷结构抗震设防烈度为 7 度（0.1g），场地类别为Ⅲ类，乙类建筑，设计地震分组为第一组，场地特征周期 T_g 为 0.35s，抗震设计的地震动参数根据《建筑抗震设计标准》（GB/T 50011—2010）的要求和岩土工程勘察报告确定，各地震动参数如表 3.31 所示。

表 3.31　长春经济技术开发区体育场挑篷的地震动参数

地震烈度	地面加速度峰值/Gal		场地特征周期 T_g/s
	水平地震作用	竖向地震作用	
多遇	35	23	0.35
设防	100	65	0.35
罕遇	220	143	0.35

3）罕遇地震作用下结构性能分析

应用 ANSYS 有限元软件对长春经济技术开发区体育场挑篷结构进行地震弹塑性时程分析，具体实现方法采用大质量法，同时考虑了几何非线性和材料弹塑性，采用地震波进行激励，其中地震作用输入的地震波采用 El Centro 波，持续时间取前 15s，阻尼比采用瑞利阻尼，采用三向地震输入分析，X、Y、Z 三向按照 1：0.85：0.65 同时进行激励。

在大震作用下，结构的最大应力出现在拉索中，大小为 524MPa，拉索处于弹性状态,塔柱钢构件最大应力出现在塔柱下部,大小为 177MPa,桁架钢构件最大应力出现在屋面中部桁架处,大小为 233MPa。在罕遇地震作用下,结构构件强度均处于弹性,满足性能设计目标要求。

在大震作用下,塔柱顶点水平位移为 0.702m,0.702m/50m＝1/71＜1/50;塔柱中部水平位移为 0.38m,0.38m/50m＝1/131＜1/70;桁架跨中竖向位移为 2.13m,2.13m/167m＝1/78＜1/70;拉索应变最大值为 0.002759,小于 0.03。计算结果表明,塔柱-拉索大跨度钢管桁架体系具有"体系大变形、索单元小应变"特性。

X、Y 向最大位移点(519 号、614 号节点)分别是塔柱的两个顶点处节点,Z 向最大位移点(379 号节点)是结构屋面的钢管桁架中间处节点,结构的 X 向、Y 向、Z 向加速度峰值分别为 11.3m/s²、8.1m/s²、39.8m/s²,说明结构的竖向加速度反应远大于水平加速度反应,针对塔柱-拉索结构体系,竖向地震作用起控制作用。

塔柱-拉索-钢管桁架结构体系具有"体系大变形、索单元小应变"特性,延性性能较差的索单元在体系失稳与罕遇地震作用下处于弹性安全状态。

第4章 张弦结构

4.1 平面张弦梁

4.1.1 迁安文化会展中心工程概况

迁安文化会展中心[34]位于河北省迁安市人民广场中央,由图书馆、文化活动中心和会展中心三部分组成,总面积约 24000m²,其中图书馆约 5000m²,文化活动中心约 5000m²,会展中心约 14000m²,层数为四层,高度 21m,图书馆和文化活动中心部分为钢筋混凝土框架结构,会展中心部分为大跨度钢结构。整个建筑以人民广场的东西轴线为主轴对称,面向人民广场为三层楼高的弧形墙面,和人民广场的弧形柱廊相呼应,共同形成对人民广场的围合,也是人民广场的视觉中心和制高点,建筑立面以中央的球幕为中心,采用东西向的两个弧墙和顶部的弧形屋面三条弧形,共同组成会展中心飘逸大气的外形。建筑整体效果图如图 4.1 所示。

图 4.1 建筑整体效果图

迁安文化会展中心屋面最大跨度 48m,跨中矢高 3.5m,纵向长度约 137m。为满足建筑大空间要求,并体现其通透、轻盈的特点,屋面结构采用大跨度直梁式平面张弦梁结构,14 榀沿横向布置,上弦梁与竖向撑杆之间的连接采用平面内铰接、平面外刚接,上弦梁与其平面外的纵向支撑为刚性连接,张弦梁结构形式及节点连接方式如图 4.2 和图 4.3 所示。

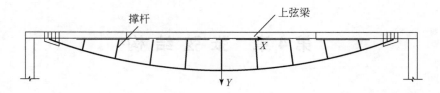

图 4.2　张弦梁结构示意图

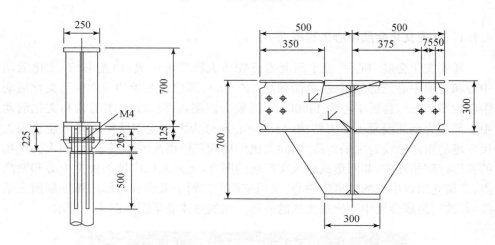

(a) 竖向撑杆与上弦梁连接节点　　　　　(b) 纵向撑杆与上弦梁刚性连接节点

图 4.3　撑杆与上弦梁连接节点(单位:mm)

　　所有钢材均为焊接结构用钢,均应按照国家有关标准的要求进行拉伸试验、弯曲试验、V 形缺口冲击试验、Z 向性能和熔炼分析,满足可焊性要求,并提供钢材的质量证明和复验报告;张弦梁主索采用挤包双护层高强度钢丝扭绞型钢绞线,单根钢丝直径 7mm,抗拉强度不小于 1670MPa,屈服强度不小于 1410MPa,钢索抗拉弹性模量应不小于 $1.95 \times 10^5 MPa$。

　　为了重点研究上弦梁与撑杆、纵向支撑的连接方式及预应力度、撑杆抗弯刚度、次梁抗弯刚度等因素对平面张弦梁稳定性能的影响,选取三榀平面张弦梁作为研究对象,两边的两榀张弦梁可模拟对中间一榀张弦梁的侧向约束,边界条件采用铰接支座。

　　由于平面张弦梁下弦平面外无支撑,平面外稳定主要通过屋盖支撑、张弦梁撑杆与上弦梁连接平面外约束刚度来保证。考虑上弦梁与撑杆之间为刚性连接、半刚性连接和铰接连接三种情况,其中半刚性连接指直梁与撑杆连接为平面内铰接、平面外刚接。采用 ANSYS 有限元软件单元库中的 Beam188、Beam44、Link8、Link10 单元模拟梁、撑杆和索单元,对预应力索给初始应变模拟索的初始张拉预应力,为考虑材料的塑性影响,单元的本构关系采用经典双线性随动强化模型,钢材弹性模量取 2.06×10^5 MPa,预应力钢绞线弹性模量取 1.95×10^5 MPa,泊松比为 0.3。根据不同的连接情况,构件单元的选用情况如表 4.1 所示。当撑杆采用 Beam44 单元时,程序默认上弦梁与撑杆为刚接,通过释放撑杆与直梁相交处的平面内转动约束来实现半刚性连接。

表 4.1 构件单元选用表

构件类型	刚性连接	半刚性连接	铰接连接
上弦梁	Beam188	Beam188	Beam188
撑杆	Beam188	Beam44	Link8
下弦索	Link10	Link10	Link10

4.1.2 预应力度对结构体系稳定性能的影响

预应力是平面张弦梁结构中最活跃的因素,为了研究预应力对结构稳定性能的影响,采用平面内铰接、平面外刚接的结构形式,考虑下弦拉索在预应力度为 0 (模型 1)、15%(模型 2)、30%(模型 3)、45%(模型 4)的情况下对结构稳定性的影响。计算模型中取屋面上弦支撑与上弦梁刚接实际情况,同时考虑几何非线性和材料弹塑性对上述四种模型进行屈曲分析,非线性稳定分析采用一致缺陷模态法,缺陷量值取结构最大跨度的 1/300,计算结果如表 4.2 和图 4.4 所示。

表 4.2 不同预应力度条件下结构稳定性能

性能参数		模型 1	模型 2	模型 3	模型 4
预应力度		0	15%	30%	45%
正常使用状态	弹性变形/m	0.196 (1/245)	0.194 (1/247)	0.174 (1/276)	0.162 (1/296)
失稳极限状态	稳定承载力系数	6.7	6.75	7.25	7.5
	平面内竖向大变形/m	0.949 (1/51)	0.961 (1/50)	1.027 (1/47)	1.042 (1/46)
	平面外大变形/m	0.027 (1/130)	0.027 (1/130)	0.0334 (1/105)	0.0325 (1/108)
	索最大应力/MPa	984	990	1040	1030

注:括号中为变形值与对应跨度的比值,下同。

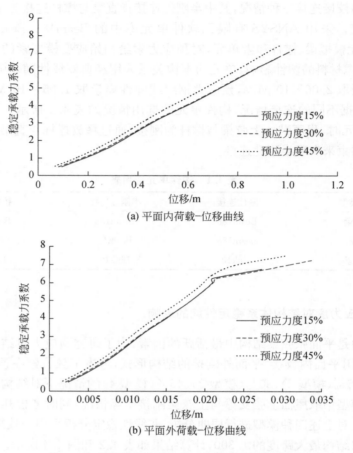

(a) 平面内荷载-位移曲线

(b) 平面外荷载-位移曲线

图 4.4　不同预应力度条件下结构荷载-位移曲线

由上述图表可知：

（1）在同时考虑几何非线性和材料弹塑性条件下，随着预应力度的提高，结构的稳定承载力系数逐渐增大，但增加的幅度不是很明显，预应力度为 45％时结构稳定承载力系数仅比无预应力时提高 12％。

（2）若以大变形限值 $L/50$ 即平面内大变形 0.96m 作为性能目标，以平面内大变形为目标对应的模型 2 和模型 3 的稳定承载力系数为 6.6，模型 4 的稳定承载力系数为 7.2；当以稳定承载力系数 7.0 作为性能目标控制点时，模型 4 的平面外大变形为 0.025m，模型 2 和模型 3 的平面外大变形为 0.032m，说明预应力度在 30％以下时，变形值无明显变化，当预应力度提高到 45％时，其刚度有所提高，但延性性能变差。

（3）四种模型的索最大应力范围为 984～1030MPa，未达到其屈服强度 1330MPa，说明索的材料利用率较高，延性性能相对较差的索单元在本工程结构体系中具有足够的延性安全性能。

4.1.3　檩条约束条件对结构体系稳定性能的影响

考虑屋面上弦檩条与上弦梁刚接情况，对比上弦直梁与檩条上端连接约束条件对结构体系稳定性能的影响，建立如下模型：模型 5 为平面内外全刚接约束条件；模型 2 为平面外刚接、平面内铰接约束条件；模型 6 为平面内外全铰接约束条件。首先对三种檩条约束条件下的结构进行特征值分析，然后同时考虑几何非线性和材料弹塑性对上述三种结构进行屈曲分析，非线性稳定分析采用一致缺陷模态法。计算结果如表 4.3 和图 4.5 所示（模型 6 在考虑双非线性情况下由于很快失稳，缺乏数据点，没有绘制其荷载-位移曲线）。

表 4.3　不同檩条约束条件下结构稳定性能

性能参数		模型 5	模型 2	模型 6
正常使用状态	弹性变形/m	0.193 (1/249)	0.194 (1/247)	0.275 (1/175)
失稳极限状态	稳定承载力系数	7.25	6.75	0.5
	平面内竖向大变形/m	1.020 (1/47)	0.961 (1/50)	0.098 (1/490)
	平面外大变形/m	0.021 (1/167)	0.027 (1/130)	0.028 (1/125)
	索最大应力/MPa	1030	990	169

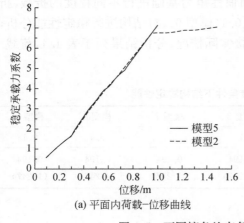

(a) 平面内荷载-位移曲线

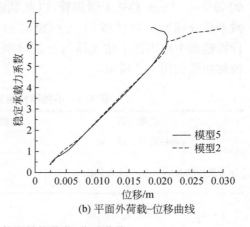

(b) 平面外荷载-位移曲线

图 4.5　不同檩条约束条件下结构荷载-位移曲线

分析计算结果可得：

(1)三种模型失稳形式均为平面张弦梁平面外失稳。模型 5 与模型 2 发生结构失稳时稳定承载力系数相差不是很大，均达到 3 以上；模型 6 稳定承载力系数仅为 0.5，结构安全不能保障。

(2)以大变形限值 $L/50$(平面内大变形为 0.96m，平面外大变形为0.07m)作为性能目标，以平面内大变形为目标对应的模型 5 和模型 2 的稳定承载力系数均约为 7.0($>$3)，以平面外大变形为目标对应的模型 5 和模型 2 的稳定承载力系数为均 6.0。

(3)在考虑双非线性情况下，模型 5 与模型 2 在极限失稳状态下的拉索应力均未达到其屈曲强度，而模型 6 拉索应力非常小，在极限失稳状况下拉索没有发挥其效用。

综上可知，在同时考虑几何非线性和材料弹塑性情况下，三种檩条约束条件下结构的稳定承载力系数呈递减趋势，平面内竖向大变形呈递减趋势，而平面外大变形呈递增趋势。对于模型 5 与模型 2，结构稳定承载力系数仍然大于 3。相较于模型 5，模型 2 的变形性能要好些，结构具备较高的安全储备。而当檩条约束条件为铰接时，加载后体系很快失稳，结构的稳定承载力系数在双非线性情况下小于 1，体系不具备安全的承载能力。由此可见，檩条作为传递外荷载、提高结构整体稳定性能的关键构件，其与上弦直梁的连接绝对不能采用铰接形式。

4.1.4　撑杆抗弯刚度对结构体系稳定性能的影响

撑杆作为传递外荷载、提高结构稳定性能的关键构件，其在平面外的抗弯刚度对结构整体稳定性能有着重要的影响，为进一步研究这种影响，采用改变撑杆截面惯性矩的方法来实现。撑杆截面面积不变，确保轴压比相同，实际工程中撑杆采用 Φ159mm×8mm 热轧无缝钢管，以此截面惯性矩为基础进行不同程度的折减，折减系数分别为 0.7(模型 7)、0.4(模型 8)、0.1(模型 9)，对结构进行稳定性能分析，计算模型中取屋面上弦支撑与上弦梁刚接实际情况，分析结果列于表 4.4，荷载-位移曲线如图 4.6 所示。

表 4.4　不同撑杆刚度条件下结构稳定性能

性能参数		模型 2	模型 7	模型 8	模型 9
撑杆抗弯折减系数		1	0.7	0.4	0.1
正常使用状态	弹性变形/m	0.194 (1/247)	0.194 (1/247)	0.194 (1/247)	0.194 (1/247)

续表

性能参数		模型 2	模型 7	模型 8	模型 9
失稳极 限状态	稳定承载力系数	6.75	4.45	3.65	1.25
	平面内竖向大变形/m	0.961 (1/50)	0.153 (1/314)	0.122 (1/393)	0.235 (1/204)
	平面外大变形/m	0.027 (1/130)	0.051 (1/68)	0.026 (1/135)	0.032 (1/109)

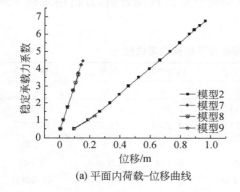

(a) 平面内荷载–位移曲线

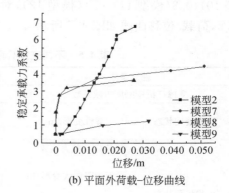

(b) 平面外荷载–位移曲线

图 4.6 不同撑杆抗弯刚度条件下结构荷载–位移曲线

由上述图表可知:

(1)结构体系稳定承载力性能的变化趋势与撑杆抗弯刚度折减系数的变化趋势一致,随着撑杆抗弯刚度的减小,结构的稳定承载力系数明显降低,特别当撑杆抗弯刚度为原抗弯刚度的 10% 时,其稳定承载力系数仅为模型 2 的 19%,稳定性能大幅降低,可见撑杆作为直梁式平面张弦梁结构中的关键构件,其杆件尺寸、设计抗弯刚度不能过小。

(2)同时考虑几何非线性和材料弹塑性的情况下,若以大变形限值 $L/50$(平面内大变形 0.96m,平面外大变形 0.07m)作为性能目标,以平面内大变形为目标对应的模型 2 的稳定承载力系数为 6.6(>3),以平面外大变形为目标对应的模型 2、7、8 的稳定承载力系数都将超过 3,撑杆抗弯刚度过小的直梁式平面张弦梁即模型 9 的稳定承载力系数小于 2,没有足够的安全储备。

(3)直梁式平面张弦梁失稳形式均为典型的平面外失稳,撑杆与主弦杆采用全刚接节点与仅平面外刚接节点时结构发生平面外失稳的稳定承载力系数非常接近,而全铰接节点时结构发生平面外失稳的稳定承载力系数与前两种节点相差甚远,因此对于直梁式平面张弦梁,其撑杆与主弦杆的连接方式应设计为刚接或半刚接,以提高其安全储备。

4.1.5　上弦支撑杆抗弯刚度对结构体系稳定性能的影响

迁安文化会展中心屋面纵向支撑构件选用的是刚性杆,刚性杆对平面张弦梁的侧向连接提供了刚性约束,结构实现了良好的整体稳定性。为研究支撑杆的抗弯刚度对整体结构产生的影响,结合工程实际,取平面内铰接、平面外刚接的模型2作为研究对象,对实际工程的支撑杆抗弯刚度进行折减,折减系数分别为0.5(模型10)、0.3(模型11)、0.1(模型12),对结构进行稳定性能分析,分析结果列于表4.5,荷载-位移曲线如图4.7所示。

表4.5　不同支撑杆刚度条件下结构稳定性能

性能参数		模型2	模型10	模型11	模型12
支撑杆抗弯刚度折减系数		1	0.5	0.3	0.1
正常使用状态	弹性变形/m	0.194 (1/247)	0.201 (1/239)	0.205 (1/234)	0.209 (1/230)
失稳极限状态	稳定承载力系数	6.75	6.0	5.5	0.25
	平面内竖向大变形/m	0.961 (1/50)	0.863 (1/56)	0.803 (1/60)	0.046 (1/1043)
	平面外大变形/m	0.027 (1/130)	0.051221 (1/148)	0.025918 (1/172)	0.083 (1/42)
	索最大应力/MPa	989	950	917	91

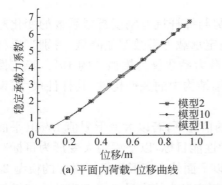

(a) 平面内荷载-位移曲线

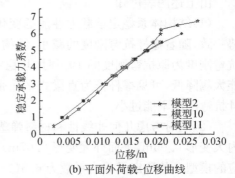

(b) 平面外荷载-位移曲线

图4.7　不同支撑杆刚度条件下结构稳定性能曲线

由上述图表可知:

(1)结构体系稳定承载力随着屋面支撑杆抗弯刚度的降低呈现明显下降的趋势,特别是当支撑杆抗弯刚度为原支撑杆抗弯刚度的10%时,稳定承载力系数小于1,体系失稳时结构平面外大变形急剧增加,由此可见,支撑杆抗弯刚度对结构稳定性能有较大的影响,屋面支撑杆作为直梁式平面张弦梁结构中的关键构件,其杆件尺寸、设计抗弯刚度不能过小。

(2)同时考虑几何非线性和材料弹塑性情况下,若以大变形限值 $L/50$(平面内大变形 0.96m,平面外大变形 0.07m)作为性能目标,以平面内大变形为目标对应的模型 2 的稳定承载力系数为 6.6(>3),以平面外大变形为目标对应的模型 2、10、11 的稳定承载力系数都将超过 3,因此支撑杆的抗弯刚度不应小于原支撑杆抗弯刚度的 30%。

4.2　空间张弦桁架结构

4.2.1　北京金融街 F7/9 大厦屋盖工程概况

北京金融街 F7/9 大厦位于北京金融街核心位置,其中庭玻璃屋盖建筑造型呈月牙形,为体现其通透、轻盈的特点,屋面结构采用大跨度空间张弦梁结构[35]。工程主体钢结构由 24 榀空间张弦梁排列而成,为保证其整体稳定性,上弦平面设置拉杆支撑及刚性檩条,单榀空间张弦梁由两根上弦杆、两组下弦索及一组撑杆组成,最大跨度 36m,撑杆与支座间跨距 24m,撑杆高度 4.5m,杆件细而少,造型美观,充分体现了大跨度预应力钢结构的特点。上弦杆截面尺寸为 Φ480mm×35mm~Φ377mm×10mm,屋面檩条截面尺寸为 250mm×150mm×10mm,柱子截面尺寸为 Φ530mm×33mm~Φ530mm×21mm,撑杆截面尺寸为 Φ219mm×10mm~Φ168mm×9mm,其材质均为 Q345B;屋面拉杆截面尺寸为 Φ18mm,其材质为 Q235B;钢拉索截面尺寸为 Φ42.2mm~Φ27.5mm,其材质为高强钢绞线。屋盖两端的柱子底部约束条件为一端刚接、一端铰接(图 4.8)。

空间张弦梁具有与常规张弦梁体系不同的两个特点:一是上弦为直梁,上弦直梁式张弦梁结构稳定平衡形式处于临界状态,工程构造设计处理不当,易于失稳;尽管改进为四角锥空间几何单元,但并未改变结构稳定的平衡形式。二是撑杆间距大(最大达到 24m),上弦直梁构件稳定性能对结构体系稳定性将产生较大影响,不容忽略。

计算软件采用 ANSYS、STAAD、MIDAS 等空间有限元分析软件,为反映结构真实受力状况,计算采用钢结构与混凝土结构共同工作的整体模型,同时根据分析要求,分别考虑改变矢跨比、预应力度及屋面檩条约束条件等不同的计算模型。工程刚性檩条是实现结构体系稳定性能的重要因素之一,因此计算模型中建立了反映檩条与檩托真实几何力学关系的节点板壳单元,如图 4.9 所示。

图 4.8　室内效果图

　　设计依据规范进行了多种荷载组合,取最不利组合进行结构体系与构件节点设计,本节提取如下典型荷载组合进行计算对比分析:

　　(1)初始张拉状态,0.7 自重+1.0 预拉力。

　　(2)强度设计荷载工况,1.2 恒荷载+1.4 活荷载+0.84 压风荷载+1.0 预拉力。

　　(3)位移计算荷载工况,1.0 恒荷载+1.0 活荷载+0.6 压风荷载+1.0 预拉力。

　　(4)稳定计算荷载工况,1.0 恒荷载+1.0 活荷载+0.6 压风荷载+1.0 预拉力。

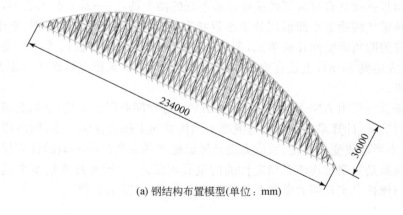

(a) 钢结构布置模型(单位：mm)

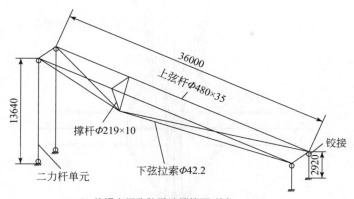

(b) 单榀空间张弦梁计算简图(单位：mm)

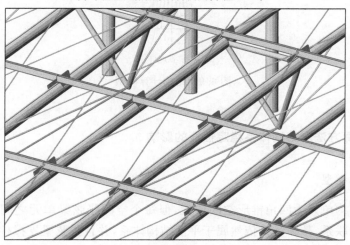

(c) 檩条、檩托模型

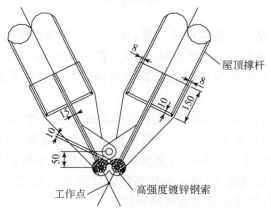

(d) 索撑节点详图1(单位：mm)

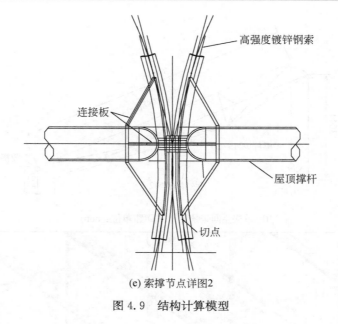

(e) 索撑节点详图2

图 4.9　结构计算模型

4.2.2　计算方法对结构体系稳定性能的影响

1. 计算模型

工程结构单元为四角锥形空间单元,但每个空间张弦梁单元之间仅靠上弦平面刚性檩条联系,整体结构依然属于平面结构体系,并且张弦梁支撑柱一侧为不动铰接形式,另一侧(高端)为可转动的二力杆单元,整体稳定性能依然是结构安全控制因素。

为了全面研究结构的整体稳定性能,建立了以下结构几何模型:模型 1,考虑实际设计情况的计算模型;模型 2,不考虑上弦平面檩条与交叉索作用的计算模型;模型 3,考虑屋面檩条为铰接的计算模型;模型 4,考虑下弦索可滑动的计算模型。

以上四个模型边界约束条件和承受的外荷载完全一致,模型 1 与实际设计的情况完全一致,为两端檩条刚接,下弦索使用状态下不可滑动;模型 2 是在实际设计的基础上去掉上弦平面的檩条与交叉索;模型 3 是在实际设计的基础上把檩条由两端刚接改为两端铰接;模型 4 是在实际设计的基础上模拟下弦索在与撑杆接触的部位可以滑动,并将檩条改为两端铰接。

采用 ANSYS 有限元软件建立与实际完全一致的三维有限元模型,主体钢桁架弦杆采用 Beam188 单元,撑杆及拉杆采用 Link8 单元,索采用 Link10 单元,长柱采用 Link8 单元,短柱采用 Beam44 单元且一端释放。

2. 线性屈曲分析

通过线性屈曲分析,可以得到理论上的屈曲模态,如表 4.6 所示。分析可知:

(1)从模型 1 的第 1 阶屈曲模态可以看出,结构体系的整体稳定性较好,主要表现为上弦杆和屋面檩条平面内的弯曲失稳,位移最大处在屋面中部;从模型 3 的第 1 阶屈曲模态可以看出,结构体系的整体稳定性较次,发生了索撑体系平面外的弯扭失稳,位移最大处也在屋面中部。

(2)工程张弦梁低端约束条件为不可滑动铰支座,高端支撑柱为二力杆单元,因而高端约束条件为平面内外均可滑动的铰支座,对于不考虑上弦平面檩条系统作用的模型 2,其为可变体系,稳定计算不通过。而对于索撑节点可滑动的模型 4,由于其节点连接为非线性形式,采用线性特征值分析无法得到真实解。因此,本节中没有列出模型 2 和模型 4 的计算结果。

(3)考虑屋面檩条为刚接的实际设计计算模型(模型 1)的稳定承载力系数比屋面檩条铰接模型(模型 3)有显著提高,说明檩条的连接方式对结构的整体稳定性能有很大的影响。檩条由铰接改为刚接后,结构的稳定承载力系数有较大的增长。

表 4.6 线性屈曲分析结果

阶数	1	2	3	4	5	6	7
模型 1	11.585	12.296	14.180	17.736	23.228	24.743	30.058
模型 3	8.8261	10.553	10.601	10.789	10.909	11.09	11.15

阶数	8	9	10	11	12	13	14
模型 1	30.705	30.763	32.098	33.151	34.945	37.537	39.068
模型 3	11.253	11.493	11.506	11.988	12.262	13.311	19.627

3. 非线性屈曲分析

几何非线性屈曲分析是指随着荷载递增,结构位移不断变化,程序不断修正几何刚度及力学矩阵方程,直至结构失稳。弹塑性屈曲分析是指通过设计给定的材料弹塑性应力-应变曲线,程序在考虑几何非线性的基础上同时考虑材料弹塑性。非线性屈曲分析的结构荷载-位移曲线如图 4.10 所示。可以看出:

(1)考虑材料弹塑性后,结构的稳定承载力系数均比只考虑几何非线性时显著降低,模型 1 的稳定承载力系数由 5.48 降为 2.52,模型 3 的稳定承载力系数由

5.01 降为 2.1，模型 4 的稳定承载力系数由 4.35 降为 2.04。

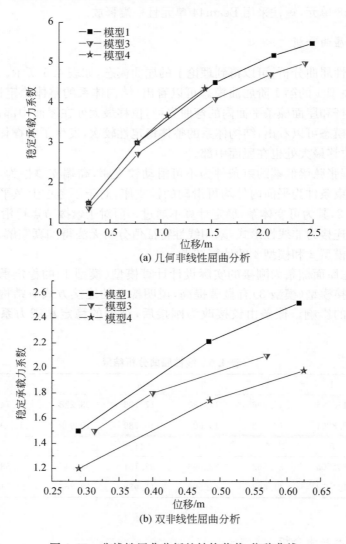

(a) 几何非线性屈曲分析

(b) 双非线性屈曲分析

图 4.10　非线性屈曲分析的结构荷载-位移曲线

　　(2)结构荷载-位移曲线呈现变曲率形状，结构具备明显的大位移非线性特性，说明张弦梁结构刚度较弱，对于此类结构，设计时必须进行非线性分析。

　　(3)模型 1 的稳定承载力系数比模型 3 提高约 20%，表明檩条平面支撑系统连接刚度对结构稳定承载力影响较显著。

　　(4)模型 4 的稳定承载力系数比模型 3 降低约 2.9%，表明为提高结构稳定性，实际工程应通过合理的构造措施,将下弦拉索与撑杆连接节点设计为拉索不可滑动的节点形式。

(5)与几何非线性屈曲分析相比,模型 1 弹塑性屈曲分析的稳定承载力系数明显降低,但仍大于 2.5,这种情况与结构实际工作状况最为接近,说明结构具备一定的安全储备,同时也说明在稳定性计算分析时,若不考虑材料弹塑性,则必须保证其结构稳定承载力大于正常使用载荷的 5 倍。

4.2.3 矢跨比对结构体系稳定性能的影响

对于大跨度钢结构,加大矢跨比是提高结构刚度满足变形性能要求的有效措施。对不同矢跨比的结构体系稳定性能进行分析,分析时索均施加 15% 预应力度,计算结果如表 4.7 和图 4.11 所示。

表 4.7　不同矢跨比结构的稳定性能

	撑杆高度/m		1.8	3.6	7.2
	矢跨比		1/20	1/10	1/5
正常使用状态		弹性变形/m	0.512 (1/70)	0.248 (1/145)	0.180 (1/200)
失稳 极限状态	仅考虑几何 非线性	稳定承载力系数	8.25	10.2	14.3
		大变形值/m	3.50 (1/10)	3.00 (1/12)	2.15 (1/17)
	同时考虑几何 非线性和材料 弹塑性	稳定承载力系数	1.30	2.15	2.90
		大变形值/m	0.90 (1/40)	0.68 (1/53)	0.51 (1/71)

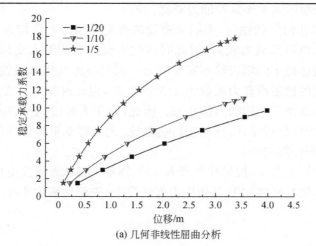

(a) 几何非线性屈曲分析

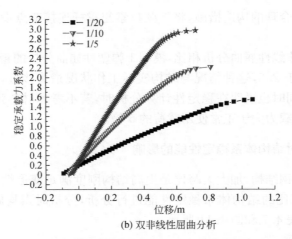

(b) 双非线性屈曲分析

图 4.11　不同矢跨比下非线性屈曲分析的结构荷载-位移曲线

分析以上图表可知:

(1)结构矢跨比从 1/10 减小到 1/20(减幅 50%)时,弹性变形从 0.248m 增加到 0.512m,增幅为 106%;结构矢跨比从 1/10 增大到 1/5(增幅 100%)时,弹性变形从 0.248m 减小到 0.180m,减幅为 27%。可见弹性变形对于矢跨比是十分敏感的,随着矢跨比的增大,弹性变形也在不断增大。当矢跨比从 1/20 增加到 1/10 时,弹性变形的变化最为显著。

(2)仅考虑几何非线性,结构矢跨比从 1/20 增加到 1/10 和 1/5 时稳定承载力系数从 8.25 增加到 10.2 和 14.3,总增幅达 73%;大变形值从 3.50m 减小到 3.00m 和 2.15m,总减幅达 39%。可见随着结构矢跨比的增大,稳定承载力系数提高,但结构失稳时大变形延性能力降低。

(3)仅考虑几何非线性时,不同矢跨比的稳定承载力系数均大于 5.0,仅从屈强比指标来看,稳定承载力较高,但此时结构失稳总的相对大变形值达到 1/10~1/17,显然结构已处于倒塌失稳不安全状态。同时考虑几何非线性和材料弹塑性时,不同矢跨比的稳定承载力系数为 1.30~2.90,但此时相对大变形值为 1/40~1/71,较真实地反映了结构的力学状态。因此,对于大跨度结构,应进行基于大变形性能的双非线性分析设计,且应进行屈强比、大变形双重延性能指标控制,方可确保结构变形性能安全。

(4)正常使用荷载下,按弹性变形 $L/200$、体系失稳状态下大变形 $L/50$ 的性能目标控制,工程结构在施加 15% 预应力度情况下,矢跨比需大于 1/10 方可满足安全要求。

4.2.4 预应力度对结构体系稳定性能的影响

分析预应力度对结构稳定性能的影响时仅取双非线性结果且考虑了不同预应力度情况,计算结果如表 4.8 和图 4.12 所示。

表 4.8 预应力度对结构稳定性能影响的计算结果

预应力度 /%	1.8m(1/20)		3.6m(1/10)		7.2m(1/5)	
	稳定承载力系数	大变形值/m	稳定承载力系数	大变形值/m	稳定承载力系数	大变形值/m
0	1.42	0.96	2.01	0.73	2.51	0.58
15	1.45	0.89	2.05	0.68	2.60	0.53
30	1.51	0.81	2.12	0.59	2.70	0.47
45	1.56	0.72	2.25	0.52	2.80	0.43

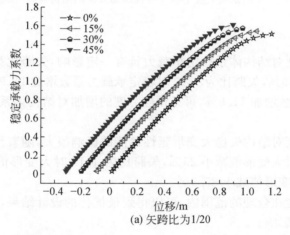

(a) 矢跨比为1/20

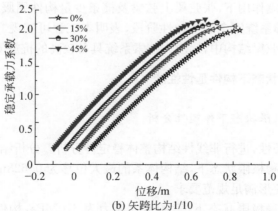

(b) 矢跨比为1/10

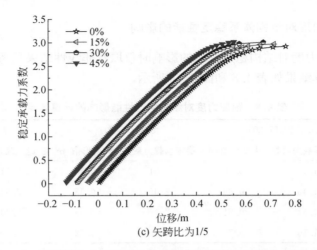

(c) 矢跨比为1/5

图 4.12　不同预应力度下双非线性屈曲分析的结构荷载-位移曲线

分析可知:

(1)预应力度对结构体系稳定承载力具有一定影响,矢跨比为 1/20 时稳定承载力系数增加 9.9%,矢跨比为 1/10 时稳定承载力系数增加 11.9%,矢跨比为 1/5 时稳定承载力系数增加 11.6%,可见预应力度的增加对结构体系稳定承载力系数的提高有限。

(2)预应力度对结构失稳大变形延性性能的影响很大,随着预应力度的增加,矢跨比为 1/20 时大变形值减小 25%,矢跨比为 1/10 时大变形值减小 28.8%,矢跨比为 1/5 时大变形值减小 25.9%。

(3)预应力度在合理的范围内,可以得到最优化的设计结果,预应力度过高会对结构产生不利影响。

(4)在罕遇地震作用下,张弦梁上弦梁及檩条少量构件屈服,经修复后仍可以使用,而下弦索-撑系统完全处于弹性阶段,表明本工程可实现"大震不倒"的抗震设防目标,空间张弦梁结构中,预应力拉索系统具备较高的抗震安全储备。

4.2.5　失稳极限状态下构件延性性能

1. 静力失稳极限状态下弹塑性分析

考虑材料弹塑性,进行非线性结构整体稳定性分析。分析结果显示:

(1)在体系失稳极限状态下,结构体系的最大位移为 0.628m,为跨度的 1/57,因此结构体系的变形满足规范要求。

(2)在体系失稳极限状态下,索的最大应力为 670MPa,构件应力没有达到名义屈服强度,索的最大应变为 0.00301,小于材料允许伸长率。因此,索的强度延性性能可以保证结构体系在大变形倒塌极限状态下索仍处于弹性阶段,不被拉断破坏。

　　2.罕遇地震作用下弹塑性分析

　　针对实际设计模型,进行了罕遇地震作用下结构弹塑性三维时程动力分析,为了避免由于地震波选取的随机性而造成计算结果失真,根据最不利地震动理论,采用地震记录选取表中周期结构Ⅲ类场地土一条地震波,即 1940 年 El Centro 波,加速度峰值按北京地区罕遇地震 400Gal 进行地震波调幅处理,结构阻尼采用瑞利阻尼,得到在三向地震作用下各构件的应力及位移。分析结果显示:

　　(1)索的最大应力为 414MPa,撑杆的最大应力为 61MPa,柱的最大应力达到149MPa,上述三种构件应力均处于弹性阶段,表明本工程张弦梁索-撑系统在罕遇地震作用下处于弹性状态,不破坏。

　　(2)拉杆的最大应力为 235MPa,檩条与梁的最大应力为 345MPa,上部檩梁体系先于下部索撑体系屈服,局部应力已经进入塑性阶段,其最大应力接近构件屈服强度,经修复后仍可使用。

　　(3)结构体系的最大位移为 0.006m,为跨度的 1/6000,因此结构体系的变形满足规范要求。其中索的最大应变为 0.00025,远远小于材料允许伸长率,实际上,索仍处于弹性应变阶段。

　　(4)在结构整体失稳的情况下,下弦拉索仍处于弹性阶段,不被拉断,表明本工程空间张弦梁结构具有较好的延性性能。

4.3　弦支穹顶结构

4.3.1　三亚体育中心体育馆工程概况

　　三亚体育中心位于三亚技工学校内,包括体育场、体育馆和游泳馆,体育馆大跨度钢结构[36]屋盖平面呈圆形,跨度为 76m,立面为球冠造型,结构矢高 8.825m。钢结构屋盖支撑于 40 根混凝土柱上,混凝土柱平面分布呈圆形。钢结构屋盖采用弦支穹顶结构体系,由上弦单层圆形网壳、下弦环索与径向拉杆、竖向撑杆组成;弦支穹顶的外沿部分钢结构采用悬臂桁架,沿环向呈放射状分布,通过混凝土柱顶环向空间桁架与弦支穹顶连接。三亚体育中心体育馆实景图如图 4.13 所示。

　　上弦单层网壳的矢跨比为 1/8.6,比标准网壳矢跨比偏高,网壳由 8 圈环向杆和 9 段径向杆组成,网壳杆件均采用无缝钢管,钢材材质为 Q345B;网壳节点主要

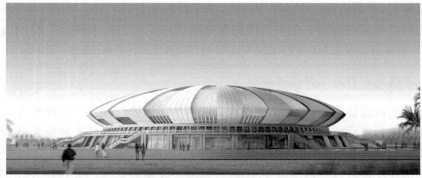

(a) 外景图

(b) 内景图

图 4.13　三亚体育中心体育馆实景图

采用焊接球节点,与撑杆连接部位采用铸钢球节点,节点与杆件的连接全部为刚性连接。

弦支穹顶下弦索撑结构由 3 圈环索、3 圈径向拉杆及 60 根受压撑杆组成,环索采用高强度钢丝束,极限抗拉强度大于 1670MPa,钢丝束外包裹聚乙烯防腐护层。径向拉杆采用高强低合金钢,屈服强度不小于 610MPa,撑杆采用 Q345B 钢。

屋面钢结构外沿部分采用悬挑桁架,悬挑长度约 7m,沿桁架长方向,桁架高度呈线形变化,材质为 Q345B 钢,桁架上下弦截面尺寸为 $\Phi194\text{mm}\times6\text{mm}$,腹杆截面尺寸为 $\Phi95\text{mm}\times4\text{mm}$。

柱顶设置环桁架,连接弦支穹顶和悬臂桁架,将屋面荷载传递到混凝土结构,同时环桁架可以有效分散屋面结构产生的水平推力,并通过约束作用增加结构的整体刚度。环桁架采用钢管相贯焊接形式的空间三角形桁架,由于悬挑桁架外端部和下部混凝土结构没有连接,环桁架在外力作用下绕自身环向轴线在允许范围内转动,所以环桁架内部上弦截面尺寸比较大。结构布置如图 4.14 所示。

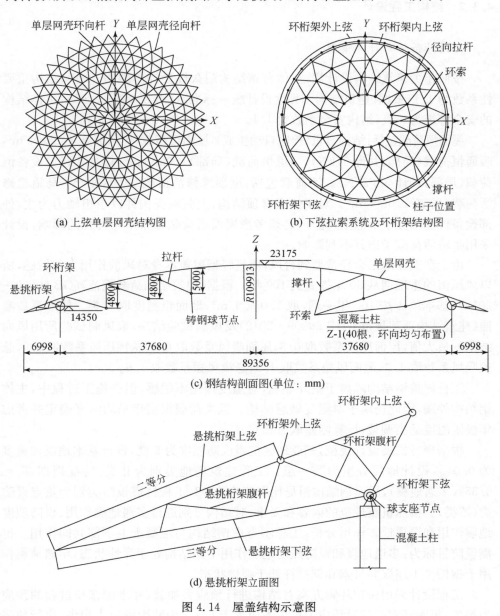

(a) 上弦单层网壳结构图

(b) 下弦拉索系统及环桁架结构图

(c) 钢结构剖面图(单位:mm)

(d) 悬挑桁架立面图

图 4.14　屋盖结构示意图

经过大量的计算优化,上部网壳(含网壳节点、支座节点和檩条)用钢量约合

$69\mathrm{kg/m}^2$。

4.3.2　结构工程设计

1. 设计条件与计算模型

按照相关建筑结构设计规范,体育馆结构耐久性设计年限为 50 年,结构重要性系数为 1.1,根据《建筑结构可靠性设计统一标准》(GB 50068—2018),主体结构的安全等级为一级,结构安全系数为 1.1。

屋面恒荷载包括:结构自重(程序自动生成),屋面恒荷载(包括檩条)0.85kN/m²,暖通恒荷载(局部,共计 57kN),马道恒荷载(局部)1.0kN/m²,灯具和音像设备恒荷载(局部,共计 38.2kN)。活荷载包括:屋顶维修活荷载 0.50kN/m²,马道检修活荷载(局部)1.0kN/m²。对于弦支穹顶结构,上弦网壳构件以承担轴力为主,外部设备仅能吊挂于节点上;此外,必须考虑屋面活荷载分布不均匀性的影响,设计采用半跨活荷载考虑其不利影响。

由于在三亚地区会经常遇到台风,而且轻型屋盖本身对风的作用力很敏感,所以风压值的重现期从 50 年提高到 100 年。根据《建筑结构荷载规范》(GB 50009—2012),基本风压按 100 年一遇,取 1.05kN/m²,地面粗糙度取 B 类。体形系数参照《建筑结构荷载规范》(GB 50009—2012)及风洞试验结果,取风洞试验所用风向结果的最大值,屋面压风系数取 0.3,屋面吸风系数取 0.6,悬挑压风系数取 0.9,悬挑吸风系数取 1.3,屋面风振系数取 1.3,悬挑风振系数取 1.6。

工程屋盖钢结构隔离于室外环境,对温度作用不敏感,但在施工过程中,主体钢结构外漏,因此仍属于对温度敏感结构。温度荷载根据年平均温度确定并考虑年极限温度适当调整,计算温差取±25℃。

根据现行抗震设计规范,三亚地区抗震设防烈度为 6 度,设计基本地震加速度为 $0.05g$,设计地震分组为第一组。工程建筑场地类别为Ⅱ类,特征周期 $T_g=$ 0.35s(多遇地震),屋面钢结构阻尼比取值为 0.02,工程抗震设防类别为重点设防类(乙类)。按照抗震规范的内容和要求,对结构分别进行多遇地震作用、设防烈度地震作用和罕遇地震作用分析,工程不考虑钢结构与混凝土上下部共同作用。抗震设防目标为:多遇地震和设防烈度地震作用下钢结构处于弹性状态,罕遇地震作用下钢构件不屈服并且索和钢拉杆处于弹性状态。

工程设计采用张拉环索方案对结构进行预应力加载,并考虑张拉过程的预应力损失,每圈环索张拉时预应力损失不应大于 6%。为减少预应力损失,进行超张拉设计,超张拉 3%~6%。初拉力比值从外圈到里圈为 3.6:1.7:1。

体育馆设计建立了屋盖钢结构计算模型,应用 MIDAS 有限元软件进行体系静动力分析、构件截面验算,并应用 ANSYS 有限元软件重点进行整体屋盖稳定分析。屋盖网壳采用梁单元,撑杆采用只受压杆单元,环索和径向拉杆采用索单元。

2. 结构强度设计

经过计算,在非地震组合作用下、多遇地震组合作用下(反应谱分析)、设防烈度地震组合作用下(反应谱分析)和罕遇地震组合作用下,杆件应力比、下弦环索及径向拉杆的应力百分比(应力占材料极限抗拉强度的百分比)如表 4.9 所示。可以看出,在非地震组合作用下,杆件应力比、下弦环索及径向拉杆应力百分比均最大,说明非地震组合在结构强度设计时起控制作用。最外圈网壳和环桁架连接处的应力比最大,最外圈环索的应力最大。另外,在地震组合作用下,设防烈度地震组合作用下的下弦环索及径向拉杆应力百分比均最大,而罕遇地震组合作用下的杆件应力比最大。

表 4.9 结构构件强度计算结果

荷载组合工况	杆件应力比	下弦环索应力百分比/%	径向拉杆应力百分比/%
非地震组合	0.85 以下	31	19
多遇地震组合	0.45 以下	23	16
设防烈度地震组合	0.48 以下	24	17
罕遇地震组合	0.55 以下	23	16

根据上述结构构件强度的验算结果,弦支穹顶结构为轻型大跨度空间结构,地震作用较小。地震组合作用对结构强度设计不起控制作用,起控制作用的是非地震组合作用。

3. 结构刚度设计

1) 标准荷载组合工况下的结构变形

四种标准荷载组合工况下的结构位移如表 4.10 所示,结果均满足规范要求。从表中可以看出,四种工况下的最大位移都在内圈环索上面对应的网壳位置并且方向向上,其中恒荷载+吸风荷载+初拉力组合工况作用下,网壳和悬挑桁架的位移均最大。

表 4.10 标准荷载组合工况下的结构位移

荷载组合工况	最大位移/mm	最大相对位移
恒荷载+活荷载+初拉力	屋盖网壳 48	1/1583(<1/400)
恒荷载+压风荷载+初拉力	屋盖网壳 42	1/1810(<1/400)

荷载组合工况	最大位移/mm	最大相对位移
恒荷载＋吸风荷载＋初拉力	屋盖网壳 85	1/894($<L/400$)
	悬挑桁架 50	1/140($<L/125$)
恒荷载＋0.5 活荷载	屋盖网壳 43	1/1767($<L/400$)
＋竖向地震(多遇地震)＋初拉力	悬挑桁架 9	1/778($<L/125$)

2)罕遇地震组合下的结构变形

在竖向地震向上的荷载组合(恒荷载＋0.5 活荷载＋竖向地震＋初拉力)作用下,最大位移在内圈环索上面对应的网壳位置并且方向向上,最大位移为 66mm,最大相对位移为 1/1152($<L/400$);在竖向地震向下的荷载组合(恒荷载＋0.5 活荷载＋竖向地震＋初拉力)作用下,最大位移在内圈环索位置并且方向向上,最大位移为 40mm,最大相对位移为 1/1900($<L/400$)。另外,与吸风组合工况下的位移相比,罕遇地震组合下的位移小,说明地震组合作用对结构刚度设计不起控制作用,起控制作用的是吸风组合作用。

3)结构自振模态

通过对结构三维模型的反应谱分析,屋面钢结构第 1 阶自振周期为 0.47s,主振型模态为竖向振动,无扭转,结构前六阶振型如图 4.15 所示。结构振型参与质量随振型阶数的变化如图 4.16 所示,取前 36 阶振型,在 X、Y、Z 三个方向上结构振型参与总质量均达到 90%以上,第 29 阶振型在 X 方向参与质量最大,第 30 阶

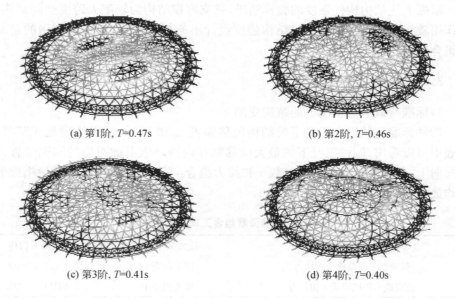

(a) 第1阶, T=0.47s　　　　　　　　　(b) 第2阶, T=0.46s

(c) 第3阶, T=0.41s　　　　　　　　　(d) 第4阶, T=0.40s

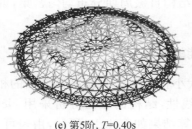

(e) 第5阶, T=0.40s　　　　　　　　　　(f) 第6阶, T=0.38s

图 4.15　结构前六阶振型

振型在 Y 方向参与质量最大,第 3 阶振型在 Z 方向参与质量最大,说明结构的高阶振型不能忽视。结构的自振周期密集,分布均匀,说明结构的刚度分布均匀,没有出现明显的刚度较弱的地方。

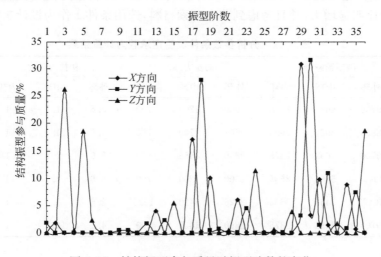

图 4.16　结构振型参与质量随振型阶数的变化

4)结果分析

　　根据上述结构刚度验算结果,分析可知:①地震作用对弦支穹顶结构体系刚度设计不起控制作用;②在标准荷载组合下,吸风组合工况的位移最大,而在罕遇地震荷载组合下,竖向地震向上时的位移最大,但还是小于吸风组合工况的位移;③在控制荷载组合工况(恒荷载＋吸风荷载＋初拉力)下,屋盖网壳位移为 85mm,方向向上,悬挑桁架位移为 50mm,方向向上;④结构自振模态说明结构刚度分布均匀,竖向振动是屋面钢结构的主振方向,X、Y 方向的振型参与质量均在高阶振型上, Z 方向的振型参与质量在低阶振型上,结构自振周期分布均匀密集,说明结构无明显刚度较弱的位置。

4.3.3　环索尺寸和预应力度对结构稳定性能的影响

　　研究环索尺寸(破断荷载大小)、初拉力大小和初拉力环比(各圈环索的相对大小比例)对整体稳定性的影响,考虑几何非线性,结构的屈曲分析采用 Newton-Raphson 法。分析参数条件及稳定承载力计算结果如表 4.11 所示,由表可知,减小破断荷载同时初拉力不变(条件 1 变为条件 2)会降低结构稳定承载力系数;增大初拉力同时破断荷载不变(条件 1 变为条件 3),结构稳定承载力系数略微增大;增大破断荷载同时初拉力不变(条件 1 变为条件 4)反而会降低结构稳定承载力系数;同时增大破断荷载和初拉力(条件 1 变为条件 5)对结构稳定承载力系数无影响;增大初拉力环比(条件 1 变为条件 6)也会降低结构稳定承载力系数。综上所述,条件 3 下结构整体稳定性最好,条件 1 和条件 5 次之,但外环初拉力的增大直接导致环桁架应力比明显增大,并且考虑到节省环索材料,选用条件 1 作为设计参数。

表 4.11　分析参数条件及稳定承载力计算结果

设计条件	破断荷载/kN			初拉力/kN			初拉力环比			稳定承载力系数
	外环	中环	内环	外环	中环	内环	外环	中环	内环	
1	9706	4692	2378	2500	1200	700	3.6	1.7	1	6.04
2	8935	3921	1993	2500	1200	700	3.6	1.7	1	5.91
3	9706	4692	2378	2850	1455	810	3.6	1.8	1	6.05
4	10477	5464	3535	2500	1200	700	3.6	1.7	1	6.03
5	10477	5464	3535	2725	1420	1025	2.6	1.4	1	6.04
6	9706	4692	2378	2850	1455	700	4.1	2.1	1	6.02

4.3.4　撑杆高度对结构稳定性能的影响

　　研究只受压撑杆高度对整体稳定性的影响,只考虑几何非线性,采用 Newton-Raphson 法对结构进行屈曲分析,计算结果如表 4.12 所示。减小内环撑杆高度(条件 1 变为条件 2),略微降低了整体稳定性;减小外环撑杆高度(条件 1 变为条件 3),明显降低了整体稳定性;增大外环撑杆高度(条件 1 变为条件 4),降低了整体稳定性。另外,考虑到外环撑杆高度过大会影响建筑效果,选用条件 1 作为设计参数。

表 4.12　不同撑杆高度下结构整体稳定承载力计算结果

设计条件	环向撑杆高度/mm			稳定承载力系数
	外环	中环	内环	
1	4800	4800	5000	6.04
2	4800	4800	4800	6.00
3	4600	4800	5000	5.90
4	5000	4800	5000	6.08

4.3.5　初始几何缺陷和材料弹塑性对结构稳定性能的影响

1. 初始几何缺陷的影响

研究初始几何缺陷对结构整体稳定的影响,由于低阶屈曲模态最可能发生,取结构前六阶屈曲模态进行分析(图 4.17)。初始几何缺陷取结构跨度(76m)的 1/300,应用 ANSYS 有限元软件,加到结构的线性屈曲模态上,仅考虑几何非线性,采用 Newton-Raphson 法对结构进行非线性屈曲分析。从第 1 阶到第 6 阶失稳模态的稳定承载力系数分别为 5.49、5.37、5.29、6.10、10.00、4.76。

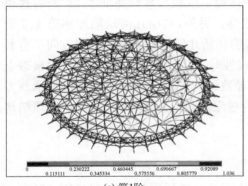

(a) 第1阶

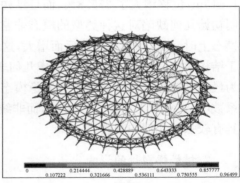

(b) 第2阶

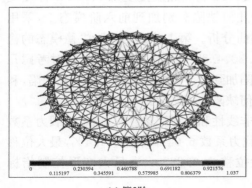

(c) 第3阶

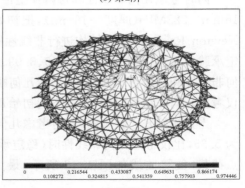

(d) 第4阶

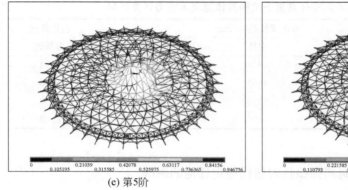 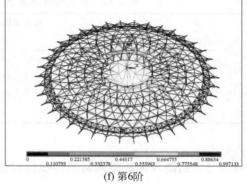

(e) 第5阶　　　　　　　　　　　　　　　(f) 第6阶

图 4.17　结构前六阶屈曲模态

当初始几何缺陷加到屋盖整体屈曲模态(第1~3阶)上时,稳定承载力系数小于 6.04 但大于 5,说明初始几何缺陷对这种类型的模态不敏感。不加初始几何缺陷时,非线性屈曲分析的最大位移只有 0.376m;初始几何缺陷加到屋盖中间局部屈曲模态(第 6 阶)上时,稳定承载力系数很快下降到 4.76,最大位移达到 1.413m,位移增大了 275.8%,而且结构整体稳定承载力系数降低了 21.2%,这说明初始几何缺陷对这种类型的模态非常敏感。另外,初始几何缺陷加到第 4、5 阶模态上时,稳定承载力系数反而增大,这说明初始几何缺陷加到向上的方向了有利于结构稳定。综上所述,当仅考虑几何非线性时,初始几何缺陷加到第 6 阶模态上为最不利缺陷。而针对第 1 阶失稳模态,导致结构失稳或倒塌的线性极限承载力系数(稳定承载力系数)为 10.35,而非线性极限承载力系数降到 5.49,说明该结构具有较强的几何非线性。

2. 材料弹塑性的影响

同时考虑几何非线性和材料弹塑性,Q345B 材料屈服强度为 344MPa(厚度≤16mm)、328MPa(厚度>16mm),把初始几何缺陷分别加到前六阶模态上,采用 Newton-Raphson 法对结构进行非线性屈曲分析。第 1 阶到第 6 阶失稳模态的稳定承载力系数分别为 3.14、3.49、3.09、4.30、4.89、4.54。可以看出,同时考虑几何非线性和材料弹塑性时,当初始几何缺陷加到第 3 阶模态上时为最不利缺陷,和仅考虑几何非线性时相比,最不利初始几何缺陷的模态位置不一样。

当无初始几何缺陷时,同时考虑几何非线性和材料弹塑性时,稳定承载力系数为 5.35,比仅考虑几何非线性时(稳定承载力系数 6.04)降低了 11.4%,最大位移点荷载-位移曲线如图 4.18 所示,最大位移为 0.285m,满足大变形控制指标

(1/50)。当施加最不利初始几何缺陷时,稳定承载力系数为 3.09,比仅考虑几何非线性时(稳定承载力系数 5.29)降低了 41.6%,从图中可以看出,最大位移为 0.52m,满足大变形控制指标(L/50)。综上所述,材料弹塑性对结构整体稳定性有明显的影响。

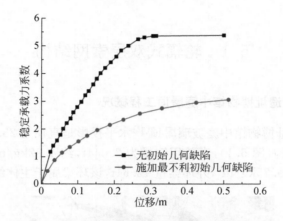

图 4.18　同时考虑几何非线性和材料弹塑性的荷载-位移曲线

　　同时考虑几何非线性和材料弹塑性时,当无初始几何缺陷时,结构整体失稳前索的最大应力为 839MPa,为极限抗拉强度的 50%;当施加最不利初始几何缺陷时,结构整体失稳前索的最大应力为 317MPa,为极限抗拉强度的 19%。可以看出,当施加最不利初始几何缺陷时,索应力迅速减小,结构提前退出工作。

第 5 章　整体张拉结构

5.1　轮辐式双层索网结构

5.1.1　成都金沙遗址博物馆中庭屋顶工程概况

成都金沙遗址博物馆中庭玻璃屋顶[37]水平投影是直径为 23.5m 的圆面,为轮辐式双层索网结构(图 5.1),索总用钢量为 2.044t,约 4.92kg/m²,撑杆加内环节点总重 4.04t,约 9.75kg/m²,外环梁重 12.61t,该环梁属于主体结构框架梁部分。

图 5.1　玻璃屋顶效果图

双层索网体系由一系列下凹的承重索、上凸或上平的稳定索以及它们之间的撑杆组成。索为只拉不压构件,不能承受弯矩;没有预应力的索网体系是没有固定形态的机构,不能承受荷载。通过张拉承重索或稳定索,或对它们同时进行张拉,索网体系从无刚度和承载能力的机构变为有刚度和承载能力的结构。不同预应力度的索网体系具有不同的几何形态与刚度。一般来说,预应力大的索网体系具有较大的刚度,但同时增加了受拉内环和受压外环的负荷,不仅造成浪费,而且笨重的边缘构件会影响整体建筑美观效果。反过来,如果预应力太小,在荷载作用下部分索单元卸载处于零应力状态,从而使结构变成机构而失去稳定,造成结构不安全。索网结构设计的核心就是索系的预应力度设计。与单层索网相比,预应力双层索系具有良好的结构刚度、稳定性能以及较好的抗震性能。

5.1.2　结构静动力特性分析

建立与实际情况一致的仿真计算模型,采用 MIDAS 有限元软件进行结构静动力分析,采用 ANSYS 有限元软件进行结构整体稳定分析。环梁采用 Beam188 单元,竖向撑杆采用 Link8 单元,环索、上弦索(稳定索)、下弦索(承重索)均采用 Link10 单元,对索施加初始应变模拟索的初始张拉预应力。在实际工程中,上弦索预应力取值 160kN,下弦索预应力取值 50kN,环索预应力取值 50kN。上、下弦索截面尺寸均为 $\Phi26mm$,环索截面尺寸为 $\Phi20mm$,各类索的材质均为高强钢绞线,极限抗拉强度为 1450MPa;撑杆截面尺寸为 $\Phi76mm\times5mm$,其材质为 Q235B;外圈梁截面尺寸为 $\Phi450mm\times16mm$,内圈梁截面尺寸为 $200mm\times200mm\times16mm$,它们的材质均为 Q345B。

设计依据规范进行了多种荷载组合,取最不利组合进行结构体系与构件节点设计,本节提取如下典型荷载组合进行计算对比分析。

(1)工况 1:1.0 恒荷载+1.0 半跨活荷载+1.0 预应力+1.0 压风荷载。

(2)工况 2:1.0 恒荷载+1.0 全跨活荷载+0.002 预应力。

(3)工况 3:1.0 恒荷载+1.0 全跨活荷载+1.0 预应力。

(4)工况 4:1.0 恒荷载+1.0 半跨活荷载+1.0 预应力。

(5)工况 5:1.0 恒荷载+1.0 四分之一跨活荷载+1.0 预应力。

各种工况下结构的最大应力和位移如表 5.1 所示(仅取最大值)。

表 5.1　各种工况下结构的最大应力和位移

工况	工况 1	工况 2	工况 3	工况 4	工况 5
上弦最大应力/MPa	960.846	475090	349.69	331.639	327.736
上弦应力比	0.663	327	0.241	0.229	0.226
下弦最大应力/MPa	615.747	76251	191.39	249.124	237.449
下弦应力比	0.425	52	0.132	0.172	0.164
最大位移/mm	124.174	35691	55.982	80.8368	72.8287

从表 5.1 可以看出:

(1)在工况 1 下,结构的最大位移为 124.174mm,最大位移与跨度的比值约为 1/190,满足刚度要求;上弦、下弦的应力比最大值为 0.663,满足强度设计要求。

(2)在工况 4 和工况 5 下,结构的最大应力均基本小于工况 3,最大位移均大于工况 3,说明受力均匀对轮辐式双层索网结构是有利的,使用过程中应尽量让这种结构体系受力均匀。

（3）在工况 2 下，结构的最大应力和最大位移都远远超出了规范允许的范围，说明结构在没有施加预应力的情况下，不能成为一个受力体系。因此，对于轮辐式双层索网结构，预应力的作用是至关重要的。

结构的自振特性是结构本身固有的力学性能，它直接影响到结构对动力荷载的反应。提取结构前 20 阶自振频率，如表 5.2 所示，限于篇幅，这里未列出振型图。

表 5.2　结构前 20 阶自振频率

阶数	1	2	3	4	5	6	7	8	9	10
频率/Hz	3.80	4.87	5.86	6.07	6.14	9.22	9.42	9.45	9.48	9.49
阶数	11	12	13	14	15	16	17	18	19	20
频率/Hz	9.53	9.54	9.58	9.62	9.66	9.71	9.84	9.87	9.88	9.97

结构第 1、3 阶屈曲模态是结构整体扭曲，第 2、4、5 阶屈曲模态是以结构上下整体振动为主，第 6～20 阶振型频谱密集，且基本为结构局部扭曲，可见结构整体刚度较均匀。但由于结构是经纬向均匀布置，缺乏斜支撑稳定系统，在不考虑玻璃面板刚度情况下，结构抗扭转性能较差。

5.1.3　结构稳定性能分析

1）几何非线性对稳定性能影响分析

将最低阶特征值屈曲模态引入初始几何缺陷，选取结构跨度的 1/300 作为初始几何缺陷，考虑应力刚化效应，采用 Newton-Raphson 法对结构进行非线性方程组求解，得到结构荷载-位移曲线如图 5.2(a)所示，索、撑杆的荷载-应力曲线如图 5.2(b)所示。分析可知：

（1）结构最低阶特征值为 52.472，屈曲位置主要集中在结构局部几榀双层索网范围内。考虑结构几何非线性的整体稳定承载力系数为 23.075，比特征值系数下降 56%。

（2）以结构大变形性能控制指标 $L/50$(0.48m)计算，仅考虑几何非线性时，结构稳定承载力系数为 17，但此时索、竖向撑杆最大应力分别为 2100MPa、150MPa，索的最大应力已经超出其极限抗拉强度，可见仅考虑几何非线性的屈曲分析不能得出体系稳定性能的真实结论。

2）几何与材料双非线性对稳定性能影响分析

同时考虑结构几何非线性和材料弹塑性，计算采用结构理想的弹塑性性能，采用 von-Mises 屈服准则和随动强化准则。结构采用了三种材料，分别是 Q235 钢、Q345 钢和钢索，材料达到屈服以后采用理想塑性行为，三种材料的屈服强度分别

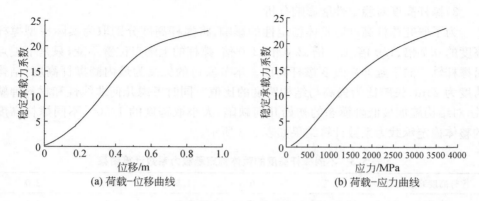

图 5.2　仅考虑几何非线性的结构稳定性能

定义为 235MPa、345MPa 和 1450MPa。当材料进入塑性以后,在荷载增加很小的情况下,结构的位移增加较大,使结构的整体稳定性能下降较快。引入最低阶屈曲模态,选取跨度的 1/300 作为初始几何缺陷。同时考虑几何非线性和材料弹塑性的结构荷载-位移曲线如图 5.3 所示。

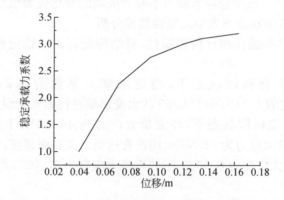

图 5.3　同时考虑几何非线性和材料弹塑性的结构稳定性能

分析可知:

(1)考虑双非线性求解得到结构稳定承载力系数为 3.2,屈曲点最大位移为 0.171875m。同时考虑几何非线性和材料弹塑性的整体稳定承载力比仅考虑几何非线性时降低了 86%。

(2)考虑双非线性的结构体系失稳时有较明显的屈服台阶,表现出较好的非线性。

3）撑杆高度对稳定性能影响分析

为了研究撑杆高度对整体稳定性的影响，将撑杆高度分别取为实际模型撑杆高度的 0.7 倍、1.0 倍、1.5 倍、2.0 倍、3.0 倍，撑杆的上端点位置不变，只是下端点沿撑杆轴线向下延伸来改变撑杆高度。本节所讲的矢高为最内圈撑杆高度，结构跨度为 24m，矢跨比为矢高与结构跨度的比值。同时考虑几何非线性和材料弹塑性，对结构施加最低阶模态的初始几何缺陷，大小取跨度的 1/300，不同撑杆高度的整体稳定承载力系数计算结果如表 5.3 所示。

表 5.3　不同撑杆高度的整体稳定承载力系数计算结果

撑杆高度缩放倍数	0.7	1.0	1.5	2.0	3.0
矢高/m	0.96	1.37	2.05	2.73	4.1
矢跨比	1/25	1/18	1/12	1/9	1/6
稳定承载力系数	3	3.2	4.5	5	9.5

从分析结果可以看出，随着撑杆高度的增加，结构的稳定承载力系数提高，而且提高的效果比较明显。当矢高从 2.73m 增至 4.1m 时，稳定承载力系数增长最为显著，增幅达 90%，说明稳定承载力系数对矢高的变化较为敏感。

4）体系失稳极限状态下索单元延性性能分析

同时考虑几何非线性和材料弹塑性，对结构进行整体稳定性分析，分析结果如下：

（1）在体系失稳极限状态下，稳定承载力系数为 3.2，屈服点位移为 0.17187m，为跨度的 1/140，小于 $L/50$ 的大变形延性性能安全设计目标。

（2）在体系失稳极限状态下，环索最大应力为 441MPa，上弦索最大应力为 410MPa，下弦索最大应力为 429MPa，均没有达到名义屈服强度。环索最大应变为 0.0028，上弦索最大应变为 0.0026，下弦索最大应变为 0.0027，均小于材料允许伸长率 3%。

（3）在体系失稳极限状态下，撑杆最大应力为 18.9MPa，没有达到名义屈服强度；撑杆最大应变为 0.0000918，小于材料允许伸长率 3%。

（4）计算结果表明，轮辐式双层索网具有"体系大变形、索单元小应变"等特性，在体系失稳极限状态下，索与撑杆仍处于弹性阶段，因此索与撑杆材料延性性能可以保证结构体系在大变形倒塌极限状态下不破坏，是安全的。

5.1.4　预应力对结构力学性能的影响

工程索网能够成为稳定的结构体系所对应的临界预应力值需通过大量计算分析确定，在此基础上方可分析索预应力度对结构力学性能的影响。下面分析选取的荷载工况为 1.0 恒荷载＋1.0 活荷载＋1.0 预应力，只改变某一类索的预应力值，其余索预应力值与设计值相同。实际工程中，索预应力取值为上弦索 160kN、下弦索 50kN、环索 50kN。

　　1) 索网体系临界预应力分析确定及临界预应力作用下结构稳定分析

　　为了确定工程索网体系成为结构体系的临界预应力值，各类索的预应力值根据实际施工预应力值的比例（上弦索∶下弦索∶环索＝160∶50∶50）进行同等比例缩放。计算采用 ANSYS 有限元软件，对预应力加载过程分为 15 个荷载步，每个荷载步计算后即对预应力索刚度进行修正，以得到正确的计算结果。首先使预应力在较大的范围内变化，找到临界预应力的范围为 1～5kN，然后使预应力在1～5kN 内进行进一步加密划分，使之逐步逼近临界值。下面列出的预应力值为下弦索的预应力，其他索的预应力可以根据同等比例缩放推出，计算结果如表 5.4 和图 5.4(a)～(c) 所示（图中列出的预应力范围为 1.5～4kN）。

表 5.4　不同预应力值的结构应力、应变和最大位移

下弦索预 应力/kN	上弦索		下弦索		最大位移/m
	应力/MPa	应变	应力/MPa	应变	
0.1	475090	2.9693	76251	0.47657	35.691
1	644560	4.0285	65.345	4.08×10^{-4}	5.2228
1.5	112910	0.70567	64.321	4.02×10^{-4}	8.976
2	16661	0.10413	1087.2	6.79×10^{-3}	3.71
2.5	16.583	1.04×10^{-4}	42069	0.26293	0.37828
2.8	55.063	3.44×10^{-4}	186.94	1.17×10^{-3}	0.12175
3	55.242	3.45×10^{-4}	187.01	1.17×10^{-3}	0.1216
4	57.281	3.58×10^{-4}	187.3	1.17×10^{-3}	0.12078
5	61.589	3.85×10^{-4}	187.35	1.17×10^{-3}	0.11898
10	90.48	5.66×10^{-4}	187.14	1.17×10^{-3}	0.10474
15	121.46	7.59×10^{-4}	186.96	1.17×10^{-3}	9.60×10^{-2}
20	154.07	9.63×10^{-4}	186.84	1.17×10^{-3}	8.71×10^{-2}
50	349.69	2.19×10^{-3}	191.39	1.20×10^{-3}	5.60×10^{-2}

　　确定临界预应力后，研究在其作用下结构体系的整体稳定性能。同时考虑几何非线性和材料弹塑性，对结构施加最低阶模态的初始几何缺陷，大小取跨度的 1/300，结构荷载-位移曲线如图 5.4(d) 所示。

　　通过上述分析可以看出：

　　(1) 当下弦索预应力为 2.0kN 时，最大位移达到 3.71m，说明此时索网还属于

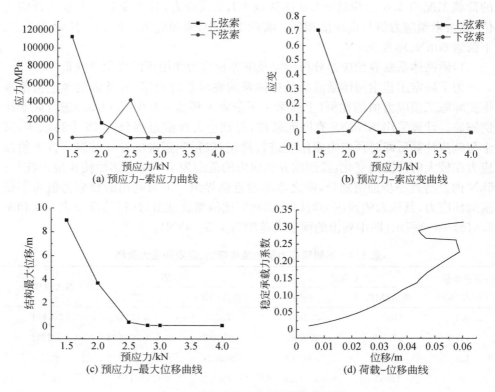

图 5.4　不同预应力时结构稳定性能

机构,不具备承载能力。

(2)当下弦索预应力为 2.8kN 时,按弹性计算,上弦索的应力为 55.063MPa,应变为 $3.44×10^{-4}$;下弦索的应力为 186.94MPa,应变为 $1.17×10^{-3}$,结构最大位移为 121.75mm,可见此时索网已经成为结构体系,具备承载能力。

(3)工程索网体系成为结构体系的下弦索临界预应力位于 2.5~2.8kN,其他索的临界预应力可以根据同等比例缩放推出。双层索网体系由机构变为结构的临界预应力较低,主要原因是在结构自重作用下,索很快处于受力状态。

(4)轮辐式双层索网预应力确定的另一个重要因素是体系稳定承载力。在临界预应力作用下,结构体系的稳定承载力系数只有 0.315,而且其荷载-位移曲线也很不稳定。计算分析表明,环索、下弦索预应力为 25kN,上弦索预应力为 80kN时,同时考虑几何非线性和材料弹塑性的结构体系稳定承载力系数才达到 1.45,只有达到工程设计采用预应力值时,才可满足体系稳定性能目标要求。

2)预应力对结构动力特性影响分析

用 ANSYS 有限元软件进行模态分析,提取前十阶模态,其结果如图 5.5 所示。

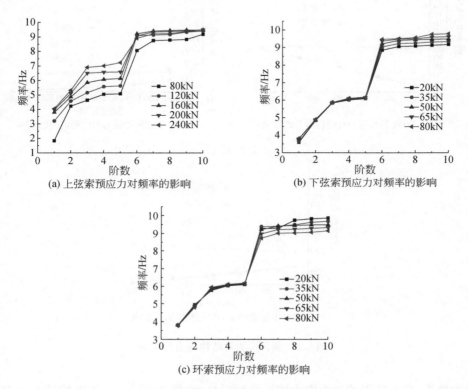

(a) 上弦索预应力对频率的影响

(b) 下弦索预应力对频率的影响

(c) 环索预应力对频率的影响

图 5.5　索预应力对结构自振频率的影响

通过上述分析可以看出:

(1)随着上、下弦索预应力的增大,体系的自振频率及结构刚度呈现增大的趋势;而随着环索预应力的增大,体系的自振频率及结构刚度却有下降的趋势。

(2)随着上弦索预应力的变化,体系各阶自振频率变化较为明显;而随着环索和下弦索预应力的变化,体系各阶自振频率的变化并不明显,只是在后几阶才有一定的差别,说明体系的自振频率对上弦索预应力的变化较为敏感。

3)预应力对结构内力影响分析

用 ANSYS 有限元软件进行静力分析,分别提取环索、上弦索、下弦索的最大内力,结果如图 5.6 所示。可以看出:

(1)随着环索预应力的增大,环索、上弦索、下弦索的最大内力都呈现出线性增

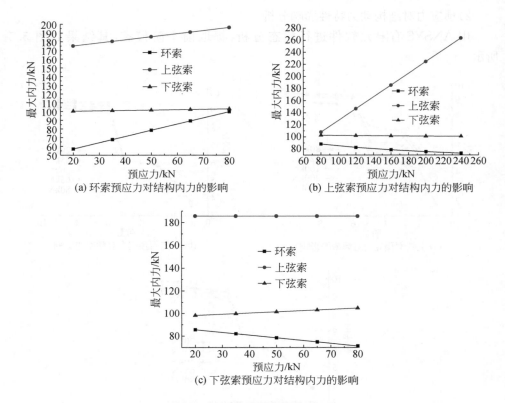

(a) 环索预应力对结构内力的影响　　　　(b) 上弦索预应力对结构内力的影响

(c) 下弦索预应力对结构内力的影响

图 5.6　索预应力对结构内力的影响

大的趋势,其中环索的最大内力增长最为明显,增幅达 75%,上弦索的最大内力增幅为 12%,下弦索的最大内力增长最不明显,增幅只有 2.72%。

(2)随着上弦索预应力的增大,上弦索的最大内力增长很明显,增幅达到 144%;而环索和下弦索的最大内力却表现出下降的趋势,其中环索的最大内力降幅达到 17.2%,下弦索的最大内力变化很小,降幅只有 1.48%。

(3)随着下弦索预应力的增大,下弦索的最大内力有很小的增长,增幅只有 7%;环索和上弦索的最大内力都有下降的趋势,其中环索的最大内力降幅为 16.6%,而上弦索的最大内力变化很小,降幅只有 0.07%。可见调整下弦索预应力对整体稳定性能较为有利。

4)预应力对结构位移影响分析

采用 ANSYS 有限元软件进行静力分析,提取结构的最大位移,结果如图 5.7 所示。可以看出:

(1)当环索和下弦索预应力一定时,结构的最大位移随着上弦索预应力的增大

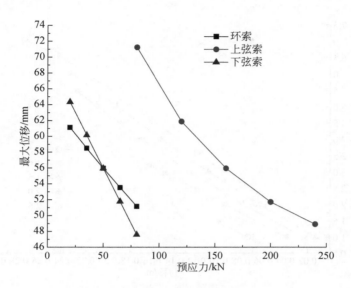

图 5.7　索预应力对结构位移的影响

而减小,且减小的幅度也在减小。

(2)当上弦索和下弦索预应力一定时,结构的最大位移随着环索预应力的增大呈现出线性减小的趋势,降幅达 16.3%。

(3)当上弦索和环索预应力一定时,结构的最大位移随着下弦索预应力的增大呈现出线性减小的趋势,降幅达 26%。

可见调整上、下弦索预应力对整体结构变形指标控制更有效。

5)预应力对结构整体稳定性影响分析

设计中选取上弦索预应力为 160kN,下弦索和环索预应力为 50kN,研究预应力缩放倍数对结构整体稳定性的影响,同时考虑几何非线性和材料弹塑性,对结构施加最低阶模态的初始几何缺陷,大小取 $L/300$。预应力对结构整体稳定承载力系数的影响如表 5.5 和图 5.8 所示。

表 5.5　预应力对结构整体稳定性能的影响

预应力缩放倍数	0.5	1.0	1.5	2.0	2.5
整体稳定承载力系数	1.45	3.2	5.45	6	7.025

通过上述分析可知,随着预应力的增大,稳定承载力系数也增大,但增长的幅度有所降低。说明增加结构索的预应力,可以有效提高结构体系的稳定承载力系数,且当预应力较小时,整体稳定承载力系数对预应力的增加更为敏感。

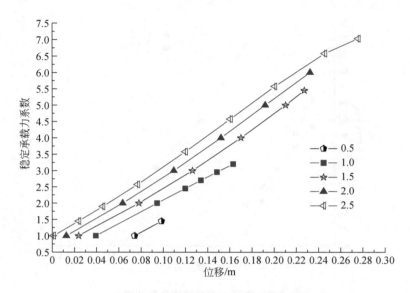

图 5.8　不同索预应力缩放倍数下结构荷载-位移曲线

5.2　索穹顶结构

5.2.1　内蒙古伊金霍洛旗全民健身体育活动中心工程概况

1. 工程概况

内蒙古伊金霍洛旗全民健身体育活动中心主体结构[11]采用下部收进、上部多层大悬挑结构体系(图 5.9)。建筑总高度 30m,总面积 51120m²。地下一层为游泳池,层高 10.6m;一层为篮球馆,二层为办公培训用房,三层为羽毛球馆、乒乓球馆,层高分别为 5.75m、6.5m、8.5m;地下一层及三层分别设置两个较小夹层。地上一层平面呈正八边形,最大尺寸为 89m×89m;地上二层及以上楼层向外悬挑平面呈正方形,最大平面尺寸为 120m×120m。一层篮球馆楼面采用预应力张弦桁架结构,屋面采用大跨度索穹顶结构。

本工程多层大悬挑结构体系由楼层悬挑结构及屋面悬挑结构两部分组成。楼层悬挑结构主要由沿径向设置的 20 榀大悬挑转换钢桁架组成,承受地上二、三层荷载,悬挑桁架最大悬挑长度为 43m。楼层悬挑桁架采用变截面高度形式,根部高度约 6.8m,端部高度约 2.2m,根部支撑于中部钢框架-支撑结构上,端部通过斜交

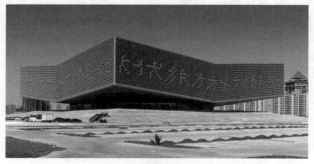

(a) 外景图

(b) 内景图

图 5.9　内蒙古伊金霍洛旗全民健身体育活动中心

网格结构与屋面悬挑结构连接为整体。楼层悬挑桁架弦杆采用变截面箱形构件，主要截面尺寸为□2000mm×1000mm×40mm×50mm～□1000mm×400mm×25mm×30mm。钢框架-支撑结构钢柱主要采用矩形钢管混凝土构件，主要截面尺寸为□1500mm×1500mm×70mm×70mm。斜交网格结构采用箱形构件，呈菱形布置，网格尺寸约 4.5m×4.5m，斜交角度约为 84°、96°，主要截面尺寸为□250mm×500mm×14mm×14mm、□300mm×600mm×20mm×20mm。根据结构受力情况，钢结构材质分别采用 Q345B 钢、Q345GJC 钢及 Q420GJD 钢。

　　屋面大悬挑钢桁架结构将索穹顶结构与外围网格结构连接为整体结构，支承于中部钢框架-支撑结构上。屋面悬挑桁架可以有效平衡索穹顶结构产生的水平拉力，并保证屋面结构与楼层悬挑结构协同工作。屋面桁架采用钢管相贯焊接形式，钢结构材质为 Q345B 钢，桁架弦杆截面尺寸为 Φ426mm×20mm～Φ273mm×16mm。屋面索穹顶结构平面形状为圆形，直径约为 71.2m，索穹顶中心矢高约 5.5m。拉索系统由 2 圈环索、20 道放射状脊索、60 根径向斜索、40

根受压撑杆及中心拉力环组成,钢索采用高钒合金镀层高强度钢丝扭绞型钢绞线。整体结构布置图如图 5.10 所示。

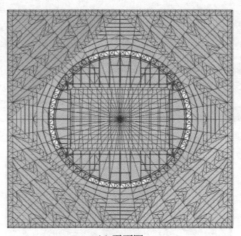

(a) 平面图

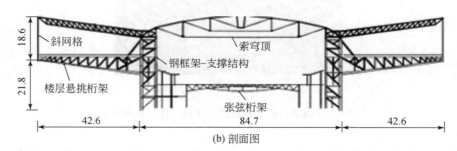

(b) 剖面图

图 5.10　整体结构布置图(单位:m)

主结构体系特点如下:结构悬挑多达三层,最大悬挑 42.6m,且两层为钢筋混凝土重型楼面。结构竖向刚度不规则,竖向抗侧力构件不连续,竖向支撑构件全部集中于中部钢框架-支撑结构上,楼层及屋面荷载由悬挑结构向下传递,悬挑结构根部内力集中。充分考虑各悬挑结构的空间协同作用,改善结构受力状态,可以有效优化多层大悬挑结构体系。

2. 计算模型

屋盖索穹顶结构示意图如图 5.11 所示,应用 ANSYS 有限元软件进行结构静动力分析。脊索、斜索、环索与谷索均采用 Link10 只受拉杆单元,撑杆采用 Link8 杆单元,中心拉力环上下弦杆采用 Beam188 三维有限应变梁单元,上覆膜材采用

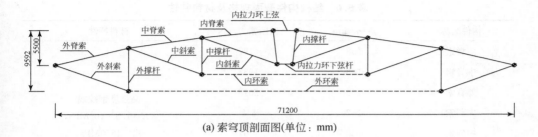

(a) 索穹顶剖面图(单位：mm)

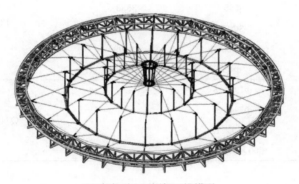

(b) 索穹顶及环桁架三维模型

图 5.11　屋盖索穹顶结构示意图

Shell41 膜壳单元。索穹顶与外围环桁架及屋面桁架连为一体,详见文献[11]。在本工程中,索穹顶与外围环桁架相连构件——斜索和脊索的拉力使外围环桁架环向受压,而大悬挑钢结构的倾覆力矩使外围环桁架环向受拉,从而使整体结构受力平衡。外围结构平面内刚度非常大,外围环桁架对于索穹顶外圈索接近于刚性约束,故索穹顶的边界条件采用四周铰支。工程所用构件的截面规格及材料特性如表 5.6 所示。

　　施工方案为通过张拉斜索使结构获得几何刚度并最终成形,设计也采取对斜索施加初始预应力达到其几何成形态。通过对索施加初始应变的方法引入预应力,各斜索初始应变对应的预应力(以下称为初始预应力)仅用于计算引入预应力,并非索的实际内力或实际张拉力。初始预应力设计值确定考虑了各荷载组合工况下结构承载力性能、变形能力以及施工难易程度等综合因素,在各荷载设计组合工况下最大索力不超过拉索破断索力的 40%,在各荷载标准组合工况下结构节点最大竖向位移不超过结构跨度的 1/300,经分析确定外斜索、中斜索和内斜索初始预应力分别为 2588kN、1215kN 和 852kN。

表 5.6　结构构件截面规格及材料特性

构件名称	规格/mm	破断索力/kN	材料特性
内脊索	Φ38	1197	
中脊索	Φ48	1932	
外脊索	Φ56	2618	高强度钢绞线
内斜索	Φ32	848	($E=1.6\times10^5\,\mathrm{MPa}$,
中斜索	Φ38	1197	$f_u=1670\,\mathrm{MPa}$,
外斜索	Φ65	3533	$f_y=0.8\,f_u=$
中环索	3Φ40	4025	$1336\,\mathrm{MPa}$)
外环索	3Φ65	10599	
谷索	Φ42	1479	
内撑杆	Φ194×8	—	
中撑杆	Φ194×8	—	Q345B(Q355)
外撑杆	Φ219×12	—	
内拉力环	300×300×20	—	

　　对索穹顶结构进行几何非线性和几何、材料双重非线性全过程分析,考察加载过程中结构的力学响应,考虑应力刚化效应,采用 Newton-Raphson 法对结构进行非线性方程组求解。为保证计算收敛,不考虑上覆膜材和谷索等的刚度贡献,将覆膜重量、各种使用荷载(马道、吊重等)以及各种活荷载均转化为节点荷载,对"自重+预应力"成形态一次加载,其后对节点分若干荷载步逐步加载。在弹塑性分析中,索单元采用可考虑材料塑性的 Link180 三维有限应变杆单元,Link180 单元具有塑性、蠕变、大变形、大应变等功能,可通过实常数设置为拉压单元或只受拉(压)单元,再通过程序更新节点坐标并输入各构件内力即可得到成形态结构几何位形和内力分布状态。结构钢材采用 von Mises 屈服准则的理想弹塑性应力-应变曲线,而高强钢绞线应力-应变曲线没有明显的屈服点,超过比例极限后应变非线性增长较快,极限应变取 0.03,所以这里采用 von Mises 屈服准则和随动强化准则的多线性模型。

5.2.2　结构弹性性能设计

1. 结构静力性能

　　依据规范要求进行多种荷载组合下的结构体系与构件节点设计,现提取如下典型工况组合进行结构静力性能对比分析:工况 0,预应力;工况 1,自重+预应力;

工况 2,自重＋全跨活荷载＋预应力＋降温;工况 3,自重＋半跨活荷载＋预应力＋降温;工况 4,自重＋1/4 跨活荷载＋预应力＋降温;工况 5,自重＋吸风荷载＋预应力＋升温。其中,工况 0 为零应力态,对应于构件的加工状态,是施工张拉的开始状态;工况 1 为索张拉完成后形成的结构内力和位形状态,即成形态;工况 2~5 为外部荷载作用下的内力和位形状态,即荷载态。在结构静力分析中所取的节点位移是"荷载态-成形态"的值,这样可以更加清晰地判断结构抵抗外荷载的能力。进行构件最大内力及应力设计时取荷载工况组合,变形计算按标准组合。各工况下结构构件最大内力、节点最大位移如表 5.7 所示,各工况下斜索内力与其初始预应力比值如图 5.12 所示。荷载态位移竖直向下为正,向上为负,下同。

表 5.7　各工况下结构构件的最大内力和节点最大位移

荷载组合工况	工况 0	工况 1	工况 2	工况 3	工况 4	工况 5
外环索最大内力/kN	0	1750	2350	2220	1960	1450
中环索最大内力/kN	0	747	877	881	799	1020
外斜索最大内力/kN	2588	580	779	738	651	481
中斜索最大内力/kN	1215	247	291	295	268	338
内斜索最大内力/kN	852	136	115	147	165	316
外脊索最大内力/kN	0	683	575	672	710	844
中脊索最大内力/kN	0	434	301	370	442	595
内脊索最大内力/kN	0	301	198	243	285	361
最大竖向位移/mm	—	517	110	153	186	0.149

分析表 5.7 和图 5.12 可知:

(1)各荷载组合工况下,结构主索(脊索、斜索和环索)应力比(内力与索破断力比值)均小于 0.4,节点最大竖向位移为 186mm,为跨度的 1/383,满足承载力和刚度设计要求,也未出现索力松弛现象,结构安全。

(2)在半跨、1/4 跨活荷载组合工况下,外环索的最大内力分别比全跨活荷载组合工况降低 5.5％和 16.6％,中环索最大内力变化不大。外斜索和中斜索内力变化规律同环索,而内斜索最大内力呈递增趋势,半跨和 1/4 跨活载组合工况分别比全跨活荷载组合工况增加 27.8％和 43.5％。各圈脊索最大内力呈递增趋势,半跨和 1/4 跨活荷载组合工况下中脊索最大内力比全跨活荷载组合工况增加 22.9％和 46.8％。

(3)由图 5.12 可以看出,成形态各圈斜索内力分别为其初始预应力的 22.4％、20.3％、16％。对于以索为主体的结构体系,在预应力张拉过程中结构体系发生较大变形,产生很大的结构响应,斜索的内力无法达到其初始预应力值,这是半刚性

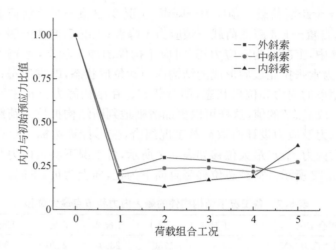

图5.12　各工况下斜索内力与初始预应力比值

和全柔性预应力结构中预应力构件的共性。

（4）对于活荷载不均匀分布的工况3和工况4，最大竖向位移是全跨活荷载工况（工况2）的1.39倍和1.69倍。最大竖向位移出现位置也有所不同，均布荷载组合工况作用下最大竖向位移发生在内撑杆上节点，结构变形均匀对称；不均匀分布荷载组合工况作用下最大竖向位移发生在活荷载分布区中间位置的外、中脊索交界节点，无活荷载分布区域还发生了向上的竖向位移，结构变形严重不均，因此受力均匀对索穹顶结构较为有利，设计过程中要特别注意荷载不均匀分布的工况。

2. 结构动力特性

结构的自振频率和振型特征是承受动态荷载结构设计中的重要参数，也是进行结构风谱分析和地震谱分析的基础。在对柔性结构体系进行模态分析时，必须考虑预应力的影响，需先通过静力分析把预应力和几何坐标加到结构上，得到结构的静力平衡位置，即结构成形态。动力分析时，取结构成形态的内力和几何坐标作为动力分析初始态。通过模态分析得到索穹顶结构主索成形态、膜成形态的自振频率和振型，分析索穹顶结构的自振特性以及覆膜刚度对结构自振特性的影响，提取结构两个成形态的前16阶自振频率和振型，如表5.8所示。

分析可知：

（1）索成形态振型的特征为：第1阶和第4阶为整体扭转振型，第2阶和第3阶为扭转和竖向混合振型，第5～16阶均为脊索扭转振型。膜成形态振型的特征为：第1阶和第2阶为竖向振型，第3阶和第15阶为整体扭转振型，第4、5、11、12

阶为水平和竖向混合振型,其余均为谷索竖向振型。

表 5.8 索成形态和膜成形态结构前 16 阶自振频率和振型

阶数	索成形态		膜成形态	
	频率/Hz	振型	频率/Hz	振型
1	1.0675	整体扭转	1.3014	竖向
2	1.5428	竖向、扭转	1.3014	竖向
3	1.5428	竖向、扭转	1.5535	整体扭转
4	1.6144	整体扭转	2.0212	水平、竖向
5	2.0441	脊索扭转	2.0224	水平、竖向
6	2.0441	脊索扭转	2.1203	谷索竖向
7	2.0490	脊索扭转	2.1312	谷索竖向
8	2.0490	脊索扭转	2.1312	谷索竖向
9	2.0496	脊索扭转	2.1627	谷索竖向
10	2.0496	脊索扭转	2.1630	谷索竖向
11	2.0498	脊索扭转	2.1905	水平、竖向
12	2.0498	脊索扭转	2.1906	水平、竖向
13	2.0499	脊索扭转	2.2124	谷索竖向
14	2.0499	脊索扭转	2.2124	谷索竖向
15	2.0499	脊索扭转	2.2459	整体扭转
16	2.0499	脊索扭转	2.2585	水平、竖向

(2)对结构自振频率和振型特征的分析表明,两个成形态自振频率密集,且集中在几个不连贯的区间内,出现多个相等频率组,这是因为肋环型索穹顶是中心对称结构,有多个对称轴,观察各阶振型图,相应于相同频率的振型形式也大致相同,只不过是变换了一个角度,如索成形态的第 2 阶和第 3 阶阵型、膜成形态的第 1 阶和第 2 阶振型。

(3)索成形态结构径向各榀之间的侧向联系较少,结构整体扭转刚度弱于水平和竖向刚度,主要表现为整体扭转和脊索扭转振型。膜成形态基频比索成形态高,即结构整体刚度增大,且第 1 阶振型为竖向振动,说明上覆膜材和谷索有效地充当了平面外联系,提高了结构的扭转刚度,前 16 阶振型未出现脊索扭转振动,结构的三个方向刚度相对于索成形态更均匀。对于索穹顶这种轻型大跨度结构屋盖,地震不起控制作用,而且实际工程中脊索之间仍有相当数量的膜索充当平面外联系,因此对抗震不利的索穹顶扭转不规则特性可不进行专门考虑。

5.2.3　荷载分布对结构稳定性能的影响

1)全跨活荷载分布

在全跨活荷载组合工况(工况 2)下,结构响应曲线如图 5.13 所示,图中"单非"表示仅考虑几何非线性的分析结果,"双非"表示同时考虑几何非线性和材料弹塑性的分析结果。分析可知:

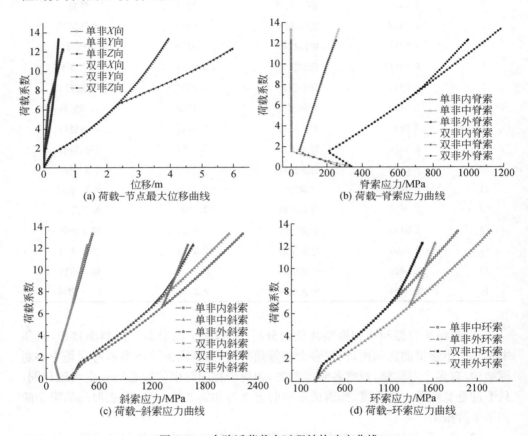

图 5.13　全跨活荷载全过程结构响应曲线

(1)仅考虑几何非线性及同时考虑几何非线性和材料弹塑性分析得到的荷载-节点最大位移曲线和荷载-索应力曲线均在荷载系数(即所施加荷载与设计荷载的比值)1.5 处出现明显转折点(称为第一名义屈服点),转折点之前荷载-节点最大位移曲线是一条直线,刚度变化很小;转折点之后刚度突然变小,随后又缓慢增大。由于结构与全跨活荷载的中心对称性,X 向、Y 向位移相对于 Z 向位移非常小,非线性性质表现不明显。由荷载-脊索应力曲线可以看出,在荷载系数 1.5 的转折点处,索穹顶内圈脊索应力降为 0,发生松弛,故刚度突变,各圈构件应力也发生突变,但此时结构仍未丧失承载能力。荷载继续加大时将由结构其余单元重新分配承担,所有单元的应力都增加,且增加速度也加快,不再出现主索松弛现象。

（2）同时考虑几何非线性和材料弹塑性的荷载-节点最大位移曲线竖向（Z 向）位移在荷载系数为 6.7 时出现第二个明显转折点（称为第二名义屈服点）,由荷载-索应力曲线可知,这是外环索应力达到 1330MPa 后塑性发展的缘故,结构刚度锐减,位移迅速增加,荷载-索应力曲线也同时出现相应的转折点,但各构件应力上升速度有所降低。索穹顶结构从脊索松弛引起的结构响应曲线突变的第一名义屈服点到外环索进入弹塑性引起的结构响应曲线再次突变的第二名义屈服点,其荷载增幅均超过 40%。

（3）外环索进入弹塑性时,结构最大竖向位移为 2.3m,为跨度的 1/30,结构体系已发生不能接受的大变形,但此时主索应变仅为 0.006,远小于其允许伸长率 3%。可见外荷载的增加主要是通过结构几何形状的改变来平衡,这是柔性索结构"大位移-小应变"所共有的几何力学特征。

2）半跨活荷载分布

在半跨活荷载组合工况（工况 3）下,结构响应曲线如图 5.14 所示,各索荷载-应力曲线中,外环索 max 代表外环索中应力最大的环索单元,外环索 min 代表外环索中应力最小的环索单元,脊索和斜索类似。分析可知:

（1）在半跨活荷载组合工况下,结构三个方向均产生了较大的位移。半跨活荷载作用区域脊索节点 X 向、Y 向位移比全跨活荷载组合工况下大得多,主要是由于撑杆在 X 向、Y 向缺少有效的约束。

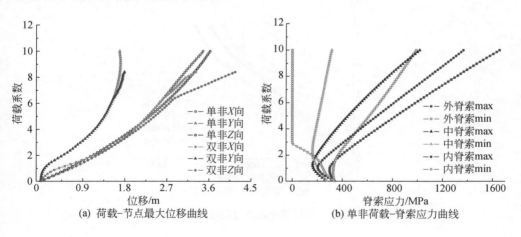

(a) 荷载-节点最大位移曲线　　　　　　　　(b) 单非荷载-脊索应力曲线

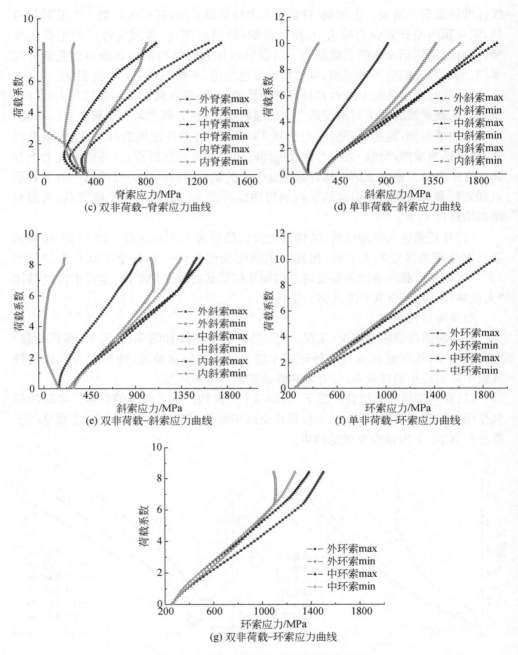

(c) 双非荷载–脊索应力曲线

(d) 单非荷载–斜索应力曲线

(e) 双非荷载–斜索应力曲线

(f) 单非荷载–环索应力曲线

(g) 双非荷载–环索应力曲线

图5.14　半跨活荷载全过程结构响应曲线

（2）在半跨活荷载组合工况下,同一圈环索各部分应力相差不大,同一圈斜索应力最大值与最小值相差不大,因此即使在不均匀荷载作用下,索穹顶结构通过自身内力平衡,各部分受力仍相对均匀。

（3）脊索应力最大值均出现在半跨活荷载作用区和无荷载区的交界处附近。随着荷载的逐渐增大,最大值和最小值的差值逐渐增大,但直至结构破坏时,并未出现所有内脊索松弛,只有两根内力最小的内脊索松弛,结构刚度和构件内力均未发生突变。

（4）同时考虑几何非线性和材料弹塑性的荷载-节点最大位移曲线 Z 向位移在荷载系数 6.4 处出现明显转折点,这是外环索达到应力 1330MPa 后塑性发展的缘故,结构刚度锐减,位移迅速增加,荷载-索应力曲线也出现相应的转折,脊索应力最大值上升速度加快,脊索应力最小值上升速度降低,斜索和环索应力上升速度均有所降低,至荷载系数 8.4 时,结构位移最大值为 4.1m,位移过大造成结构破坏。

（5）在荷载系数为 6.4 时,结构 X 向及 Z 向最大位移几乎同时达到 2.7m,Z 向最大位移为跨度的 1/26,X 向最大位移达到其撑杆高度的 1/2,索穹顶体系已处于平面外失稳破坏状态。半跨活荷载组合工况下结构破坏时未出现主索破断情况,也没有出现整圈脊索松弛,但结构较早出现很大的水平位移。由于风、雪、温度等对索穹顶安全设计控制作用的荷载均呈现非对称特征,非对称荷载作用产生的水平大变形控制成为索穹顶结构安全性能设计的重要目标。

5.2.4　几何参数对结构稳定性能的影响

1）撑杆高度

保持索穹顶跨度 $L=71.2m$、矢高 5.5m 不变,取 4 组撑杆高度。各模型撑杆高度由外到内（C_1、C_2、C_3）依次为:模型 1,$C_1=4.8m$,$C_2=3.8m$,$C_3=3.3m$;模型 2,$C_1=5.8m$,$C_2=4.8m$,$C_3=4.3m$;模型 3（设计模型）,$C_1=6.8m$,$C_2=5.8m$,$C_3=5.3m$;模型 4,$C_1=7.8m$,$C_2=6.8m$,$C_3=6.3m$。若以 C_1/L 作为索穹顶结构的厚跨比,则模型 1~4 的结构厚跨比依次为 1/14.8、1/12.3、1/10.5、1/9.1,对上述 4 个模型进行非线性全过程分析,结构在全跨活荷载组合工况下的计算结果如图 5.15 所示。

分析可知:

（1）在正常使用荷载作用下（荷载系数 1.0）,结构最大竖向位移均发生在内撑杆上端节点处,模型 1~4 最大竖向位移依次为 413mm（1/172）、231mm（1/308）、175mm（1/407）、132mm（1/539）。从弹性变形性能要求出发,合理的索穹顶厚跨比为 1/10~1/12。

（2）结构体系荷载-位移曲线的第一名义屈服点为脊索出现松弛的临界状态,

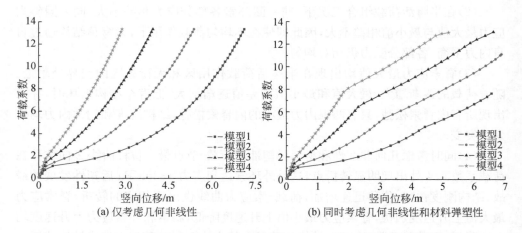

(a) 仅考虑几何非线性　　　　　　　　　　(b) 同时考虑几何非线性和材料弹塑性

图 5.15　全跨活荷载组合工况下撑杆高度对内撑杆上端节点竖向位移的影响

而此时其他各构件仍处于弹性状态。模型 1～4 的第一名义屈服荷载系数分别为 0.76、1.10、1.50、1.76，因此从预应力钢结构的弹性状态下主索不松弛的性能要求出发，合理的索穹顶厚跨比宜大于 1/10。

（3）双非线性全过程分析结果表明，模型 1～4 外环索进入弹塑性后的荷载-位移曲线的第二名义屈服点对应的荷载系数依次为 4.53、5.33、6.33、7.80，对应的非线性大变形值分别为 1.70m、2.20m、3.00m、4.30m，因此以 $L/40$ 大变形值（1.78m）为设计目标时，合理的厚跨比应大于 1/12。总之，索穹顶结构的厚跨比越大，初始刚度越大，相同荷载作用下节点竖向位移越小，第一名义屈服荷载系数越大，脊索松弛后刚度也越大，位移非线性现象越轻微，说明适当增加结构厚跨比对提高结构整体性能效果明显。

2）矢跨比

保持索穹顶跨度 71.2m、各圈撑杆高度不变，取 3 种矢高改变索穹顶矢跨比。索穹顶的矢高分别为 3.5m、5.5m（设计模型）和 7.5m，对应的矢跨比分别为 1/20.3、1/12.9、1/9.5，进行结构非线性全过程分析，全跨活荷载组合工况下的计算结果如图 5.16 所示。

分析可知：

（1）在正常使用荷载作用下（荷载系数为 1.0），矢高分别为 3.5m、5.5m 和 7.5m 的结构最大弹性竖向位移分别为 157mm（1/454）、168mm（1/424）、178mm（1/400），均出现在跨中位置，可见索穹顶的矢跨比对结构弹性位移影响并不大，与常规大跨度拱结构不同的是，随着索穹顶矢跨比的增大，竖向位移逐渐变大。

（2）对应于脊索松弛的结构体系荷载-位移曲线第一名义屈服点，矢高分别为

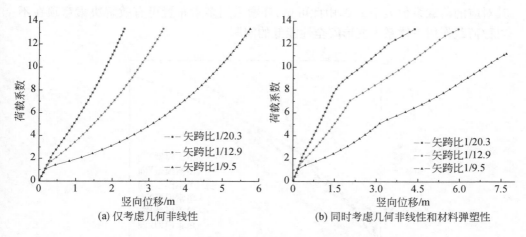

图 5.16　全跨活荷载组合工况下矢跨比对结构竖向位移的影响

3.5m、5.5m 和 7.5m 的结构模型荷载系数依次为 2.40、1.43 和 1.10,同样,随着索穹顶矢跨比的增大,脊索松弛退出工作更快。

(3)对应于外环索进入弹塑性的结构荷载-位移曲线第二名义屈服点,矢高分别为 3.5m、5.5m 和 7.5m 的结构模型荷载系数依次为 6.00、5.50 和 3.90,随着索穹顶矢跨比的增大,结构第二名义屈服荷载系数快速降低。

总之,索穹顶结构的矢跨比越大,脊索松弛荷载越小,结构初始刚度和松弛后刚度越小,结构弹塑性变形性能降低。

3)多索分析

为保证工程环索的易施工性,同时为了方便环向马道的布置,实际工程设计中,外环索和中环索采用 3Φ65、3Φ40 三索平行布置。本节对比分析环索采用 3 道截面较小索的计算模型(多索模型)和采用等效截面单道索的计算模型(单索模型)对结构性能的影响,计算从控制非对称荷载作用下的大变形出发,分析采用半跨活荷载组合工况,荷载-最大位移(该最大位移出现在半跨加载区中部)曲线如图 5.17 所示,两模型的环索内力比较如表 5.9 所示,其中多索模型的 3 道外环索由外至内编号为 W1、W2、W3,3 道中环索由外至内编号为 Z1、Z2、Z3,单索模型的外环索和中环索分别编号为 DW、DZ。

分析可知:

(1)按等截面面积原则用 3 索替换单索时,3 索组成的环索应力峰值比单索时下降约 10%,改善了环索受力性能。

(2)环索采用 3 索时,在荷载系数为 2.0 前,最大位移点的水平位移接近零。以环索节点水平弹塑性大变形 $h/30$(h 为撑杆高度)作为结构体系变形性能目标,其对应的荷载系数大于 2.0,由此可见,环索采用多索布置可有效解决索穹顶在不对称荷载作用下体系大变形安全性能低的问题。

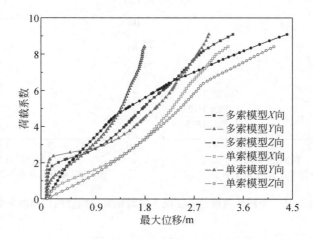

图 5.17　多索模型与单索模型双非线性荷载-最大位移曲线

表 5.9　多索模型与单索模型的环索内力比较

索号	仅考虑几何非线性				同时考虑几何非线性和材料弹塑性			
	σ_{max} /MPa	σ_{min} /MPa	N_{max} /kN	N_{min} /kN	σ_{max} /MPa	σ_{min} /MPa	N_{max} /kN	N_{min} /kN
W1	1450	857	3570	2120	1380	754	3400	1870
W2	1450	858	3580	2130	1380	756	3400	1870
W3	1450	860	3590	2130	1380	757	3400	1880
Z1	1480	998	1380	938	953	696	895	655
Z2	1480	1000	1390	941	956	698	899	657
Z3	1490	1010	1390	944	959	700	902	659
DW	1900	1449	14042	10743	1502	1095	11024	8136
DZ	1701	1553	4780	4368	1384	1269	3885	3576

5.2.5　基于稳定性能的索穹顶结构设计研究

1. 索穹顶结构承载力

由前面分析可知,在设计荷载作用下,索穹顶构件处于弹性状态,结构竖向位移呈小变形线弹性特征,但在设计荷载附近存在脊索松弛现象,尽管结构构件此时处于初期弹性状态,但荷载-应力全过程曲线呈现第一个拐点,结构刚度发生突变,位移迅速增大。而随着荷载逐步加大,部分主索进入弹塑性,荷载-应力全过程曲线呈现第二个拐点,体系承载能力进一步退化,位移再次加速增大,直至体系主索破断。因此,索穹顶结构体系的承载力性能设计控制指数包括三个方面:主索应力比、脊索松弛、体系弹塑性稳定承载力。

　　1)主索应力比

　　若设定结构主索在设计荷载作用下的应力比分别为 0.40、0.50、0.55,即设计应力控制值为 668MPa、835MPa、919MPa,仅依据构件材料强度无法判别其合理性。由 5.2.3 节分析可知,在设计主索控制应力比为 0.4 的荷载作用下,结构体系在外环索进入塑性时的荷载系数达 6.4,体系大变形破坏时的荷载系数可达 8.4。在主索截面尺寸不变,通过加大荷载将主索应力比调整为 0.50、0.55 时,外环索进入弹塑性时的荷载系数分别为 4.16、3.56,体系大变形破坏时的荷载系数分别为5.45、4.67。由此可见,索穹顶结构体系稳定承载力的下降速度明显快于主索设计应力比的增加速度,从结构体系整体稳定承载力性能方面考虑,在设计荷载作用下,主索应力比应小于 0.5、外环索应力比应小于 0.4 更为安全合理。

　　2)脊索松弛

　　脊索松弛后结构刚度突变,内力重分布,重新达到新的平衡,理论分析与计算结果表明,脊索松弛导致局部变形过大,虽然不会影响整体结构安全,但是脊索松弛后,将影响建筑美观且排雪排水不利,受压撑杆上端无法形成有效的弹性约束,仅靠柔性膜约束,其稳定性能是不可靠的。因此,设计应尽可能延迟脊索松弛时机,综合考虑工程安全经济性能,建议控制在 1.5 倍所有荷载设计组合工况下索穹顶脊索不发生松弛。

　　3)体系弹塑性稳定承载力

　　前面计算表明,索穹顶结构的荷载-应力全过程曲线存在两个拐点,且各曲线出现拐点时对应的结构体系稳定承载力性能指标(即荷载系数)基本一致。第一次出现拐点时主索处于弹性状态,第二次出现拐点时主索进入弹塑性状态,因此定义两次拐点对应的荷载系数分别为体系第一名义屈服荷载系数 p、体系第二名义屈服荷载系数 p_y,并定义体系破坏荷载系数为 p_u。结构在全跨活荷载组合工况下,荷载系数比值为 $p : p_y : p_u = 1.5 : 6.5 : 12.3$,$p_y/p = 4.3$,$p_u/p_y = 1.89$;结构在半跨活荷载组合工况下,荷载系数比值为 $p : p_y : p_u = 1.0 : 6.4 : 8.4$,$p_y/p = 6.4$,$p_u/p_y = 1.31$。由此可见,索穹顶结构体系在脊索松弛后仍具有 4 倍设计荷载以上的稳定承载力,第一名义屈服荷载系数不能作为体系稳定承载力性能设计目标;索穹顶结构体系在环索进入弹塑性后到达第二名义屈服点时,结构体系仍具有

1.3～1.9倍设计荷载的稳定承载力。根据以上分析,建议索穹顶结构体系双非线性计算稳定承载力系数取 p_y 与 $p_u/1.4$ 中的小值,且要求大于 4.0。

　　2. 索穹顶结构变形能力

　　与常规大跨度钢结构和预应力钢结构不同,索穹顶结构施工成形态与由构件初始几何长度决定的结构初始几何形态会有很大不同,实际上没有预应力的引入,结构初始几何形态将会是机构,因此结构变形分析与设计的基准形态不应是结构初始几何形态,而应是预应力张拉完成的"自重＋预应力"结构成形态。前面分析研究表明,索穹顶结构在非对称正常使用荷载作用下极易发生侧向失稳。与弹塑性稳定承载力一样,索穹顶荷载-位移全过程曲线同样存在两个拐点,定义两个拐点对应的大变形值为索穹顶结构体系第一名义屈服变形 D 和第二名义屈服变形 D_y,并定义结构破坏的变形为体系破坏变形 D_u。索穹顶结构体系的变形性能包括四个方面:正常使用荷载作用下弹性竖向变形、弹性水平变形能力,超载作用下体系弹塑性水平大变形、竖向大变形能力。

　　(1)在正常使用荷载作用下,考虑到索穹顶的主索及覆膜特点,建议弹性竖向变形取值小于跨度的 1/350;考虑到索穹顶结构体系侧向稳定性能差的特点,建议撑杆弹性水平变形取值小于撑杆高度的 1/250。

　　(2)结构在全跨活荷载组合工况作用下,各阶段竖向变形比值为 $D : D_y : D_u = 0.25 : 1.96 : 6.0$,分别为跨度的 1/284.8、1/36.3、1/11.9,$D_y/D = 7.84$,$D_u/D_y = 3.06$。结构在半跨活荷载组合工况作用下,各阶段竖向变形比值为 $D : D_y : D_u = 1.6 : 2.9 : 4.1$,分别为跨度的 1/44.5、1/24.5、1/17.4,$D_y/D = 1.8$,$D_u/D_y = 1.41$。可见索穹顶结构体系在脊索松弛后进入第一名义屈服点时,结构体系竖向仍具有 1.8D 以上的变形能力,弹塑性竖向大变形的 D_u/D_y 在不同荷载组合工况下均大于 1.4,具有足够的大变形能力。仅从大变形能力考虑,取 D_y 作为其变形性能指标是合理安全的,但此时结构体系在半跨活荷载组合作用下,大变形达跨度的 1/24.5,结构体系虽然仍有继续变形能力,但是实际已处于大变形倒塌状态。因此,索穹顶弹塑性大变形指标可取 D_y 与 $D_u/1.4$ 中的较小值,同时要求小于索穹顶跨度的 1/40。

5.3　开口式整体张拉索膜结构

5.3.1　盘锦市体育中心体育场工程概况

　　盘锦市体育中心体育场罩棚平面呈椭圆环形,平面投影尺寸约为 254m×

221m,最大高度约 57m,悬挑长度为 29～41m,由外周钢环桁架、径向索系、内环索和膜屋面组成全索系整体张拉结构。内环索水平投影尺寸约为 196m×135m,呈马鞍形,由 10 根 Z 形封闭索组成,吊索、脊索、谷索通过索夹与环索连接,如图 5.18所示,拉索材料规格如表 5.10 所示。

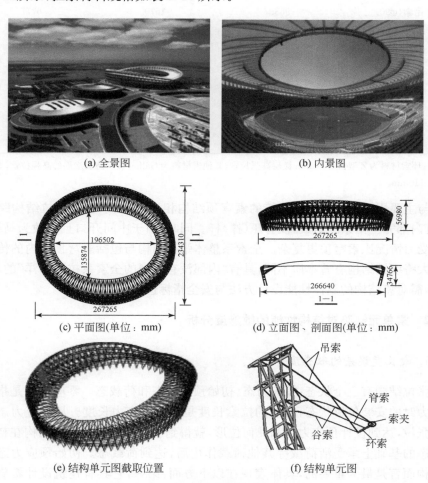

(a) 全景图　　　　　　　　　　　　　　　(b) 内景图

(c) 平面图(单位：mm)　　　　　　　　　(d) 立面图、剖面图(单位：mm)

(e) 结构单元图截取位置　　　　　　　　　(f) 结构单元图

图 5.18　盘锦市体育中心体育场

表 5.10　拉索材料规格

截面名称	长度/m	抗拉强度/MPa	最大破断力/kN
环索(Φ110)	3410	1670	13000
环索(Φ115)	1864.0	1670	14000

截面名称	长度/m	抗拉强度/MPa	最大破断力/kN
吊索(Φ65)	2831.1	1670	3532
吊索(Φ75)	1031.2	1670	4707
吊索(Φ90)	968.7	1670	6777
吊索(Φ100)	372.3	1670	8269
吊索(Φ105)	253.5	1670	12000
谷索(Φ70)	2319.1	1670	4101
谷索(Φ75)	227.9	1670	4707
谷索(Φ80)	55.3	1670	5356
脊索(Φ60)	2506.0	1670	3013
脊索(Φ65)	184.2	1670	3532

注:环索材料为 Z 型密封 Galfan 镀层高强拉索,其他索材料为 Galfan 镀层防腐涂层的高强拉索,Φ110 即直径为 110mm。

与主要用于室内大空间建筑的索穹顶结构相比,全索系整体张拉结构跨度更大,且内部完全由索网组成,没有压(撑)杆。同时,由于中间开口且多数为马鞍面,整体受力情况比索穹顶更复杂。全索系整体张拉结构与包括索穹顶在内的传统预应力大跨度钢结构有着本质不同,具有"内部没有压杆的全索系拉杆海洋"的特征。因此,需对该结构的延性性能设计方法与安全指标进行研究。

5.3.2　索单元缺陷对结构性能的敏感度分析

1. 索长度误差的敏感度分析

张拉结构有三个状态:零应力态、初始预应力态和荷载态。零应力态是指结构无应力时的安装位形状态,对应的拉索长度是索的零应力长度。从零应力态对索进行张拉,达到设计预应力值和几何位形,就得到了初始预应力态。结构在初始预应力态的基础上承受活荷载等其他荷载作用后,达到荷载态。初始预应力态对张拉结构而言是最为重要的,具体表现在以下方面:第一,它具有建筑设计希望实现的几何形态;第二,它的设计预应力值和几何位形为结构承受荷载提供了刚度和承载力;第三,它是施工张拉的目标状态,即张拉完成后的预应力与几何位形满足设计给定的要求。

数值计算采用 ANSYS 有限元软件,通过给拉索施加温度荷载模拟索长的变化。温度荷载 $\Delta T = \Delta l/(\alpha l)$,其中 Δl 为试验中拉索和飞柱的长度变化量,α 为数值计算中设定的材料线膨胀系数,取实际工程中拉索的实测值 1.84×10^5,l 为数值计算模型中拉索的无应力长度。

1)吊索长度误差

分别使西侧一根吊索(50811)和南侧一根吊索(50761)缩短 12mm,测量发生误差的吊索及其附近其他吊索、脊索、谷索、环索的索力相对初始预应力态的变化量,如表 5.11 所示,正值表示索力增大,负值表示索力减小。

表 5.11 吊索缩短引起自身及其附近其他拉索内力相对变化量 (单位:%)

误差位置	自身	同榀吊索	相邻榀吊索	间隔1榀吊索	相邻榀脊索	间隔1榀脊索	同榀谷索	相邻榀谷索	间隔1榀谷索	直接相连的环索
西侧吊索(50811)	8.38	−5.11	−0.58(50789)(左侧)	0(50707)(更左侧)	−0.76(右侧)	0(更右侧)	−5.84	0.54(右侧)	0.54(更右侧)	0.29
南侧吊索(50761)	11.02	−6.69	−0.54(50687)(上侧)	0(50686)(更上侧)	−3.60(上侧)	−0.38(更上侧)	−11.93	0(上侧)	0.46(更上侧)	0.29

由表 5.11 可知:①发生长度误差的吊索缩短,其自身索力是增大的,其同榀的另一根吊索、两侧相邻榀吊索和脊索、与其同索夹节点的同榀谷索的索力均减小。②吊索的长度误差对其本身索力影响最为明显,为 10% 左右;对同榀的另一根吊索的索力影响为对其本身影响的 1/2 左右;对与其同索夹节点的同榀谷索的索力影响也十分明显,南侧吊索的长度误差对其同榀谷索的索力影响量甚至超过了其自身索力变化量。③与误差吊索相连的内环索索力虽略有增大,但增大幅度非常小。④若考察误差吊索附近其他拉索的索力相对变化量,可以得到索长误差的影响与误差发生点的距离远近关系。随着与误差发生处间隔榀数的增加,索力变化量迅速减小,仅间隔 1 榀的吊索、脊索和谷索的索力变化量减小为 1% 以内或为 0,进一步计算表明,间隔 3 榀以上的拉索之间索力已经不存在相互影响。⑤南侧吊索自身的索力变化量及其对附近其他拉索索力的影响量均要大于西侧吊索。

2)脊索长度误差

分别使西侧一根脊索(51708)和北侧一根吊索(51404)缩短 12mm,测量发生误差的脊索及其附近其他吊索、脊索、谷索、环索的内力变化情况,如表 5.12 所示。

由表 5.12 可知:①发生长度误差的脊索缩短,其自身索力是增大的,两侧相邻榀脊索、谷索和吊索索力均略有减小。②脊索的长度误差对其本身索力影响最为明显,为 10% 左右;而对其附近其他各拉索的索力影响十分微小,最大仅为 1% 左右,这是因为脊索的索力本身较小,一定程度上的索长误差对其他拉索的索力影响能力有限。③考察索长误差的影响与误差发生点的距离远近关系可以发现,与吊索长度误差情况相同,随着与误差发生处间隔榀数的增加,索力变化量急速减小,相邻榀的拉索索力变化量减小到1%左右,间隔2榀以上的拉索之间索力已经不存在相互影响。

表 5.12　脊索缩短引起自身及其附近其他拉索内力相对变化量　　(单位:%)

误差位置	自身	相邻榀脊索	间隔1榀脊索	相邻榀谷索	间隔1榀谷索	相邻榀吊索	间隔1榀吊索	直接相连的环索
西侧脊索 (51708)	9.16	−0.94 (左侧)	0(更左侧 和更右侧)	−1.20 (右侧)	−0.68 (更右侧)	−0.58 (左侧)	0(更左侧 和更右侧)	0
北侧脊索 (51404)	10.04	−0.90 (下侧)	0(更上侧 和更下侧)	−1.57 (下侧)	−1.21 (更下侧)	−0.81 (下侧)	0(更上侧 和更下侧)	0

综合分析表 5.12 和表 5.11,可归纳出如下结论:①径向索的长度误差对与其相连的内环索索力影响十分微小,这是因为环索与径向索夹角接近直角,二者内力相关关系较弱。②吊索的长度误差对附近径向索的索力影响要大于脊索的长度误差产生的影响,这是由于吊索的直径和预应力都比脊索大,其刚度也大于脊索,吊索长度发生变化时产生的结构变形大,对附近其他径向索的索力影响就较为明显。进一步计算表明,由于谷索直径和预应力为各类拉索中最小的,谷索的索长误差对其他各拉索索力几乎没有影响。由此可得出预应力分布对径向索长度误差的敏感程度由大到小依次为吊索、脊索、谷索。③从发生长度误差的径向索所处结构的方位来看,南侧和北侧径向索自身的索力变化量及其对附近其他拉索索力的影响量均要大于西侧部分,这是因为结构南侧(和北侧)的径向索索力整体水平要高于西侧(和东侧),当发生相同长度误差时,南侧(和北侧)径向索的索力变化量要大于西侧(和东侧)部分。由此可得出,预应力分布对南北两侧索长误差的敏感程度要大于东西两侧。

3)环索长度误差

东侧和北侧的环索分别缩短 18mm 时,考察东西南北四个方位的环索和径向索的索力变化情况,如表 5.13 所示。

由表 5.13 可知,东侧和北侧的环索有误差时对结构各方位环索和径向索索力均产生一定影响。虽然发生误差处的环索和径向索索力变化量均略大于其他方位的环索和径向索,但相差程度不大。这说明环索索长误差的影响不像径向索那样随着距离误差发生处榀数的增加而迅速衰减,而是在整个结构的各处影响都维持在大致相同的水平。这是因为环索是柔性的,且连为一圈整体,各段索力相差不大,当一段环索长度变化时,各段索力也会发生大小相近的变化;各径向索直接连接在环索上,径向索和环索的内力在水平方向是平衡的,故各方位的径向索索力变化量也较为接近。

表 5.13　东侧和北侧环索分别缩短 18mm 引起的各类拉索内力相对变化量

（单位：%）

构件	东侧环索缩短 18mm	北侧环索缩短 18mm
东侧环索(50288)	1.97	1.13
东侧脊索(51700~51707)	3.51	1.75
东侧谷索(52524~52531)	3.17	1.59
东侧吊索(50768)	3.39	2.25(390012)
西侧环索(50284)	0.86	0.15
西侧脊索(51692~51699)	0.94	0.94
西侧谷索(52044~52051)	1.52	2.28
西侧吊索(390002)	0.85	2.12(390001)
南侧环索(50428)	1.21	0.91
南侧脊索(51428~51435)	1.16	0.77
南侧谷索(52020~52027)	1.40	1.40
南侧吊索(50678)	3.07	1.02
北侧环索(50140)	1.21	2.13
北侧脊索(51404~51411)	1.16	3.09
北侧谷索(51980~51987)	1.40	5.14
北侧吊索(50662)	3.07	4.43

由上述计算分析的结果可以归纳出以下两点：①径向索长度误差的影响是"局部"的，距离误差发生处越"远"（此处"远"指的是间隔的榀数多），误差引起的索力变化越小，计算表明，预应力分布对径向索索长误差的敏感程度由大到小依次为吊索、脊索、谷索，且间隔 2 榀以上时误差的影响可以忽略；②环索长度误差的影响是"全局"的，对各处预应力的影响较为均衡。因此，可以把径向索（吊索、脊索、谷索）作为局部敏感性构件，而把环索作为全局敏感性构件。这样的区分有助于依据对误差的敏感程度和制作加工及张拉施工难度不同，对局部敏感性构件和全局敏感性构件采取不同的误差限值及控制方法，对全局敏感性构件的误差控制应比局部敏感性构件更严格。

2. 局部断索的敏感度分析

建筑结构在遭受偶然荷载作用下，其直接的初始局部破坏可能引起大范围的连锁反应，继而造成连续性的倒塌事故。尽管在盘锦市体育中心体育场屋盖索膜结构设计中,索的设计应力均不超过索强度的 45%,结构具有较高的强度储备,在没有发生意外的情况下,一般不会出现断索情况。但考虑到在结构长期受力过程中,拉索可能由于质量问题出现跳丝现象或由于疲劳引起索丝逐根破断,又或由于节点连接不牢固、人为破坏等原因,某根索破断退出工作。索的破断分析就是研究结构局部断索后的结构性能、破坏形态以及结构抗连续倒塌的能力,以此对结构的安全进行评估,并在必要时采取相应的安全保护措施。

以盘锦市体育中心体育场屋盖索膜结构为研究对象,重点考察该结构中某根吊索或脊索的破断(由于谷索的破断与脊索类似,限于篇幅,这里不再赘述)对整体结构的影响以及是否因此而发生结构的连续倒塌,并研究断索后结构极限承载力的变化。

采用 ANSYS 有限元软件,对某根索急剧升温使其完全松弛来模拟索的破断,重点分析不同位置、不同数量的吊索或脊索破断后结构到达稳定平衡位置时其余拉索内力的变化,通过观察局部索的破断是否引起其他索的强度破坏来判断结构是否连续倒塌,同时区分了不同位置拉索的安全等级,并对断索后结构的极限承载力进行研究,得出该结构设计合理、安全度较高等结论。

本节选取结构的西侧、南侧各一根吊索进行破断分析,重点观察结构到达稳定平衡位置时的索内力和节点变位。若某吊索破坏后引起其他索内力剧增并超出材料强度,出现其他索破断,则认为结构出现连续倒塌;反之,则认为结构抗连续倒塌能力较好。同时,若结构未因断索而破坏,则将荷载加倍,考察结构在断索情况下的极限承载力变化情况(考虑材料的弹塑性)。

1)单根西侧吊索的破断分析

所断西侧吊索位置如图 5.19 所示。

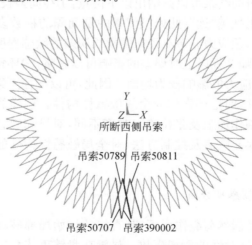

图 5.19　所断西侧吊索位置

与未损伤结构计算结果对比可知：

（1）断索后环索西侧局部竖向位移由原结构的 0.858m 变为 0.886m，说明断单根西侧吊索对结构局部刚度影响不大；环索整体位移基本没有变化，说明断单根西侧吊索对结构整体刚度也基本没有影响。

（2）断索情况下仅对断索邻近的几根吊索应力产生一定影响，其中，对与断索在环索上有相同节点的吊索 50789 的应力影响最大（索应力由原结构的 420MPa 增加至 567MPa），但未超过破断应力（1670MPa），也未进入弹塑性阶段（应力达1330MPa）。断索对附近脊索、谷索、环索的受力影响很小，对整体结构的受力分布也未产生影响。

（3）单根西侧吊索的破断不会导致结构连续倒塌。

在断索后的稳定形态下对结构继续加载，可知随荷载倍数的增加，结构的破坏规律与未断索时的破坏规律相同，限于篇幅，这里不一一列出各类索的荷载-应力曲线，只对断索附近几根受影响较大的吊索进行分析，其荷载-应力曲线如图 5.20所示。

由图 5.20 可知，断索附近的几根吊索应力均有所增大，且较未断索情况均提前进入弹塑性阶段（其中受影响最大的吊索 50789 在荷载系数 5.5 处应力已达到1330MPa 进入弹塑性阶段），但直至荷载系数达 14 时，断索附近吊索应力都未达到 1670MPa 发生破断，此时南吊索早已破断（在荷载系数 12 处），而南环索也即将破断（在荷载系数 15 处），由此可知单根西侧吊索的破断没有改变整体结构的破坏规律，结构极限承载力没有改变。

2）单根南侧吊索的破断分析

所断南侧吊索位置如图 5.21 所示。

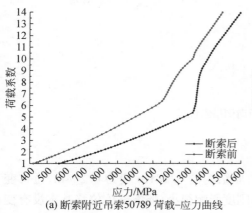

(a) 断索附近吊索50789 荷载-应力曲线

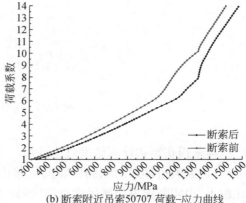

(b) 断索附近吊索50707 荷载-应力曲线

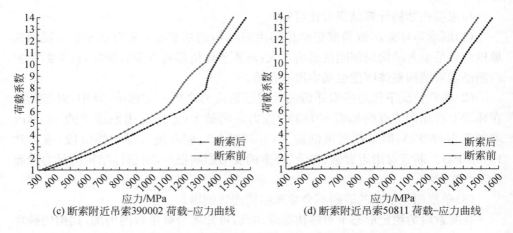

(c) 断索附近吊索390002荷载-应力曲线　　　　(d) 断索附近吊索50811荷载-应力曲线

图5.20　西侧吊索断索附近影响较大的吊索荷载-应力曲线对比

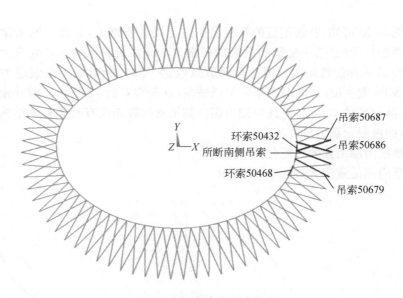

图5.21　所断南侧吊索位置

与未损伤结构计算结果对比可知：

（1）断索后环索南侧局部竖向位移由原结构的0.131m变为0.204m，位移变化很小，说明断单根南侧吊索对结构局部刚度影响很小；环索整体位移基本没有变化，说明结构整体刚度也基本未受影响。

（2）断索对邻近谷索、环索的受力及对谷索、环索的整体受力分布均基本无影响。断索对其邻近吊索 50687 影响最大,其应力由原结构的 486MPa 增加至 784MPa,增幅达 61.3%,但仍未进入弹塑性阶段。断索附近的脊索应力也略有增加,但增幅不大。

(3)单根南侧吊索的破断不会导致结构连续倒塌。

在断索后的稳定形态下对结构继续加载,为探索南侧吊索的破断对结构极限承载力的影响,做出断索附近几根吊索及附近环索的荷载-应力曲线,如图 5.22 和图 5.23 所示。

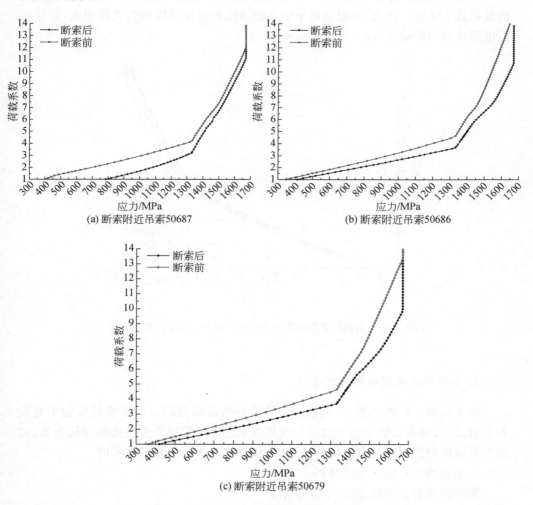

图 5.22　南侧吊索断索附近影响较大的吊索荷载-应力曲线

由图 5.22 可知,断索附近的几根吊索应力均比原结构有一定的增大,受影响最大的吊索 50687 在荷载系数 3.2 处应力已达到 1330MPa 进入弹塑性阶段,其他受影响较大的吊索也均在荷载系数 3.7 左右应力达到 1330MPa。吊索 50679 在荷载系数 10 处应力达到 1670MPa 而破断,而原结构中受力最大的吊索在荷载系数 12 时才破断。由于南侧吊索在结构中受力较大,断索导致内力重分布集中于断索附近的几根吊索之间,导致其他吊索受力大幅增大,加速了其他索的破坏。但由图 5.23 可知,断索对附近的南侧环索受力影响不大,荷载-应力曲线拐点仍出现在荷载系数 6.2 处。因此,单根南侧吊索的破断没有改变结构的名义屈服点,对结构的极限承载力影响不大。

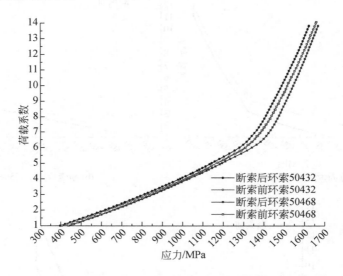

图 5.23 南侧吊索断索附近影响较大的环索荷载-应力曲线

3. 单根脊索破断的敏感度分析

本节选取结构的西侧、南侧各一根脊索进行破断分析。由于膜材张紧于脊索和谷索之上,脊索的破断将导致其与两侧谷索之间的膜材失去连接而塌陷失效,对所断脊索两侧膜材通过升温使其松弛,分析方法与单根吊索破断相同。

1)单根西侧脊索的破断分析

所断西侧脊索位置如图 5.24 所示。

与未损伤结构计算结果对比可知:

(1)断西侧脊索后,环索西侧局部竖向位移比原结构略有减小(最大竖向位移变为 0.753m),这是因为脊索破断导致其两侧相邻谷索受力略有减小,从而导致西

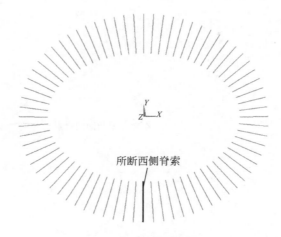

图 5.24　所断西侧脊索位置

侧局部竖向位移变小。

（2）单根西侧脊索的破断对周围其他索的受力影响很小，不会引起相邻谷索的松弛，也不会导致结构连续倒塌。值得注意的是，所断脊索两侧谷索产生了较大的水平方向侧移，显然这是因为脊索破断使其上的膜也随之松弛失效，导致谷索只受一侧膜张力的作用，从而产生较大的水平方向侧移，但这并没有对谷索的内力产生较大影响，结构仍是安全的。

　2）单根南侧脊索的破断分析

　　所断南侧脊索位置如图 5.25 所示。

　　分析可知，断索后，由于内力重分布，其内力由两侧相邻谷索分担，而所断脊索在原结构中受力较大，导致破断后两侧谷索的受力增加较明显，但谷索本身应力较小，因此即使断索后发生局部的内力重分布，谷索应力仍保持在较小的状态，对结构整体基本未产生影响，更不会导致结构的连续倒塌。

5.3.3　基于结构稳定性能的设计研究

　1）分析模型建立

　　工程设计时的结构模型为包括下部看台结构的整体三维力学模型，如图 5.26 所示。而在罩棚开口式全索系整体张拉结构设计研究时，在满足设计精度条件下不考虑看台结构的影响，应用 ANSYS 有限元软件对结构进行全过程分析。全索系整体张拉结构与外周钢环梁铰接，实际工程设计中，在包络工况下，结构环索应力比控制在 0.45 左右，径向索应力比控制在 0.5～0.55。对索体进行弹性分析时，采用 Link10 单元；对索体进行弹塑性分析时，采用只拉不压的 Link180 单元。预

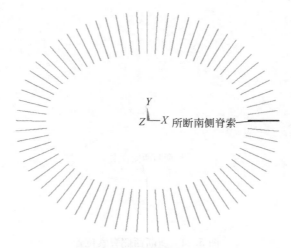

图 5.25　所断南侧脊索位置

应力的施加是通过给索单元设置初始应变或温度荷载模拟。钢材采用服从 von Mises 屈服准则的理想弹塑性应力-应变曲线,而高强钢索单元应力-应变曲线没有明显的屈服点,所以采用服从多线性随动强化准则的模型,根据实际索材张拉试验,极限应变取 0.03,索材的屈服应变取 0.0083。

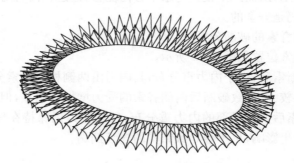

图 5.26　结构分析模型

　　实际工程中,预应力及荷载是分步施加的,因此采用重启动分析方法,在完成一个初始分析过程之后,续接前次计算结果并进行再次运行。每个加载步完成后,考虑索单元的应力刚化效应,采用 Newton-Raphson 法进行非线性求解。该方法可以模拟整个施工与加载过程中结构的力学性能且计算精度较高。

　　2)稳定性能分析

　　为了探究全索系整体张拉结构和索构件的塑性发展规律,进行基于几何非线性和材料弹塑性的双非线性分析。选取典型位置索单元进行荷载-应力全过程分析，对内环索节点进行荷载-竖向位移全过程分析[38]。单元及节点选取位置如图 5.27 所示（结构中心对称，DS1～DS5、JS1～JS5、GS1～GS5、HS1～HS5 各相邻单元基本间隔45°，JD1～JD5 分别位于 JS1～JS5 与 HS 相交的位置），主要分析结果如图 5.28 所示，其中，荷载系数是指施加在结构上的荷载值与设计荷载标准组合值的比值，其中初始预应力不加倍。荷载系数为 0 代表结构仅在初始预应力作用下的状态，荷载系数为 1 代表结构在"预应力＋设计荷载标准组合值（即 1.0 恒荷载＋1.0 活荷载＋自重）"作用下的状态。

　　由图 5.28 可知，全索系整体张拉结构受力性能具有 2 个明显转折点和 3 个力学效应阶段，具体如下：

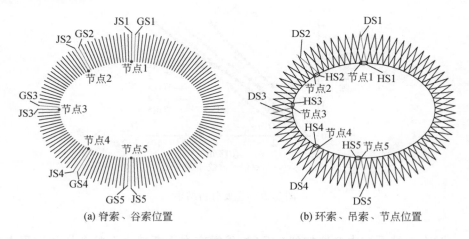

(a) 脊索、谷索位置　　　　　(b) 环索、吊索、节点位置

图 5.27　单元及节点选取位置

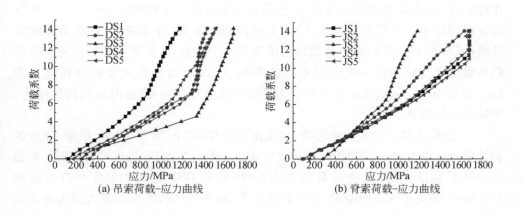

(a) 吊索荷载-应力曲线　　　　　(b) 脊索荷载-应力曲线

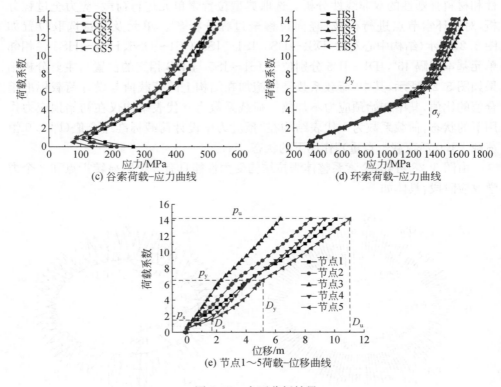

图 5.28　主要分析结果

（1）在荷载系数由 0 增加到 0.7 时，谷索应力逐渐减小至整个加载过程中的最小值，这是由于谷索初始形态为上凸形，竖向荷载作用使谷索产生应力松弛。在此阶段，内环索应力基本没有变化，吊索和脊索应力小幅增大，节点 1～5 的竖向位移均较小。荷载系数为 0.7～1.2 时，环索、吊索、谷索的荷载-应力曲线以及结构（节点 1～3）荷载-位移曲线均出现第一个转折点，并将该转折点对应的荷载系数定义为结构第一名义屈服荷载系数 p_s，此时结构最大竖向位移定义为 D_s。谷索应力松弛造成整体结构受力的第一次非线性突变，此时结构构件应力、整体变形仍很小。

（2）结构在预应力张拉成形状态（仅预应力作用）下，脊索、谷索、吊索、环索的初始应力分别为 80～270MPa、140～270MPa、130～320MPa、310～350MPa。初始应力并不是最大的，在荷载系数为 4.2 时，吊索 DS3（$\sigma_0 = 240$MPa）应力达到 1330MPa，最先进入屈服阶段，此时其他吊索、环索、脊索、谷索的最大应力并未达到屈服应力，而体现结构整体刚度的节点 1～5 荷载-位移曲线也未出现拐点，可见局部吊索发生屈服未使整体结构的力学性能发生变化,整体结构仍处于弹性阶段。

内环索沿全长应力分布均匀,当荷载系数为 6 时,内环索基本同步进入应力屈服阶段。随后,部分脊索在荷载系数为 6.3、部分吊索在荷载系数为 6.7 时相继进入屈服阶段,节点 1～5 的荷载-位移曲线也基本随内环索同步出现第二个拐点,结构进入整体屈服阶段。可见,内环索对结构整体力学性能影响更大,属于全局性构件。内环索屈服后,结构整体刚度突然减小,结构构件内力与变形随荷载的增加而快速增大,将该转折点对应的荷载系数定义为屈服荷载系数 p_y,相对应的位移定义为屈服位移 D_y。结构在谷索应力松弛后至内环索屈服过程中,$p_y/p_s=5.3$,$D_y/D_s=5.1$,结构具有较高的安全度,谷索应力松弛不是结构安全控制因素。

(3)脊索在结构初始预应力状态下应力较小,进入屈服状态也比吊索、谷索、环索滞后,但是在荷载系数为 11 时,应力达到 1670MPa,进入破坏状态,此时吊索、环索、谷索的荷载-应力曲线、荷载-位移曲线显示,结构仍具有较强的承载及变形能力。在荷载系数为 13、14 时,部分吊索、环索、脊索应力均达到 1670MPa,结构完全丧失承载能力而进入整体失稳状态,定义该点对应的荷载系数为结构极限荷载系数 p_u,相对应的位移定义为极限位移 D_u。结构在内环索屈服至破坏时,$p_u/p_y=2.2$,$D_u/D_y=2.3$,可见结构仍然具有足够的承载能力和良好的变形能力。综合结构及索单元的承载能力和变形能力分析可得,全索系整体张拉结构取内环索屈服即第二屈服点的屈服荷载系数 p_y、屈服位移 D_y 作为结构稳定承载力及变形能力指标合理、安全。

(4)内环索屈服时的最大竖向位移为 5.0m,而最大应变仅为 0.0085,远小于其允许应变 0.03,可见全索系整体张拉结构具有柔性结构特有的构件小应变、体系大变形的几何力学特点。进一步比较发现,由于全索系整体张拉结构内部没有易失稳的钢压杆,该结构体系的稳定承载力和延性系数高于包括索穹顶在内的有钢压杆的预应力钢结构[13]。

为保证整体张拉结构有足够的安全系数,建议在基本组合设计荷载下,索构件应力比应取 0.4,在标准组合设计荷载下,内环索竖向变形应满足建筑造型、灯光等功能要求,并应小于悬挑跨度的 1/50～1/40。根据全索系整体张拉结构承载全过程分析,将内环索进入屈服阶段性能点对应的屈服荷载系数 p_y、屈服位移 D_y 作为结构延性性能设计指标。建议结构稳定承载力系数取 p_y、$p_u/(1.5～2.0)$ 的较小值,并应大于 4.5;结构在稳定承载力作用下的变形应小于 D_y、1/30～1/20 悬挑跨度、$D_u/(1.5～2.0)$ 的最小值。

5.3.4　基于建筑排雪水功能的设计研究

开口式全索系整体张拉结构跨度大、刚度小,基于柔性索网结构几何稳定、传力高效的要求而设置了"脊索-谷索"结构单元,结构单元之间的谷索成为雪水聚积的薄弱部位。国内外相关规范通常在建筑构造设计中提出"排雪水顺畅"要求,但是并没有提出具体设计指标。工程实践中根据轻钢结构设计经验,要求谷索在设计荷载标准组合作用下的排水角度大于7°。雪荷载聚积会加大谷索变形,这会进一步使雪水再聚积,即出现"雪水荷载非线性"现象。若对谷索变形能力设计不当,则会造成谷索由上凸变为下凹,即发生形状松弛,这将严重影响工程的正常使用并产生安全隐患。国内外已建成的全索系整体张拉结构频繁出现雪后积水问题(图 5.29)。目前,国内外针对全索系整体张拉结构雪后积水问题设计方法与指标的研究有待深入。

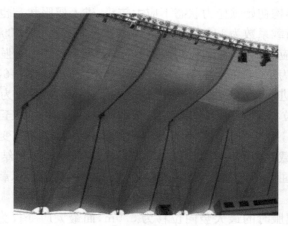

图 5.29　某体育场罩棚雪后积水

　　选取盘锦市体育中心罩棚结构中长度最长且初始排水角度最小的谷索 GS1(长 39.7m)、长度最短且初始排水角度最大的谷索 GS3(长 31m)以及长度介于两者之间的谷索 GS2(长 37.2m)为研究对象,各谷索位置如图 5.27(a)所示。每根谷索均分为 8 个单元,按从体育场外环向内环的方向依次编号,GS1～GS3 的单元及对应节点分别编为 1.1～1.8、2.1～2.8、3.1～3.8(由于 GS1～GS3 位于最外侧的节点与体育场外围钢结构共用,标高不变,不予编号)。谷索 GS1～GS3 整体形状变化如图 5.30 所示(其中 L 为谷索节点距离谷索外端点的水平距离,H 为谷索各节点标高,η 为荷载系数);谷索 GS1～GS3 节点排水角度变化如图 5.31 所示。为改善该结构排水性能,对谷索 GS1 中间位置的单元 1.4 进行了不同预应力下的位形分析,如图 5.32 所示(其中 P 为结构的初始预应力)。

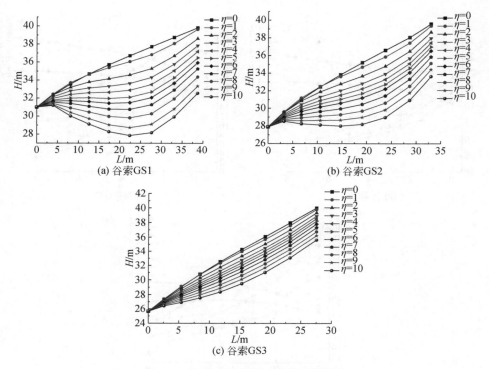

图 5.30　谷索 GS1～GS3 整体形状变化

分析可知：

（1）结构在包括雪荷载在内的标准组合设计荷载作用下，谷索 GS1 前部单元节点 1.6 最大竖向位移约 0.88m，为索长的 1/45；节点 1.5 的排水角度最小，约为 7.5°；其他谷索的最小排水角度远大于 7°，满足排雪水功能要求。

（2）依据《建筑结构荷载规范》（GB 50009—2012），在谷索处考虑堆雪放大效应的雪荷载分布系数为 2.0。加载至 $\eta=2$ 时，谷索 GS1 端部的内环索竖向位移迅速增加到 1.2m，谷索 GS1 中间节点 1.6 的竖向位移达到 2.44m，扣除环索处整体变形，谷索实际竖向位移为 1.24m，为索长的 1/31，排水角度约为 5°，满足排雪水功能要求，但是对于春季融雪问题，可能会造成排雪水不畅。

（3）考虑全索系整体张拉结构大变形引起的"雪水荷载非线性"特点，分析中加载至 $\eta=4.5$ 时，谷索 GS1 中间节点 1.4 的实际竖向位移为 1.64m，为索长的 1/24，排水角度接近 0°，整体形状由倾斜向上凸起变为下凹，即谷索发生形状松弛而丧失排水能力。由于大气环境的不断变化，超出设计规范标准的恶劣天气时有发生，为此，取荷载系数 $\eta=4$ 时谷索不发生形状松弛且排水角度 $\alpha\geqslant0°$ 作为全索系整体张

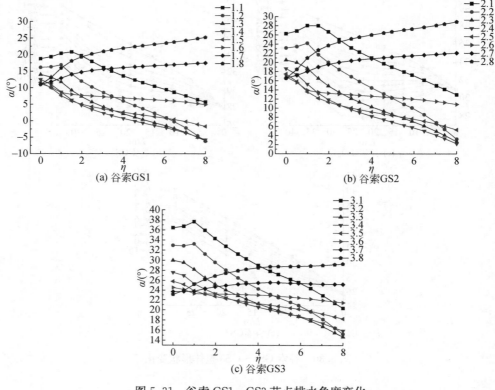

图 5.31　谷索 GS1~GS3 节点排水角度变化

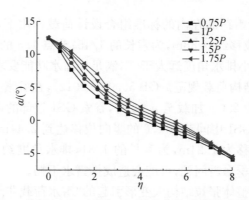

图 5.32　不同预应力下节点 1.4 排水角度随荷载系数的变化

拉结构排雪水性能设计指标较为合理。

　　(4)谷索在承载全过程中的几何形状由外凸渐变为内凹,虽然此时结构的承载能力及变形能力可以持续,但是会造成雪水不断聚积的荷载非线性现象,对结构构成重大安全隐患。在整体张拉结构及索构件不变的情况下,将初始预应力提高50%,谷索 GS1 的 1.4 节点排水角度为 7°时荷载系数由 1.3 增加到 1.8,排水角度为 5°时荷载系数由 2.0 增加到 2.4,排水角度为 0°时荷载系数由 4.5 增加到 5.4,增幅均在 20%以上,可见加大预应力是改善整体张拉结构排雪水功能的有效措施之一。

第 6 章　钢结构节点试验与性能设计研究

6.1　张弦梁撑杆与上弦刚性连接节点

依据工程设计分析研究,连接节点对直梁式平面张弦梁结构体系的稳定性能提升起很大作用,因此节点的延性安全性能是保证结构体系安全的关键之一。工程上弦索撑节点的延性安全性能设计目标如下:①通过合理的几何构造保证节点不发生局部屈曲失稳破坏;②节点有限元非线性屈曲分析所得整体节点稳定承载力应大于体系失稳时节点内力,即实现"强节点弱构件"的设计目标。实际工程通常是通过进行节点的构造设计来实现,迁安文化会展中心工程[34,39]所采用的节点构造设计见 4.1.1 节。

应用 ANSYS 有限元软件对上弦杆件与撑杆节点连接进行节点弹塑性有限元计算,分析考虑了节点材料的理想弹塑性和几何非线性。采用 Solid186 实体单元对节点进行实体建模,采用自由网格划分,共得到约 37000 个单元。采用理想弹塑性模型和 von Mises 屈服准则来模拟材料。构件采用 Q345 钢材,塑性屈服强度取310MPa,计算模型如图 6.1 所示。

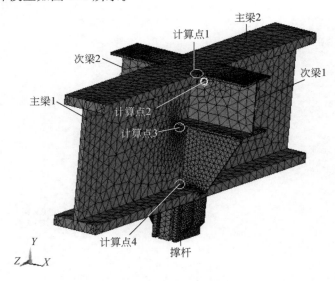

图 6.1　计算模型

　　主梁 2 采用固端约束,即将主梁端面上所有点的 3 个平动自由度与 3 个转动自由度均约束住。在梁端部采用建立刚域方式加载,即在受力梁端面中心建立Mass21 单元,将面上所有点与该单元建立刚域联系,从而依据梁体局部坐标在梁端部中心处加上轴力及弯矩。根据整体结构模型在结构正常使用状态下的计算结果,提取最不利工况下与节点相连杆件内力计算结果,如表 6.1 所示。为更好地观察节点塑性发展情况,将正常使用状况下节点荷载放大 15 倍施加到节点计算模型中的杆件顶端进行全过程有限元分析计算。

表 6.1　内力计算结果

工况	控制力	主梁 1	次梁 1	次梁 2	撑杆
正常使用状态下设计内力	轴力 F/kN	412.77	33.622	30.605	−98.203
	弯矩 M_y/(kN·m)	58.908	−4.752	−6.523	0
	弯矩 M_z/(kN·m)	0.376	0	0	1.47
失稳极限状态下极限内力	轴力 F/kN	1410	1080	1120	−687.712
	弯矩 M_y/(kN·m)	2150	−95.891	−118.213	0
	弯矩 M_z/(kN·m)	6.666	0.347	0.491	10.316

　　图 6.1 模型中,计算点 1 选为主次梁上翼缘相交处单元节点,计算点 2 选为主梁上翼缘与次梁腹板相交处腹板单元节点,计算点 3 选为次梁下翼缘与主梁腹板相交处腹板单元节点,计算点 4 选为加劲肋下端附近主梁腹板上单元节点。计算终止时应力云图和塑性应变云图如图 6.2 和图 6.3 所示。

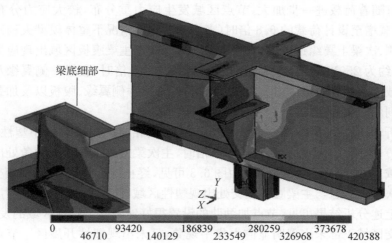

　　　　梁底细部

| 0 | 46710 | 93420 | 140129 | 186839 | 233549 | 280259 | 326968 | 373678 | 420388 |

图 6.2　计算终止时应力云图(单位:kPa)

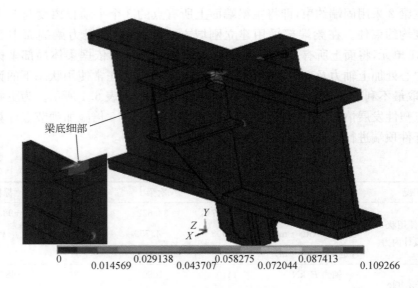

梁底细部

0　　0.014569　0.029138　0.043707　0.058275　0.072044　0.087413　0.109266

图 6.3　计算终止时塑性应变云图

由计算结果可知,该节点在荷载增至设计荷载的 13.5 倍时终止计算,节点在主次梁相交角点区出现较大塑性发展区域,塑性应变达 0.109。

当荷载增加至设计荷载的 1.9 倍时,节点仅主次梁上翼缘面相交一角处应力达到屈服应力,其他部位应力均未达到屈服应力,较大应力区域主要分布于主梁上翼缘边侧、次梁下翼缘与主梁腹板相交处附近以及加劲肋底部区域,应力仅达到 150MPa;随着荷载进一步加大,节点区域发生应力重分布,较大应力分布范围加大,当荷载增至设计荷载的 6.8 倍时(考虑双非线性情况下整体模型失稳),主梁上翼缘一侧、次梁上翼缘近主梁边侧、次梁下翼缘交于主梁腹板区域出现应力较大区域,应力约为 250MPa;当荷载增至设计荷载的 11.5 倍时,主梁一侧翼缘及腹板大部分区域应力达到屈服应力。由图 6.2 可知,主梁一侧翼缘、腹板以及加劲肋底部均已达到屈服应力。

分析塑性应变结果,首先在主次梁上翼缘面相交一角出现很小塑性应变(仅 0.00016);当荷载增至设计荷载的 6.8 倍时,主次梁上翼缘面相交两角处出现塑性发展区域,塑性应变约为 0.005。由图 6.3 可见,终止计算时,上翼缘面相交处两角区域及次梁上翼缘与主梁腹板相交处出现塑性区域,此时节点丧失承载力。

由上述分析结果可见,节点加劲肋的设置很好地限制了塑性区域的发展,在主次梁相交区域下部未出现明显应力集中现象,且未出现塑性开展区。节点在失稳荷载时,最大塑性应变出现在主梁翼缘与次梁相交处,在节点设计中应注意加强该处设计。

节点弹塑性有限元分析中,在节点典型部位选取计算点 1、2、3、4 进行分析,计算点荷载-应力(变)全过程曲线如图 6.4(a)~(c)所示,荷载-位移全过程曲线如图 6.4(d)所示,图中显示荷载为主梁 1 上所加轴力,其他计算荷载同比例施加。

分析可知:

(1)荷载-应力(变)曲线计算点 1、2、3 进入破坏的顺序不同,破坏时极限荷载不同,但均是在该点材料进入屈服状态时发生,节点进入屈服状态时屈服应力为300~310MPa,屈服应变为 0.07~0.11,而计算点 4 处并未出现塑性应变。可见节点几何构造设计合理,节点整体破坏时材料性能得到了充分发挥。

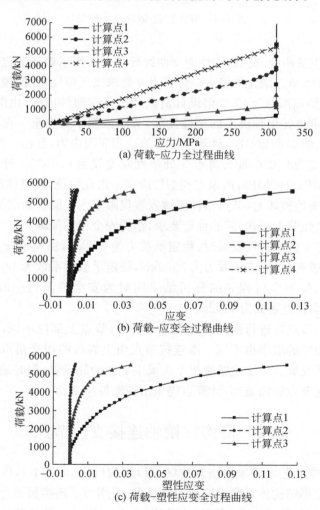

(a) 荷载-应力全过程曲线

(b) 荷载-应变全过程曲线

(c) 荷载-塑性应变全过程曲线

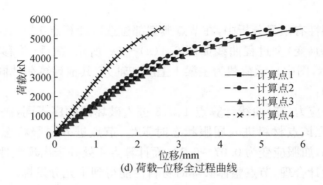

(d) 荷载-位移全过程曲线

图 6.4　节点加载-效应性能曲线

(2)荷载-应变曲线、荷载-塑性应变曲线计算点 1 所示单元节点为力学性能最薄弱部位,即整体节点最先失稳点。计算点 4 处未出现塑性应变,较为安全。计算点 1 处应力达到屈服强度(1.9 倍设计荷载)时,出现塑性应变,由前所述,此时仅计算点 1 处个别单元出现极小的塑性发展,节点依然十分安全。在整体结构失稳破坏(即参考荷载 2781kN 时),计算点 1、3 处达到屈服应力,且出现塑性应变,计算点 1 处塑性应变为 0.016,而计算点 3 处塑性应变仅为 0.0025。计算点 2、4 处应力分别为 270MPa、160MPa,尚未出现塑性应变。由此可见,在整体结构达到几何、材料双非线性失稳破坏时,节点塑性区域发展仅限于主次梁交角的局部区域单元,结构设计满足"强节点弱构件"的性能要求,结构安全得到保障。

(3)计算点 1 进入塑性发展时,稳定承载力为 800kN,稳定承载力系数为 1.9;计算点 1 失稳破坏时,稳定承载力为 5500kN,稳定承载力系数为 13.35。取节点荷载-应力、应变、位移全过程屈曲分析结果同时为安全控制目标时,屈服荷载为 5500kN,稳定承载力系数为 13.35。

综上所述,节点在进行弹塑性有限元分析时,节点上部位不同,进入塑性发展的顺序不同,破坏的顺序也不同。本连接节点由上翼缘的相交角点处首先进入塑性破坏,再向下发展。由于主梁腹板上次梁下加劲肋的设置,很好地限制了塑性区域的发展,直至节点屈曲破坏,计算点仍未出现塑性应变。

6.2　格构柱销轴连接支座节点

河南艺术中心艺术墙采用格构柱(桁架)结构(详见 3.3 节),柱脚采用销轴连接支座节点,根据结构体系稳定性能设计要求,采用节点连接板面外有抗弯刚度而销轴方向可自由转动的构造,支座构造如图 6.5(a)所示。整体结构在静力失稳时

及 7 度罕遇地震作用下支座处最大反力计算结果如表 6.2 所示,并由此得出支座
节点设计时所加荷载值(同表 6.1)。

(a) 实物图

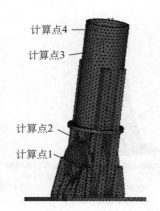

计算点4
计算点3

计算点2
计算点1

(b) 计算模型

图 6.5　支座节点图

表 6.2　支座处最大反力计算结果

控制力	整体结构静力失稳时		7 度罕遇地震作用下		节点设计时所取荷载	
	压弯情况	拉弯情况	压弯情况	拉弯情况	压弯情况	拉弯情况
轴力 F/kN	−10740	7069	−6586.4	6113.4	−10740	7069
弯矩 M/(kN·m)	44.25	51.31	23.2	36.6	44.25	51.31

　　采用八节点 Solid45 实体单元对节点进行实体建模,有限元模型采用自由网
格划分,共得到 30000 多个单元,计算模型如图 6.5(b)所示。根据整体结构静
力失稳时及 7 度罕遇地震作用下的计算结果,提取最不利工况下与节点相连杆
件内力计算结果施加到节点有限元计算模型的杆件顶端,根据圣维南原理,这种
等效对荷载施加点远端的节点受力影响不大。在支座节点的销轴连接处,将支
座节点上半部分与下半部分销轴接触面上的节点在柱面坐标系下耦合 R(销轴
半径)、z(轴向)方向位移而释放 θ(转角)方向位移,保证了上下两部分相互间仅
能转动,从而模拟销轴的转动传递功能。由于支座底部 3 个方向均无线位移,将
支座底板中底面上 3 个方向的线位移全部约束住,反映节点的真实边界条件。
构件采用 Q345 钢材,采用理想弹塑性模型和 von Mises 屈服准则来模拟材料。
　　图 6.5(b)模型中计算点 1 选为支座上部分销轴处最大应力区单元节点,该处
单元在全过程屈曲计算中率先进入屈服;计算点 2 选为支座上部分加劲肋下靠近

销轴区单元节点,该处单元在支座节点刚进入塑性时应力较大;计算点3、4选为支座上部分钢管构件应力较大区内单元节点。支座节点应力云图如图6.6所示。

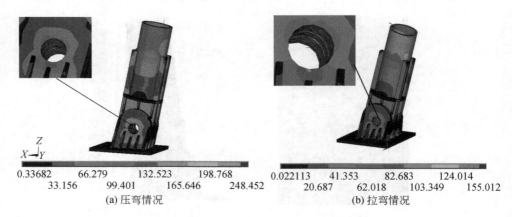

0.33682　　　66.279　　　132.523　　　198.768
　　　33.156　　　99.401　　　165.646　　　248.452
(a) 压弯情况

0.022113　　　41.353　　　82.683　　　124.014
　　　20.687　　　62.018　　　103.349　　　155.012
(b) 拉弯情况

图 6.6　支座节点应力云图(单位:MPa)

钢管顶端施加了轴向力和垂直于销轴轴向的弯矩后,其在整体结构失稳荷载下的受力特性如下:①由节点的 von Mises 应力分布可知,压弯情况下,支座节点受力最大处为弯矩作用下支座上部分销轴处的受压侧,最大应力约达 248MPa;拉弯情况下,支座节点受力最大处为弯矩作用下支座上部分销轴处的受压侧,最大应力约达 155MPa。②在设计荷载下,拉弯、压弯情况下支座节点均未出现塑性发展区,处于完全弹性状态。

为进一步分析节点受力情况,对在压弯和拉弯时设计荷载放大 4 倍进行有限元分析计算,观察其塑性发展情况,结果如图 6.7 所示。由图可知,应力较大的部位为上部钢管构件受压侧的加劲肋上部区域,当荷载增加至设计荷载的 1.6~2 倍时,支座节点仅上半部分销轴处首先出现塑性发展区,下部支座完全没有出现塑性应变。

当荷载进一步加大后,塑性区范围首先在节点上半部分销轴处扩大,增长迅速,之后在节点下半部分销轴处出现塑性应变。分析图 6.7 可见,虽然支座进入塑性,但节点加劲肋的设置很好地限制了塑性区域的发展,塑性区范围不大。可见加劲肋的设置在结构延性设计中的重要性,在结构设计中应引起重视。在静力失稳时及 7 度罕遇地震作用下,支座最大塑性应变区域为上半部分销轴连接处,在结构延性性能设计中应注意加强此部位的设计。在销轴及弦杆处进入屈服的部分选取典型计算点进行分析,计算点的荷载-应变曲线如图 6.8 所示,计算点 1 的荷载-位移全过程曲线如图 6.9 所示。

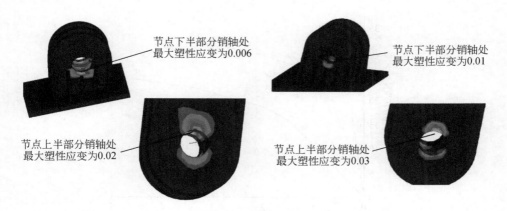

节点下半部分销轴处最大塑性应变为0.006

节点下半部分销轴处最大塑性应变为0.01

节点上半部分销轴处最大塑性应变为0.02

节点上半部分销轴处最大塑性应变为0.03

图 6.7　终止计算时支座节点销轴处塑性应变分布

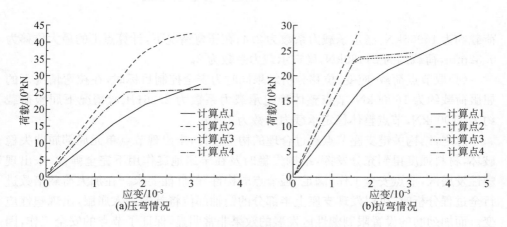

(a)压弯情况

(b)拉弯情况

图 6.8　计算点的荷载-应变曲线

分析可知：

(1)所有计算点进入失稳破坏的顺序不同,破坏时的极限荷载不同,但均是在该点材料进入屈服状态时发生,支座节点进入屈服状态时名义屈服应力为 325～345MPa,名义屈服应变为 0.015～0.017。可见支座几何构造设计合理,节点整体破坏时材料性能得到了充分发挥。

(2)计算点 1 为力学性能最薄弱部位,即最先失稳。支座节点计算点 1 失稳破坏时,拉弯情况下稳定承载力约为 16000kN,稳定承载力系数为 2.26;压弯情况下稳定承载力约为 17000kN,稳定承载力系数为 1.60。

(3)当支座节点进入屈服时,在拉弯情况下,计算点 1 的最大位移为 1.62mm,

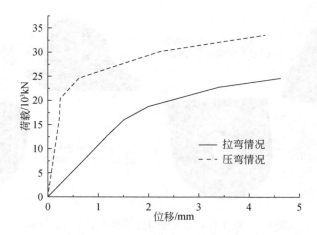

图 6.9　计算点 1 的荷载-位移全过程曲线

荷载约为 16965kN,稳定承载力系数为 2.4;在压弯情况下,计算点 1 的最大位移为 0.32mm,荷载约为 21480kN,稳定承载力系数为 2。

(4)取节点荷载-应变、位移分析结果同时为安全控制目标时,在拉弯情况下的屈服荷载约为 16000kN,节点整体稳定承载力系数为 2.26;压弯情况下屈服荷载约为 17000kN,节点整体稳定承载力系数为 1.60。

总之,结构关键支座节点经过合理的构造设计,未出现节点单元局部屈曲失稳破坏,材料强度得到充分发挥,结构失稳时及在罕遇地震作用下完全弹性,未出现塑性发展区,节点安全工作,满足"强节点弱构件"的性能要求。在加大荷载倍数进行全过程分析时,可以发现支座上半部分的销轴部位将首先进入屈服,出现塑性应变。而加劲肋的设置限制塑性区发展的效果非常明显,保证了节点的安全工作,因此应重视加劲肋的设置。

6.3　弦杆受压相贯节点模型试验与设计研究

6.3.1　试验目的

贵阳奥体中心主体育场屋盖为牛角造型[1],径向最大长度为 69m,看台上部设一排支撑,最大悬挑 49m。采用沿屋盖上表面径向设置预应力索的预应力大悬挑斜交平面桁架体系,为保证体系整体稳定性,斜交桁架弦杆均为梁单元。由此形成带弯矩工作的大直径空间相贯节点,此类典型节点形式为 5 根钢管相贯焊接于一根主管上。连接空间桁架的钢管相贯节点受力性能和承载能力是保证结构可靠受力的关键,为保证新型空间相贯节点安全,进行弦杆受压、弦杆受拉、弦杆带弯矩大直径空间相贯节点系列足尺试验。对弦杆受压相贯节点试验进行分析研究[40],试验节点位置详见图 6.10。弦杆受压相贯节点试验目的包括四个方面:

(1)通过节点模型破坏试验,得出工程采用节点的实际承载力,据此对工程节点进行安全性评价。

(2)对试验过程和试验现象进行研究,了解各加载阶段相贯节点的应力分布情况及整个加载过程塑性区的开展过程,得出此类节点的破坏模式和破坏机理,采用有限元法对试验节点进行计算分析,对试验现象和破坏机理进行力学解释。

(3)通过模型试验来研究弦杆受压大直径空间相贯节点,并与规范计算结果和有限元计算结果进行对比分析,验证有限元法的实用性和规范计算方法的适用性,并对钢管相贯节点破坏判定准则进行探讨,为有关钢结构设计规范的修改及广大设计人员提供必要的参考资料。

(4)将空间相贯节点分解为不同组的平面类型节点,并针对不同组合,应用有限元法分析节点腹杆几何相关性、不同组平面节点加载相关性对空间相贯节点承载力的影响,并提出工程实用的设计方法。

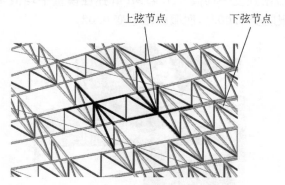

图 6.10　试验节点在屋盖网架中的位置

本节选取工程典型下弦受压空间相贯节点,进行静力单调加载足尺试验,试验试件参数及设计荷载如表 6.3 所示。试件各杆件长度取杆件直径的 3 倍,以避免杆件端部约束对节点区受力的影响。

表 6.3　弦杆受压相贯节点试验试件参数及设计荷载

杆件	截面尺寸/(mm×mm)	设计荷载/kN
1	Φ273×18	−1168
2	Φ245×14	−1035

杆件	截面尺寸/(mm×mm)	设计荷载/kN
3	Φ273×18	−1236
4	Φ245×14	−1074
5	Φ203×6	−81
6	Φ203×6	113
7	Φ203×6	53

　　试件制作过程中,采用实际施工过程中的相贯焊接顺序,图 6.11 为试验节点构造图。此类典型节点形式为 5 根钢管相贯焊接于一根主管上,各管轴线相交于一点,轴线之间的夹角为∠1.2＝67°、∠1.5＝90°、∠2.5＝90°、∠3.6＝60°、∠4.7＝60°(角度数字代表杆件编号)。各试验节点对应的弦杆受压相贯区测点布置如图 6.12所示。为了较好地反映试验材料性能,截取用于试验节点材料上的条状钢板进行单项拉伸材性试验,经过对 12 个试件材性试验结果的统计分析,得到节点试件的实际材性参数为:材料的抗拉弹性极限强度 250MPa,抗拉屈服强度平均值400.5MPa,抗拉极限强度平均值 611.41MPa,弹性模量平均值 187GPa,弹性极限应变 0.0019,屈服应变 0.0031,屈服极限应变 0.02。

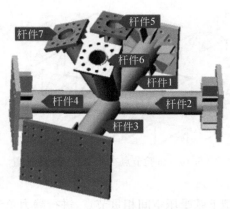

图 6.11　试验节点构造图

6.3.2　试验过程与破坏机理分析

1)试验设备与加载制度

　　试验设备主要包括空间自平衡加载架、两台 500t 穿心式千斤顶及配套的拉杆、三台 400t 千斤顶,以及配套的滑板、铰支座等。节点试验照片如图 6.13 所示,试验装置如图 6.14 所示。

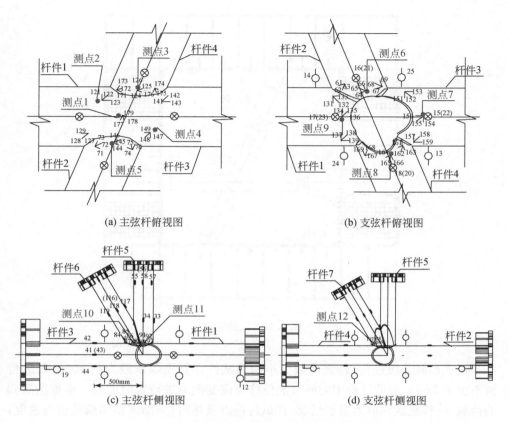

(a) 主弦杆俯视图　　　　　　　　　　(b) 支弦杆俯视图

(c) 主弦杆侧视图　　　　　　　　　　(d) 支弦杆侧视图

图 6.12　各试验节点对应弦杆受压相贯区测点布置图

图 6.13　弦杆受压节点试验照片

　　试验中,为了校验测试仪器调零和检查应变片、荷载传感器、位移计及其他仪器是否正常工作,同时为减缓试件中的装配应力,预加载阶段反复 2～3 次,预加载力为试件预计极限承载力的 20%。

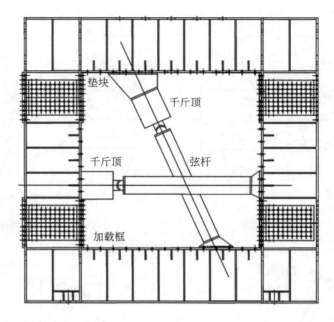

图 6.14　试验装置

正式加载分级进行，每级荷载大小约为试件计算极限承载力的 10%，每级持荷不少于 5min，加载过程中对所有的位移与应变测点进行实时监测。根据监测到的荷载-位移曲线和应力发展情况，在试件接近破坏时，局部调整加载数值与速度，并由荷载控制转为位移控制，试件加载分级如表 6.4 所示。

2) 试验现象

通过试验观测可知：

(1) 空间相贯节点在设计荷载作用下 (试验加载第五级)，只有少数测点进入屈服阶段，大部分测点仍处于弹性，故工程设计节点强度在设计荷载作用下是安全的。

(2) 在 12 级荷载 (设计荷载的 2.4 倍) 作用下，腹杆相贯根部各测点基本进入屈服阶段。在 14 级荷载 (设计荷载的 2.8 倍) 作用下，弦杆各测点基本进入屈服阶段。

(3) 节点的塑性发展基本过程为：节点无腹杆面 (背面) 首先是相贯区鞍部进入塑性，然后塑性范围沿着相贯线向相贯区冠点处发展，节点有腹杆面 (正面) 首先是支弦杆与腹杆相贯冠点处应力较大，然后塑性由这些冠点向支弦杆与主弦杆冠点处扩展。

表 6.4　弦杆受压节点试件加载分级

| 加载级数 | | 加载力/kN | | | | 设计荷载倍数 | 加载制度 |
	杆1	杆2	杆5	杆6	杆7		
设计工况	−1168	−1035	−81	−113	53		
名义屈服	4970	3500	1280	1280	1280		
第一阶段							
0	−467	−414	−33	13	21		
1	−234	−207	−16	23	11	0.2	
2	−45	−41	−4	56	20	0.4	
3	−69	−63	−4	54	18	0.6	
4	−96	−815	−84	101	31	0.8	主弦杆同步加载,腹杆隔级加载
5	−119	−106	−74	114	61	1	
6	−136	−123	−1	149	58	1.3	
8	−1812	−1644	−158	198	76	1.6	
9	−2103	−189	−151	144	57	2	
10	−2336	−2111	−205	192	99	2.1	
12	−2803	−245	−211	251	104	2.4	
14	−325	−2877	−245	275	137	2.8	
16	−308	−284	−353	310	212	3.2	
第二阶段							
18	−2935	−2801	−319	392	183	3.6	
20	−282	−291	−353	437	222	4	
22	−27	−2798	−387	497	234	4.4	
24	−261	−2841	−45	578	279	4.8	腹杆同步加载,主弦杆不加载
26	−256	−2885	−545	700	318	5.2	
28	−2513	−28	−548	724	353	5.6	
30	−235	−285	−709	959	387	6	
31	−3443	−3135	−644	877	394	6.2	
32	−329	−3255	−71	915	428	6.4	

3)节点破坏机理的有限元分析

应用 ANSYS 有限元软件进行节点弹塑性分析,分析中考虑了相贯节点的材料弹塑性和几何非线性。荷载加载采取分步多次加载,荷载步选取与试验加载过程保持一致。分析结果取全过程曲线拐点位置为名义屈服点,取全过程曲线出现水平段位置为名义极值点。有限元分析中杆件应力(应变)均为 von Mises 等效应力(应变)。

　　实际工程及试验试件的加载都存在渐变过程,工程设计一般均采用一次加载方法进行计算分析,与工程实际状况不同。对试验节点采用一次加载和分步加载两种不同加载路径进行弹塑性分析,主要分析结果如图 6.15 和图 6.16 所示。

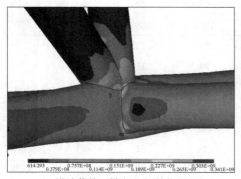

(a) 设计荷载下最大应力(单位:Pa)

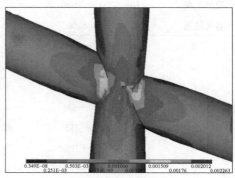

(b) 设计荷载下背剖面最大应变

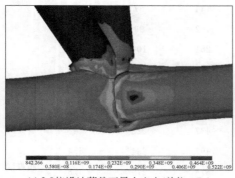

(c) 2.8倍设计荷载下最大应力(单位:Pa)

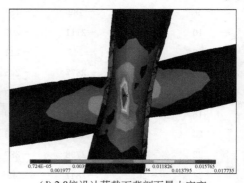

(d) 2.8倍设计荷载下背剖面最大应变

图 6.15　一次加载下节点应力、应变云图

　　由图 6.15 和图 6.16 分析可知:

　　(1)在设计荷载作用下,一次加载和分步加载情况下节点应力、应变相同,节点仍基本处于弹性状态。

　　(2)在 2.8 倍设计荷载作用下,最大应力、应变点出现位置相同,最大应力点均出现在支弦杆相贯区,而最大应变点均为相贯区主杆底部内侧,但采取一次加载时节点最大应力、应变均大于分步加载情况,增大幅度分别为 0.78% 和 5.99%。

　　(3)在节点工程设计时采用一次加载方法计算节点承载力是安全可行的。

　　为研究节点相贯区的应力状态,重点选择节点相贯区单元,节点等效应力云图如图 6.17 所示。分析可知,在设计荷载作用下,节点各杆件的受力状态均处于弹

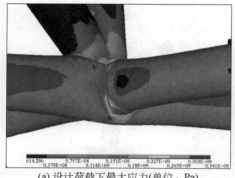
(a) 设计荷载下最大应力(单位：Pa)

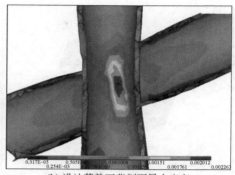
(b) 设计荷载下背剖面最大应变

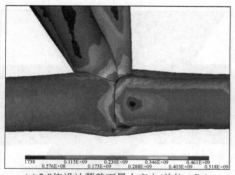
(c) 2.8倍设计荷载下最大应力(单位：Pa)

(d) 2.8倍设计荷载下背剖面最大应变

图 6.16　分步加载下节点应力、应变云图

性阶段,应力最大值为 341MPa,出现在主弦杆内壁相贯区中心点;应力集中主要
发生在主、支弦杆相贯线鞍点,与试验结果基本一致;节点区以外应力下降迅速,节
点在设计荷载作用下有较大的安全度。

节点在逐级加载时等效塑性应变云图如图 6.18 所示。由图可知,0.7 倍设计
荷载作用下,主弦杆内部管壁中心首先出现塑性应变;1.7 倍设计荷载作用下,支
弦杆与主弦杆相贯鞍点处,腹杆 7 与主弦杆 1、支弦杆 4 相贯三集点处也相继出现
塑性应变;荷载进一步加大后,支弦杆 2、支弦杆 4 与主弦杆、各腹杆相贯线处出现
塑性应变,加载过程中主弦杆内部管壁中心处塑性应变始终为最大值;计算终止
时,塑性应变由相贯线附近向管身处扩展。

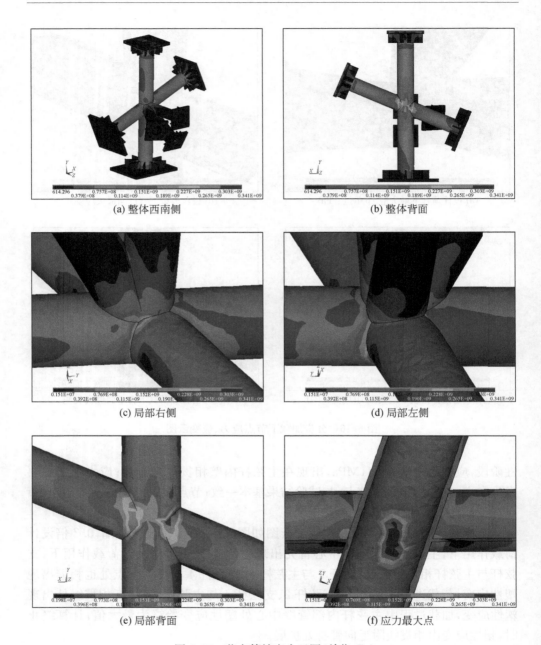

图 6.17　节点等效应力云图(单位:Pa)

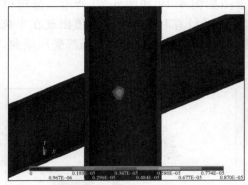

(a) 0.7倍设计荷载下开始进入塑性

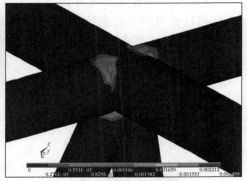

(b) 1.7倍设计荷载下局部背面

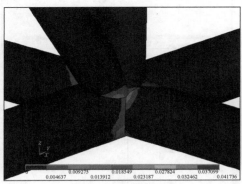

(c) 3倍设计荷载下局部右侧

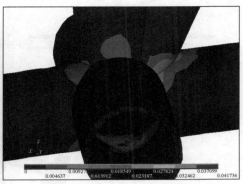

(d) 3倍设计荷载下局部俯视

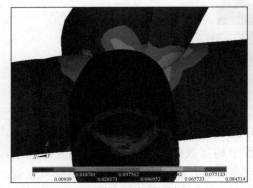

(e) 计算终止时局部俯视

(f) 计算终止时局部背面

图 6.18　节点等效塑性应变云图

　　节点破坏时的等效应力云图和变形云图如图 6.19 和图 6.20 所示。分析可知,在弦杆相贯中心处主弦杆管壁向外凸起,终止计算时的应力最大值出现在主弦杆内壁中心处。节点的破坏形式为主弦杆受压屈曲,腹杆 5 相贯处局部受压屈曲,与试验结果相符。

(a) 整体西南侧

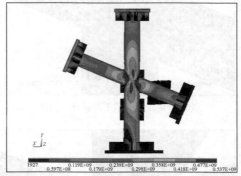

(b) 整体背面

(c) 弦杆内壁

图 6.19　节点破坏时的等效应力云图(单位:Pa)

　　对空间相贯节点弦杆受压的有限元分析可得出如下结论:

　　(1)由于节点相贯线复杂,在加载过程中相贯线处发生局部变形和应力集中,远离相贯线处应力迅速下降。节点应力与应变较大部位为主/支弦杆相贯鞍点处、腹杆与弦杆相贯集点(多条相贯线相交点)处、节点中心无腹杆相贯面主弦杆管壁处及受拉腹杆相贯端部和受压腹杆加载端,与试验结果基本一致。

　　(2)节点试验和有限元分析中最先进入屈服的部位均为节点相贯区主弦杆管壁中心处,在实际设计过程中,可以考虑局部增强处理,如局部加套管或者做类似封皮的加强措施,避免局部应力集中和局部变形过大,以提高节点的极限承载力。

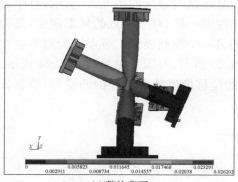
(a) 整体背面

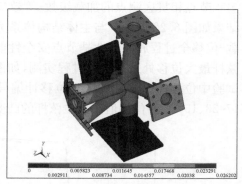
(b) 整体东北侧

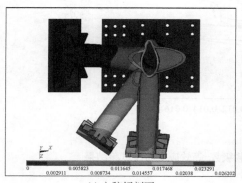
(c) 主弦杆剖面

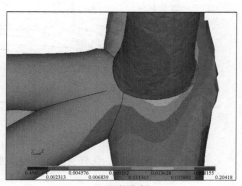
(d) 局部右侧

图 6.20　节点破坏时的变形云图（变形放大 7 倍）（单位：m）

6.3.3　弦杆受压相贯节点承载力分析

1）节点荷载-应力（应变、位移）全过程屈曲分析

由 6.3.2 节分析可知，弦杆受压大直径空间相贯节点高应力、大变形主要集中在主/支弦杆相贯鞍点处、腹杆与弦杆相贯集点（多条相贯线相交点）处、主弦杆管壁节点中心处，重点选择位于上述部位的 12 个应变测点、4 个位移测点（图 6.12），进行荷载-等效应力（应变、位移）全过程屈曲分析。将荷载-等效应力（应变、位移）全过程曲线中出现非线性的拐点定义为节点名义弹性极限应变（位移）点，该点对应的荷载为节点弹性极限承载力；将全过程曲线中明显拐点定义为节点名义屈服应变（位移）点，该点对应的荷载为节点屈服承载力；将荷载不变而应变不断加大、完全进入塑性阶段的点定义为节点名义屈服极限应变（位移）点，该点对应的荷载为节点极限承载力。

　　节点相贯区测点的加载级数-等效应变曲线试验结果如图 6.21 所示,有限元结果如图 6.22 所示。与主体结构体系力学性能一样,对于节点的局部屈曲,其荷载-位移全过程屈曲特性是节点安全性能的另一个控制要素。节点试验对节点主弦杆最大位移处进行了全过程实测,如图 6.23 所示,有限元结果如图 6.24 所示。试验中位移计 14-24、25-13(位移计编号)的位移值反映主弦杆的凹变形,位移计 17-23、15-22 的位移值反映主弦杆的凸变形。

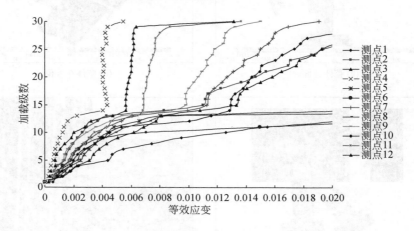

图 6.21　弦杆受压相贯节点加载级数-等效应变曲线试验结果

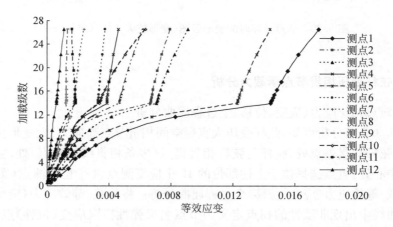

图 6.22　弦杆受压相贯节点加载级数-等效应变曲线有限元结果

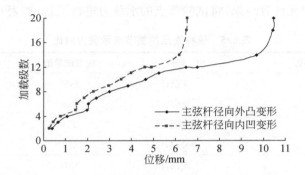

图 6.23　弦杆受压相贯节点加载级数-位移曲线试验结果

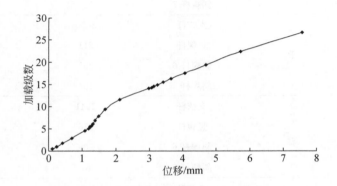

图 6.24　主弦杆加载级数-位移曲线有限元结果

2)节点承载力分析

节点足尺模型试验中,带弯矩弦杆受压空间相贯节点试验与设计研究已提出[31]:

(1)强度延性性能准则(强屈比)。根据荷载-应变(位移)全过程屈曲分析可得到节点名义屈服极限应变(位移),并分别得出两者对应的屈服极限承载力,取其较小者作为节点屈服极限承载力。当主弦杆径向屈服极限位移大于 $D/(40\sim50)$(D 为主弦杆管径)时,取 $D/(40\sim50)$ 对应加载值为节点屈服极限承载力。取节点屈服极限承载力的 $1/(1.2\sim1.4)$ 作为节点屈服承载力,即节点设计承载力。

(2)变形延性性能准则。节点屈服极限承载力对应荷载作用下,主弦杆径向大变形值应小于主弦杆管径的 $1/(40\sim50)$;节点设计承载力对应荷载作用下,主弦杆径向大变形值应小于主弦杆管径的 $1/100$。

试验与计算分析同样证明了上述节点承载力确定准则,此处不再赘述。根据试验研究与有限元计算结果,将试验节点的承载力进行汇总,如表 6.5 所示。

表 6.5　弦杆受压相贯节点承载力对比

评价指标		杆件	模型试验值	有限元计算值
屈服 极限 承载 力/kN	P_{u1}	支弦杆	2450	2898
		竖腹杆	211	227
		斜腹杆 6	251	316
		斜腹杆 7	104	148
	P_{u2}	支弦杆	2877	3312
		竖腹杆	245	421
		斜腹杆 6	275	588
		斜腹杆 7	137	276
	P_{u3}	支弦杆	2450	3312
		竖腹杆	211	340
		斜腹杆 6	251	475
		斜腹杆 7	104	223
设计 承载 力/kN	P	支弦杆	2041	2070
		竖腹杆	176	162
		斜腹杆 6	209	225
		斜腹杆 7	87	106
	P/P_c	支弦杆	1.02	1.03
		竖腹杆	0.11	0.10
		斜腹杆 6	0.13	0.12
		斜腹杆 7	0.10	0.07
变形 性能	d_u/mm		6.46	7.58
	d_u/D		1/42	1/36
	d/mm		1.98	1.22
	d/D		1/138	1/223

注:P_{u1} 为由荷载-应变曲线确定的屈服极限承载力;P_{u2} 为由荷载-位移曲线确定的屈服极限承载力;P_{u3} 为当屈服极限承载力对应的主弦杆径向位移 $d_u > D/50$ 时,取 $D/50$ 对应加载值为屈服极限承载力,D 为主弦杆管径;P 为节点设计承载力,$P = \min(P_{u1}, P_{u2}, P_{u3})/k$,模型试验取 $k=1.2$,有限元计算取 $k=1.4$;P_c 为规范计算节点设计承载力;d_u 为节点屈服极限承载力对应的主弦杆径向位移;d 为节点设计承载力对应的主弦杆径向位移。

　　从以上试验结果及有限元结果分析可知:

　　(1)荷载-应变(位移)全过程屈曲分析结果均显示,有限元计算所得节点极限承载力比模型试验值偏高约 15%。这是因为有限元分析不存在材料性能加工制作偏差、焊接次应力等不利因素。因此,空间相贯节点承载力确定准则对两种方法取不同的安全系数是合理的。

(2)两种方法的荷载-位移全过程曲线均显示,在弦杆受压空间相贯节点强度达到屈服极限后,主弦杆的径向变形值仍有较大发展,节点屈服极限承载力比强度屈服承载力高约 15%。表明空间相贯节点具有良好的变形延性性能。

(3)根据模型试验结果与有限元计算结果,并依据空间相贯节点承载力确定准则得到试验节点中支弦杆对应节点设计承载力与规范计算值基本相等。说明应用有限元计算方法确定空间相贯节点承载力是工程可行的设计方法。

(4)在试验节点加载至 12 级时,主弦杆出现明显屈服,塑性应变迅速开展,之后停止弦杆加载,只有腹杆同步加载。而节点仍能继续承受荷载,并未破坏,说明节点腹杆承载力远远大于 12 级时腹杆加载值;而主弦杆应变随腹杆加载只有微小增长,且最终应变不足 0.02,说明节点在弦杆相贯区局部构件屈服到节点最终破坏之间,对于斜腹杆仍具有较强的承载能力储备。

(5)相比支弦杆 2,腹杆 5、6、7 对应的节点承载力都远小于规范计算值,从表 6.5 分析可知,主要原因是腹杆 5、6、7 与支弦杆 2 相比,加载比例太小,导致支弦杆 2 加载至节点达到屈服极限时,腹杆的承载力较小。因此,空间相贯节点只有在各腹杆间存在合理的承受荷载比例,才可充分发挥空间相贯节点承载能力。同时也说明空间相贯节点各分组平面相贯节点的加载比例对其节点承载力有着至关重要的影响。

6.3.4　空间相关性对相贯节点承载力影响分析

实际工程中只能对重要工程中的关键节点采用试验方法,有限元法也只能在少量节点设计中应用。因此,结构工程师设计需要一个简单可行的计算公式,对空间相贯节点承载力进行判定计算。《钢结构设计标准》(GB 50017—2017)中只给出平面 X、K、T 形节点的承载力计算公式,对于更加复杂的空间相贯节点,只能依据其空间构成拆分成已知的几种简单平面节点分别进行计算,之后以简单的折减系数进行修正[6]。

前节分析结果表明,在不同分组平面相贯节点间加载比例严重失调的情况下,空间相贯节点破坏时,某些腹杆对空间节点承载力远小于规范计算值。按规范方法计算存在一定的安全隐患,设计时必须考虑空间相关性对空间相贯节点承载力的影响。

影响空间相贯节点极限承载力的空间相关性包括两个方面:一是各腹杆几何刚度相关性,即某些腹杆的几何刚度对其他腹杆对应节点承载力的影响;二是不同组平面节点各组杆件间加载值相互之间加载比例对节点承载力的影响。由于节点空间承载力是一定的,某些组平面节点加载值偏高,必将对其他组平面节点承载力产生不利影响。

1. 空间几何相关性分析研究

为研究空间几何相关性对节点承载力的影响,并与规范计算值进行对比分析,将试验空间相贯节点分解为 6 种不同的几何组合方式(图 6.25),共 10 种加载组合进行有限元计算。

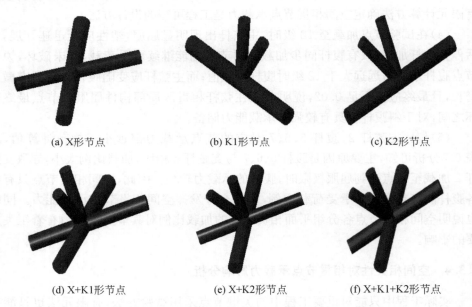

(a) X形节点　　　　　　(b) K1形节点　　　　　　(c) K2形节点

(d) X+K1形节点　　　　(e) X+K2形节点　　　　(f) X+K1+K2形节点

图 6.25　计算节点示意图

空间相贯节点弦杆(杆 1)加载值取试验中支弦杆 2 屈服时荷载 2803kN;次弦杆杆 2 加载值取 X 形相贯节点的节点承载力 1602kN(主杆荷载 2803kN);腹杆 5、6、7 加载值分别取 K1、K2 形平面相贯节点对应的节点承载力 1182kN、1463kN、1266kN。

有限元分析中,各杆件按表 6.6 中所示荷载同步加载。其中,对于 X 形节点,弦杆轴力加载至设计承载力后停止加载,支弦杆部分继续加载,直至节点破坏;对于 K 形节点,弦杆轴力加载至设计承载力后停止加载,而腹杆轴力继续加载,直至节点破坏。

表 6.6　各分组加载值　　　　　　　　（单位：kN）

组合序号	节点形式	杆 1	杆 2	杆 5	杆 6	杆 7
1	X	2803	1602	0	0	0
2	X+K1	2803	1602	0	0	0
3	X+K2	2803	1602	0	0	0
4	X+K1+K2	2803	1602	0	0	0
5	K1	2803	0	1267	1463	0
6	X+K1	2803	0	1267	1463	0
7	X+K1+K2	2803	0	1267	1463	0
8	K2	0	1602	1097	0	1266
9	X+K2	0	1602	1097	0	1266
10	X+K1+K2	0	1602	1097	0	1266

　　X 形、K1 形、K2 形平面相贯节点应变云图如图 6.26 所示。由图可知，X 形节点屈服点 1 位于主弦杆下部相关区内壁，屈服点 2 位于主弦杆相贯区上部；K1 形节点屈服点 1 位于主弦杆上部与斜腹杆 6 相贯区域弦杆固定侧，屈服点 2 位于主弦杆上部与斜腹杆 6 相贯区域弦杆加载侧；K2 形节点屈服点 1 位于主弦杆上部与斜腹杆 6 相贯区域弦杆固定侧，屈服点 2 位于主弦杆上部与斜腹杆 6 相贯区域弦杆加载侧。

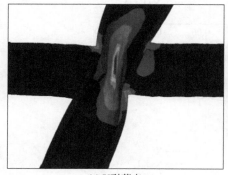

(a) X 形节点

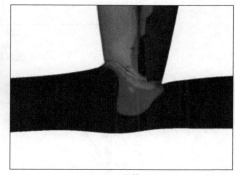

(b) K1 形节点

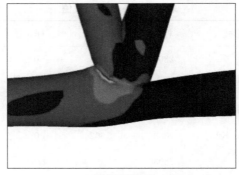

(c) K2形节点

图 6.26　各平面相贯节点应变云图

　　为研究空间几何相关性对分组平面节点承载力的影响，将单独平面相贯节点分析所得屈服点在不同空间几何组合的荷载-应变（位移）全过程曲线进行对比，结果如图 6.27～图 6.29 所示，对应的节点承载力计算结果如表 6.7 和表 6.8 所示，其中各符号意义同表 6.5。

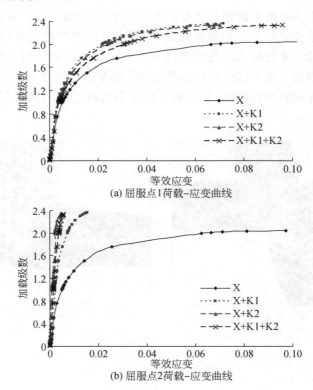

(a) 屈服点1荷载-应变曲线

(b) 屈服点2荷载-应变曲线

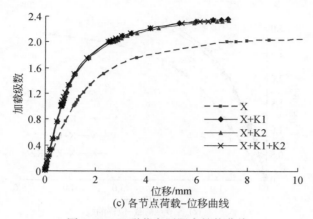

(c) 各节点荷载–位移曲线

图 6.27　X 形节点屈服点性能曲线

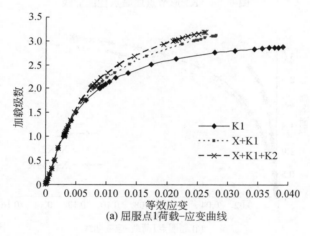

(a) 屈服点 1 荷载–应变曲线

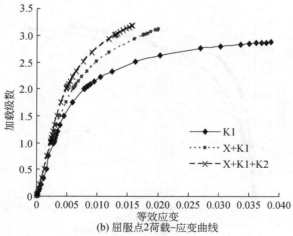

(b) 屈服点 2 荷载–应变曲线

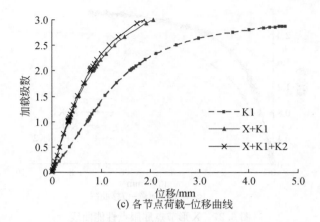

(c) 各节点荷载-位移曲线

图 6.28　K1 形节点屈服点性能曲线

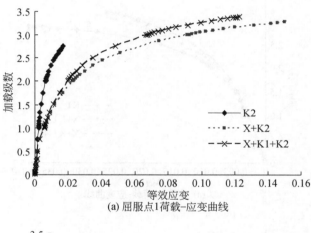

(a) 屈服点1荷载-应变曲线

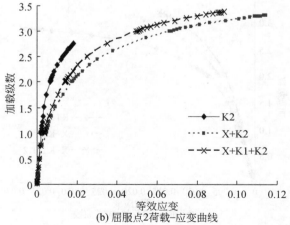

(b) 屈服点2荷载-应变曲线

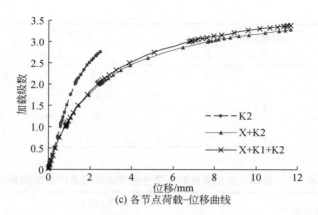

(c) 各节点荷载–位移曲线

图 6.29 K2 形节点屈服点性能曲线

表 6.7 空间几何相关性对节点承载力影响分析

评价指标		加载分组节点	节点形式					
			X	K1	K2	X+K1	X+K2	X+K1+K2
屈服极限承载力	P_{u1}/P_c	X	2.05	—	—	2.36	2.33	2.33
		K1	—	2.87	—	3.11	—	3.18
		K2	—	—	2.76	—	3.32	3.39
	P_{u3}/P_c	X	1.66	—	—	2.30	2.27	2.29
		K1	—	—	—	—	—	—
		K2	—	—	—	—	2.65	2.73
设计承载力	P/P_c	X	1.19	—	—	1.64	1.62	1.64
		K1	—	2.05	—	2.22	—	2.27
		K2	—	—	1.97	—	1.89	1.95
变形性能	d_u/mm	X	10.26	—	—	7.23	7.24	6.64
	d_u/D		1/27	—	—	1/38	1/38	1/41
	d/mm		1.50	—	—	1.45	1.50	1.38
	d/D		1/182	—	—	1/188	1/182	1/198
	d_u/mm	K1	—	4.75	—	2.33	—	2.29
	d_u/D		—	1/57	—	1/117	—	1/119
	d/mm		—	1.65	—	0.99	—	0.96
	d/D		—	1/165	—	1/275	—	1/284

续表

评价指标	加载分组 节点	节点形式					
		X	K1	K2	X+K1	X+K2	X+K1+K2
变形性能	K2	d_u/mm	—	—	2.52	—	12.47	11.67
		d_u/D	—	—	1/97	—	1/20	1/21
		d/mm	—	—	1.27	—	2.24	2.26
		d/D	—	—	1/193	—	1/109	1/108

表 6.8　空间几何相关性对平面分组节点屈服点应变影响分析

评价指标	节点形式	X 形节点		K1 形节点		K2 形节点	
		屈服点 1	屈服点 2	屈服点 1	屈服点 2	屈服点 1	屈服点 2
屈服极限 应变	X	0.102	0.097	—	—	—	—
	K1	—	—	0.034	0.039	—	—
	K2	—	—	—	—	0.017	0.018
	X+K1	0.072	0.015	0.028	0.020	—	—
	X+K2	0.070	0.005	—	—	0.162	0.115
	X+K1+K2	0.096	0.006	0.026	0.016	0.123	0.094
P/P_0	X+K1	0.70	0.16	0.72	0.52	—	—
	X+K2	0.69	0.05	—	—	9.48	6.25
	X+K1+K2	0.94	0.06	0.67	0.41	7.22	5.11

1)X 形分组节点

(1)X 形节点屈服点 1 在 X+K1、X+K2 及 X+K1+K2 形空间节点中的应变发展快慢及最终应变结果与 X 形节点基本相同,可见屈服点 1 塑性应变主要由支弦杆 2 压应力引起;而屈服点 2 在后三种空间相贯节点中,由于其空间几何刚度随着相贯区杆件的增加而逐渐增大,其塑性应变开展受到较大限制,最大应变不足0.02,仅为单独 X 形节点的 20% 左右,远没有达到屈服。

(2)随着空间相关性增加,X 形节点屈服极限变形呈递减趋势。从单独 X 形到X+K1、X+K2、X+K1+K2 形屈服极限应变分别为 1/27、1/38、1/38、1/41,后三者约为单独 X 形节点的 70%。

(3)X 形平面节点在增加 K 形分组节点变为空间相贯节点后,其对应的 X 形分组节点设计承载力明显提高,X+K1 形空间节点设计承载力比单独 X 形平面节点提高约 35%。而新增 K 形分组节点数量及位置对其承载力影响较小,X+K1、X+K2、X+K1+K2 形空间节点承载力间相差不到 2%。

2)K1 形分组节点

(1)K1 形节点屈服点 1 在单独 K1 形节点中应变发展较为明显,而在 X＋K1、X＋K1＋K2 形空间节点中,受空间几何相关性影响,其应变开展受到很大限制,屈服点 1 的最终应变仅为 0.028、0.026,分别约为单独 K1 形节点最终应变的 82％、76％;屈服点 2 的最终应变仅为 0.020、0.016,分别约为单独 K1 形节点的 51％、41％。

(2)K1 形分组节点腹杆相贯于主弦杆上,其主杆屈服极限变形随着空间节点杆件的增多(空间刚度的增大)而变小,从单独 K1 形节点到 X＋K1、X＋2K 形空间节点,屈服极限应变分别为 1/57、1/117、1/119,后两者约为单独 K 形节点的 50％。

(3)K 形平面节点在增加 X 形分组节点后,其屈服极限承载力有所增大,X＋K1 形与 X＋2K1 形空间节点屈服极限承载力基本相同。与单独 K1 形节点相比,X＋K1(X＋2K)形空间节点的屈服极限承载力增长幅度约为 10％。

3)K2 形分组节点

(1)K2 形节点屈服点在 X＋K2、X＋K1＋K2 形空间节点中的应变开展反而加快,并且进入塑性较早。屈服点 1 在 X＋K2 形节点中塑性应变发展最快,在 X＋K1＋K2 形节点中次之,最终应变分别为 0.162、0.123,约为单独 K2 形节点最终应变的 10 倍和 7 倍。屈服点 2 在 X＋K2、X＋K1＋K2 形空间节点中的应变发展趋势与屈服点 1 大致相同。

(2)K2 形节点腹杆相贯于支弦杆上,其对主、支弦杆的极限变形随着节点向空间节点转变而增大,从单独 K2 形节点的 1/97 依次增大为 1/20、1/21,增大幅度约为 80％。分析其原因,一是由于 K2 形节点腹杆 7 相贯于主弦杆与支弦杆分界线上,腹杆与弦杆相贯步连续;二是由于 K2 形节点对应的支弦杆 2 被主弦杆断开,其整体刚度大为减弱。K2 形分组节点的变形性能降低属于特殊情况。

(3)与单独 K2 形节点相比,X＋K2(X＋K1＋K2)形空间节点屈服极限承载力增加幅度在 20％以内,且若以荷载-位移曲线中位移达到杆件直径 1/50 时的荷载判定为屈服极限承载力,与单独 K2 形节点相比,X＋K2、X＋K1＋K2 形空间节点极限承载力均有所降低。

总体来说,空间相关性对弦杆受压空间相贯节点中每个分组平面节点的屈服极限承载力有 20％以上的提高,但同时造成空间节点变形性能有所降低。与规范计算值相比,X 形节点设计承载力略高于规范计算值,K1、K2 形节点设计承载力约为规范计算值的 2 倍。

2. 加载比例相关性分析研究

在主弦杆轴力加载不变的情况下,支弦杆取不同倍数设计荷载与腹杆同步加载,其节点屈服极限承载力有明显改变,如图 6.30 所示。为探讨空间相贯节点各分组平面节点加载比例对节点极限承载力的影响,分别取 12 种不同比例加载方式,分析结果如表 6.9 所示。其中,各杆件加载比例均以规范计算值为基数,表中各参数符号意义同表 6.5。

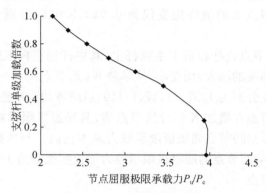

图 6.30　节点屈服极限承载力

表 6.9　加载比例相关性对空间相贯节点承载力影响分析

编号	分组与加载比例		屈服极限承载力		设计承载力	变形性能			
	加载分组节点	杆2：杆5：杆6：杆7	P_{u1}/P_c	P_{u3}/P_c	P/P_c	d_u/mm	d_u/D	d/mm	d/D
①	K1	0：1：1：0	3.16	—	2.26	2.24	1/122	0.95	1/287
②	K1+K2	0：1：0.5：0.5	3.97	—	2.84	2.83	1/96	1.46	1/167
③	K2	0：1：0：1	3.53	3.28	2.34	6.46	1/38	2.21	1/111
④	0.5X+K1	0.5：1：1：0	3.12	—	2.23	3.60	1/76	1.39	1/196
⑤	0.5X+K1+K2	0.5：1：0.5：0.5	3.46	3.12	2.23	11.78	1/21	1.54	1/159
⑥	0.5X+K2	0.5：1：0：1	2.81	2.4	1.71	15.38	1/16	1.8	1/136
⑦	0.8X+K1	0.8：1：1：0	2.73	2.64	1.89	7.64	1/36	1.46	1/187
⑧	0.8X+K1+K2	0.8：1：0.5：0.5	2.55	2.37	1.69	10.72	1/23	1.19	1/206
⑨	0.8X+K2	0.8：1：0：1	2.22	1.95	1.39	13.92	1/18	1.53	1/160
⑩	1.0X+K1	1：1：1：0	2.25	2.19	1.56	7.06	1/39	1.31	1/208
⑪	1.0X+K1+K2	1：1：0.5：0.5	2.14	2.03	1.45	9.91	1/25	1.17	1/209
⑫	1.0X+K2	1：1：0：1	1.92	1.70	1.21	12.34	1/20	1.37	1/179

以上图表分析可知：

（1）随着支弦杆加载比例的增大，节点屈服应变对应的屈服极限承载力逐步降低。

（2）在腹杆加载比例不变的情况下，随着支弦杆 2 加载比例的提高，节点设计承载力逐步降低。其中，从①④⑦⑩号加载组合可以看出，支弦杆 2 从加载比例 0.5 提高到 0.8 和 1 时降低幅度较大；②⑤⑧⑪及③⑥⑨⑫号节点变化趋势与①④⑦⑩号节点基本相同。

（3）在支弦杆 2 加载比例不变的情况下，各个腹杆间加载比例的变化对整体节点承载力也有很大的影响。所有加载组合中只要对 K2 分组节点加载，节点的屈服极限承载力就会突然增大且增大幅度超过 50%。若按节点变形为杆件管径的 1/50 对应的荷载来控制承载力，节点承载力下降约 23%。

（4）在支弦杆加载比例超过 0.8 后，节点承载力与规范计算值的比值小于 2.0。此时若 K1、K2 两个分组节点同时加载，则腹杆 6、7 对应的节点承载力都将小于规范计算值。

6.4　弦杆受拉相贯节点模型试验与设计研究

6.4.1　试验目的

贵阳奥体中心体育场挑篷采用双向斜交钢管相贯焊接桁架结构体系，其桁架相交节点中存在大量弦杆受拉空间相贯节点。对于弦杆受拉相贯节点，我国《钢结构设计标准》(GB 50017—2017)计算公式认为节点承载力与弦杆轴向拉力大小无关。针对工程中 X＋K1＋K2 形空间相贯节点，X 形节点具有主次弦杆半径相近、轴力同号的特点，通过试验对该类复杂节点安全性能进行研究确认。试验目的包括三个方面：

（1）利用节点足尺模型破坏试验得出节点的实际承载力，据此对本工程节点安全性能进行评价。

（2）分析各加载阶段相贯节点的应力分布情况及整个加载过程塑性区的开展过程，同时应用弹塑性有限元分析方法进行对比分析，得出此类节点的破坏模式和破坏机理。

（3）通过模型试验研究弦杆受拉大直径相贯节点的力学性能，并分别与规范计算结果和有限元计算结果进行对比分析，验证理论计算结果的可靠性，并对弦杆轴力对空间相贯节点承载力的影响进行分析研究，为有关钢结构设计规范的修改及广大设计人员提供必要的参考。

　　试验[41]选取工程典型上弦节点(图 6.10),试件参数及设计荷载如表 6.10 所示。试件各杆件长度取杆件直径的 3 倍,以避免杆件端部约束对节点区受力的影响。试件制作过程中,采用实际施工过程中的相贯焊接顺序,试验节点构造图见图 6.11,各试验节点对应的弦杆受拉相贯区测点布置如图 6.31 所示。

表 6.10　弦杆受拉相贯节点试验试件参数及设计荷载

杆件	截面尺寸/(mm×mm)	设计荷载/kN
1	Φ273×18	456
2	Φ245×14	131
3	Φ273×18	637
4	Φ245×14	276
5	Φ203×6	465
6	Φ203×6	−342
7	Φ203×6	−261

6.4.2　试验过程与破坏机理分析

1)试验过程及破坏现象

节点试验加载及破坏图片如图 6.32 所示,试件加载分级如表 6.11 所示。

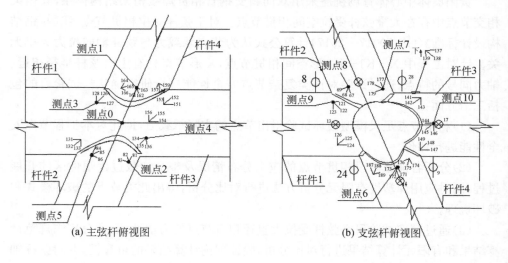

(a) 主弦杆俯视图　　　　　　　　(b) 支弦杆俯视图

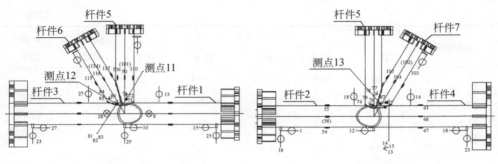

(c) 主弦杆侧视图　　　　　　　　　　　(d) 支弦杆侧视图

图 6.31　各试验节点对应的弦杆受拉相贯区测点布置

图中数字代表应变片编号

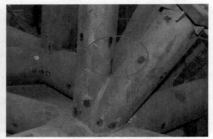

(a) 节点试验整体加载　　　　　　　(b) 竖腹杆5受拉颈缩区域放大

图 6.32　弦杆受拉节点试验加载及破坏图片

表 6.11　弦杆受拉节点试件加载分级

加载级数		加载力/kN					设计荷载倍数	加载制度
		杆 1	杆 2	杆 5	杆 6	杆 7		
设计工况		456	131	465	−342	−261		
名义屈服		4975	3505	1281	1281	1691		
第一阶段	2	144	41	188	−112	−118	0.32	所有杆件同步加载
	5	435	69	492	−236	−276	0.95	
	7	697	141	649	−399	−375	1.53	
	10	970	236	969	−696	−501	2.13	
	12	1113	282	1127	−753	−622	2.44	
	14	1324	339	1289	−950	−736	2.90	

加载级数		加载力/kN					设计荷载倍数	加载制度
		杆 1	杆 2	杆 5	杆 6	杆 7		
第二阶段	15	1367	386	1302	−974	−720		仅对主、支弦杆同步加载
	21	1941	591	1319	−1064	−745		
	25	2548	738	1309	−896	−746		
	27	2758	792	1289	−839	−766		
第三阶段	28	3044	930	1311	−815	−750		仅对支弦杆同步加载
	30	3013	1463	1310	−764	−708		
	32	2933	2541	1307	−816	−547		
	34	2898	2948	1310	−829	−472		
	36	2850	3330	1354	−853	−826		
	37	2948	3047	1419(1331)	−1019	−911		仅对腹杆同步加载
	38	2909	3077	1449(1373)	−1144	−797		
	40	2810	3083	1693(416)	−1217	−950		
	42	2820	3129	1865(1458)	−1309	−984		
	43	2655	3099	1954(1500)	−1446	−1147		
	44	3030	3360	1956	−1370	−1041		仅对支弦杆同步加载
	45	2879	3576	1933	−1342	−943		
	46	2961	3779	1977	−1366	−850		
	47	2950	4005	1945	−1372	−653		

注:有限元分析第 37 级以后按试验对腹杆加载,导致有限元计算不收敛,无法继续模拟后续试验加载步,因此减小对腹杆加载,括号内数值为有限元分析加载值,其他加载步均与试验一致。

第一阶段:试件采用单调静力加载,首先按比例以试件设计内力的 20％ 在各杆端同步施加荷载,各杆端荷载加至 14 级(设计荷载的 2.9 倍时),杆 5 观察到明显受拉颈缩现象。

第二阶段:为考察主、支弦杆相贯区的受拉性能,维持杆 5、6、7 内力不变,对杆 1 和杆 2 继续加载,除杆 5 外,各杆件没有明显现象。

第三阶段:将主弦杆 1 维持在 3000kN 左右的相对高内力水平,对杆 2 加载,考察支弦杆内力增大对主弦杆的影响;加载至 36 级时,杆 1、2 停止加载,杆 5、6、7 加载至 43 级,从此级开始,只加载杆 2;杆 2 加载至 3700kN 左右时,截面应变发展迅速,加载力增长缓慢,加载至杆 2 内力约 4000kN 时,截面平均应变超过 0.015,可以认为试件破坏,考虑到试验安全,终止试验。各杆件无明显现象,节点区无明显现象。

2)节点相贯区实测应变分析

节点相贯区实测应变如图 6.33 和图 6.34 所示。分析可知,空间相贯节点相贯区等效应变屈服次序如下:

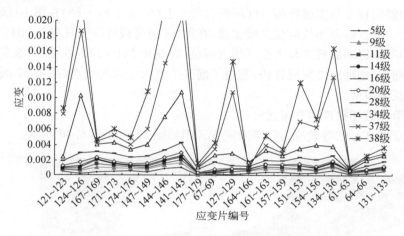

图 6.33　节点相贯区弦杆等效应变

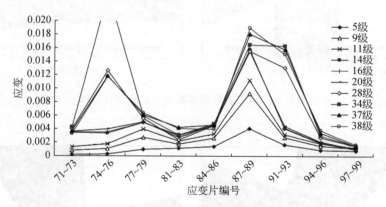

图 6.34　节点相贯区腹杆等效应变

（1）节点区斜腹杆 6 与主弦杆相贯部位斜腹杆 6 上（应变片 87～89)在第 5 级荷载第一个进入屈服,塑性应变发展很快,在第 38 级荷载时应变达到 0.019。

（2）节点区斜腹杆 7 与主弦杆相贯部位斜腹杆 7 上（应变片 91～93)在第 6 级荷载第二个进入屈服,塑性应变发展较快,在第 38 级荷载时应变达到 0.015。

（3）节点区斜腹杆 6 与主弦杆相贯部位斜腹杆 6 上（应变片 84～86)在第 7 级

荷载第三个进入屈服,后期塑性应变发展缓慢,在第 38 级荷载时应变只有 0.004。

(4)腹杆相贯区域竖腹杆 5 与斜腹杆 7 相贯区域竖腹杆 5 上(应变片 77～79)在第 8 级荷载第四个进入屈服,后期塑性应变发展缓慢,在第 38 级荷载时应变只有 0.006。

(5)斜腹杆 6 与主弦杆相贯区域斜腹杆 6 上(应变片 81～83)在第 10 级荷载第五个进入屈服,后期塑性应变发展缓慢,在第 38 级荷载时应变只有 0.004。

(6)节点区斜腹杆 6 与主弦杆相贯部位(应变片 141～143)在第 11 级荷载第一个进入屈服,塑性应变发展很快,超过了前五个进入屈服的测点,在第 37 级荷载达到屈服极限应变。

3)节点破坏机理的有限元分析

节点破坏时的等效应力和等效应变云图如图 6.35 和图 6.36 所示。

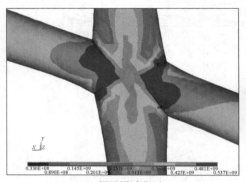
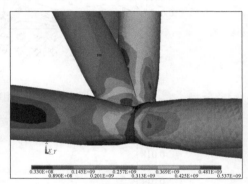

(a) 相贯区域背面　　　　　　　　　　　　　(b) 相贯区域正面

图 6.35　节点破坏时等效应力云图(单位:Pa)

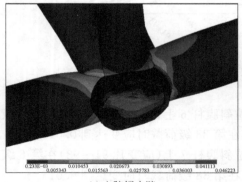
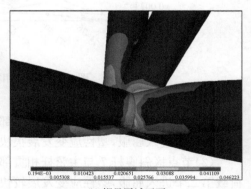

(a) 主弦杆内壁　　　　　　　　　　　　　(b) 相贯区域正面

图 6.36　节点破坏时等效应变云图

分析可知：

（1）主弦杆与支弦杆相贯区域无腹杆背面鞍部（应变片 161～163、应变片 61～63）、正面主弦杆与支弦杆相贯区域（应变片 171～173、应变片 177～179）和正面支弦杆与竖腹杆 5 相贯区域（应变片 71～73、应变片 97～99）达到屈服应力。

（2）主弦杆与支弦杆相贯区域无腹杆背面鞍部（应变片 61～63、应变片 161～163）及侧面相贯区域、正面支弦杆与斜腹杆 7 相贯区域（应变片 171～173、应变片 177～179）和正面支弦杆与竖腹杆 5 相贯区域（应变片 71～73、应变片 97～99）以及竖腹杆与斜腹杆相贯区域出现塑性应变，正面相贯区域塑性应变最大。

（3）在主弦杆相贯中心位置处，主弦杆被支弦杆和竖腹杆拉伸管壁向内凹陷。主弦杆 1 和支弦杆 2 在平面内产生了一定的位移。竖腹杆 5 根部变形严重，最后作用在竖腹杆 5 上的荷载使其全截面进入屈服，产生较大塑性变形，丧失继续承载的能力。

6.4.3　弦杆受拉相贯节点承载力分析

由 6.4.2 节分析可知，弦杆受拉大直径空间相贯节点高应力、大变形主要集中在主、支弦杆相贯鞍点处、腹杆与弦杆相贯集点（多条相贯线相交点）处、主弦杆管内壁节点中心处，重点选择位于上述部位的 13 个测点，进行荷载-等效应力（应变、位移）全过程屈曲分析。将荷载-应力（应变、位移）全过程曲线中出现非线性的拐点定义为节点名义弹性极限应变（位移）点，该点对应的荷载为节点弹性极限承载力；将全过程曲线中明显拐点定义为节点名义屈服应变（位移）点，该点对应的荷载为节点屈服承载力；将荷载不变而应变不断加大、完全进入塑性阶段的点定义为节点名义屈服极限应变（位移）点，该点对应的荷载为节点屈服极限承载力。

1）荷载-应力（应变、位移）全过程屈曲分析

根据 6.4.2 节分析结果，从试验所有测点中选取最先进入屈服的 13 个应变测点、主弦杆径向最大位移进行分析。节点足尺模型试验结果及弹塑性有限元分析结果如图 6.37～图 6.40 所示。

2）节点承载力分析

根据节点模型试验与有限元计算所得荷载-应变（位移）全过程曲线，依据系列节点足尺模型试验中承受弯矩大直径空间相贯节点足尺模型试验与设计研究提出的空间相贯节点承载力确定准则判定节点设计承载力。试验与有限元计算节点承载力对比如表 6.12 所示。

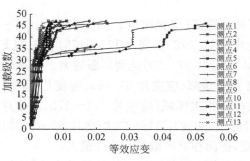

图 6.37　弦杆受拉相贯节点荷载-等
效应变曲线试验结果

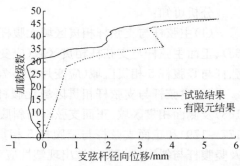

图 6.38　弦杆受拉相贯节点荷载-径向位移
曲线试验与有限元结果

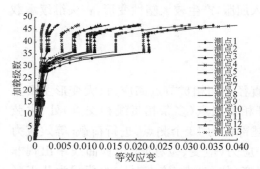

图 6.39　弦杆受拉相贯节点荷载-等效
应变曲线有限元结果

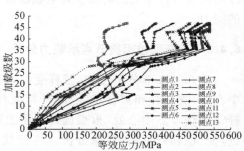

图 6.40　弦杆受拉相贯节点荷载-等效
应力曲线有限元结果

表 6.12　弦杆受拉相贯节点承载力对比

评价指标		杆件	模型试验值	有限元计算值
屈服极限承载力/kN	P_{u1}	支弦杆	3558	4000
		竖腹杆	1931	1500
		斜腹杆 6	1342	996
		斜腹杆 7	953	724
	P_{u2}	支弦杆	3996	4000
		竖腹杆	1952	1500
		斜腹杆 6	1374	996
		斜腹杆 7	666	724
	P_{u3}	支弦杆	3996	—
		竖腹杆	1952	—
		斜腹杆 6	1374	—
		斜腹杆 7	666	—

续表

评价指标		杆件	模型试验值	有限元计算值
设计承载力/kN	P	支弦杆	2965	3077
		竖腹杆	1609	1154
		斜腹杆 6	1118	766
		斜腹杆 7	555	557
	P/P_c	支弦杆	1.01	1.05
		竖腹杆	0.93	0.67
		斜腹杆 6	0.56	0.39
		斜腹杆 7	0.35	0.35
变形性能		d_u/mm	5.4	5.5
		d_u/D	1/51	1/49
		d/mm	0.62	2.5
		d/D	1/440	1/109

由表 6.12 可知：

(1)空间相贯节点屈服极限承载力按荷载-应变全过程屈曲过程判定时,有限元结果比模型试验结果大 11% 左右,按荷载-位移全过程屈曲过程判定时,支弦杆设计承载力有限元结果和模型试验结果基本相同。由于有限元计算不受材料、加工制作缺陷影响,计算结果偏高。

(2)主弦杆径向极限变形在 1/50 主弦杆管径左右,在设计承载力作用下,主弦杆径向变形大于 1/100 主弦杆管径,说明弦杆受拉空间相贯节点有良好的变形延性性能。

(3)根据模型试验结果与有限元计算结果,依据空间相贯节点承载力准则判定节点设计承载力与规范计算值基本相同,说明有限元分析方法按强度延性性能准则和变形延性性能准则判定弦杆受拉空间相贯节点承载力是可行的设计方法。

(4)选取节点设计内力较小,腹杆壁厚相对较薄(6mm),且斜腹杆 6、7 共用竖腹杆 5,试验加载和有限元分析时竖腹杆 5 构件屈曲,因此竖腹杆及斜腹杆没有达到节点设计承载力。

3)与规范计算结果对比分析

由 6.3.4 节分析可知,试验实测与有限元分析结果均显示,工程节点达到屈服极限状态时,仅有 X 形分组节点的支弦杆 2 达到按规范计算的节点承载力值,K1+K2 形分组节点对应的腹杆 5、6、7 均未达到规范计算值(表 6.13)。该结论意

表 6.13　规范计算的节点设计承载力　　　　　（单位：kN）

杆件	支弦杆受拉	支弦杆受压
主弦杆 1	4468	4468
支弦杆 2	2928	−2179
竖腹杆 5	1723	1723
斜腹杆 6	−1980	−1980
斜腹杆 7	−1584	−1193

味着弦杆受拉空间相贯节点不能满足设计规范的安全性能要求还是意味着规范计算公式对空间相贯节点设计过于保守？具体分析如下：

(1)现行国际、国内钢结构设计规范实现相贯节点承载力安全目标的方法均是以腹杆对弦杆的平面几何形态关系(T 形、X 形、K 形和 N 形等)对钢管相贯节点进行分类，针对不同类型平面相贯节点，提出相贯节点主弦杆相贯区所能承受的各个腹杆的内力(荷载)限值计算公式，并将该限值作为各个相贯节点对应于该腹杆的设计承载力，这样使得每根腹杆都对应一个节点设计承载力。

(2)现行规范方法设定的平面几何形态关系(T 形、X 形、K 形、N 形)，由于桁架相贯节点荷载平衡条件要求，在设定弦杆加载为变量的情况下，腹杆的加载比例关系具有唯一性，节点达到屈服极限状态时，对应的腹杆加载极限值是唯一的。规范计算方法对于腹杆不多于 2 根的相贯节点才是适用的。

(3)由主弦杆与规范设定的 2 根腹杆组成的平面相贯节点，如果再增加腹杆数量，则可分解为多个分组平面节点，它们组合成为空间相贯节点时，腹杆增多会加强节点刚度，从而增大节点承载力，而加载组数增加会降低节点承载力，具体哪个因素起控制作用视节点自身材料与几何空间关系而定，不能简单判定空间相贯节点承载力一定会降低。现行规范对空间相贯节点承载力简单地乘以 0.9 折减系数的方法是不科学的。

(4)钢管桁架相贯节点的设计承载力是由包括弦杆、腹杆在内所有钢管材料性能、节点的几何形态与构造特征决定的。节点设计承载力从力学原理出发，是节点自身固有的力学性能，与腹杆的设计内力(荷载)并无对应关系。当某分组节点腹杆加载值很大而其他分组节点腹杆加载值很小时，因为空间相贯节点承载力是其自身固有的且承载能力是有限的，加载值大的分组节点腹杆对应加载值可以达到或超过规范计算承载力，而加载值小的分组节点腹杆对应加载值会小于规范计算承载力。现行规范对全部杆件对应节点承载力统一乘以 0.9 折减系数的方法对于加载值大的分组节点过于保守，而对于加载值小的分组节点不安全。

取构件 0.8 倍屈服应力计算所得轴力的 0 倍、0.3 倍、0.5 倍、0.7 倍、0.9 倍、1 倍为主弦杆 1 加载值,按规范计算的设计承载力为支弦杆 2 与竖腹杆 5 加载值,斜腹杆 6、7 加载值与竖腹杆 5 加载值竖向平衡,二者均取为 990kN。主弦杆 1 达到设计加载值时停止加载,其他杆件按比例继续加载。

6.4.4　主弦杆轴力对相贯节点承载力影响分析

《钢结构设计标准》(GB 50017—2017)在计算 X 形节点受压(拉)支管设计承载力时取系数 $\psi_n=1$,即不考虑主弦杆轴向拉力对节点承载力的不利影响,而由前面分析可知,弦杆受拉空间相贯节点承载力与规范计算值的比值比弦杆受压节点偏低。因此,有必要应用有限元法分析主弦杆轴力变化对节点承载力的影响,计算结果如图 6.41、图 6.42、表 6.14 和表 6.15 所示。

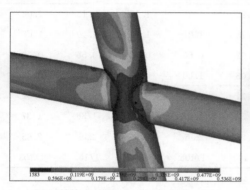
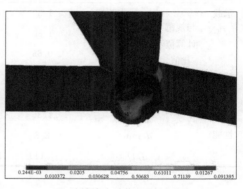

(a) 计算终止时节点应力云图(单位：Pa)　　　(b) 计算终止时节点应变云图

图 6.41　主弦杆轴力为 1 倍设计荷载的计算结果(支弦杆受压)

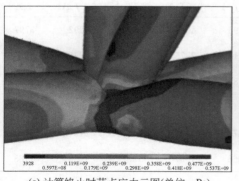
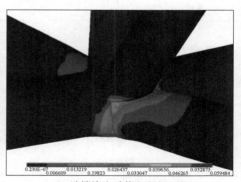

(a) 计算终止时节点应力云图(单位：Pa)　　　(b) 计算终止时节点应变云图

图 6.42　主弦杆轴力为 1 倍设计荷载的计算结果(支弦杆受拉)

表 6.14　主弦杆轴力变化时的节点承载力(支弦杆受压)

评价指标		杆件	支弦杆受压节点承载力					
			0	$0.3f_yA$	$0.5f_yA$	$0.7f_yA$	$0.9f_yA$	f_yA
屈服极限承载力/kN	P_{u1} (P_{u2})	支弦杆	3727	3658	3576	3471	3278	3150
		竖腹杆	2947	2893	2828	2744	2592	2491
		斜腹杆 6、7	1693	1662	1625	1577	1489	1431
	P_{u3}	支弦杆	3683	3530	3421	3312	3116	3007
		竖腹杆	2912	2791	2705	2619	2464	2378
		斜腹杆 6、7	1673	1604	1554	1505	1416	1366
设计承载力/kN	P	支弦杆	2833	2715	2632	2548	2397	2313
		竖腹杆	2240	2147	2081	2015	1895	1829
		斜腹杆 6、7	1287	1234	1196	1158	1089	1051
	与规范计算值比值	支弦杆	1.30	1.25	1.21	1.17	1.10	1.06
		竖腹杆	1.30	1.25	1.21	1.17	1.10	1.06
		斜腹杆 6	0.65	0.62	0.60	0.58	0.55	0.53
		斜腹杆 7	1.08	1.03	1.00	0.97	0.91	0.88
变形性能	d_u/mm		7.5	9.21	9.43	9.96	9.74	9.52
	d_u/D		1/36	1/38	1/37	1/35	1/36	1/37
	d/mm		2.3	2.65	2.6	2.65	2.6	2.65
	d/D		1/119	1/103	1/105	1/103	1/105	1/103

表 6.15　主弦杆轴力变化时的节点承载力(支弦杆受拉)

评价指标		杆件	支弦杆受拉节点承载力					
			0	$0.3f_yA$	$0.5f_yA$	$0.7f_yA$	$0.9f_yA$	f_yA
屈服极限承载力/kN	P_{u1} (P_{u2})	支弦杆	4113	4095	4036	3979	3892	3797
		竖腹杆	2420	2410	2375	2342	2290	2234
		斜腹杆 6、7	1391	1385	1365	1346	1316	1284
	P_{u3}	支弦杆	4070	4041	3953	3806	3660	3514
		竖腹杆	2395	2378	2326	2240	2154	2068
		斜腹杆 6、7	1376	1366	1337	1287	1238	1188

续表

评价 指标	杆件	支弦杆受拉节点承载力					
		0	$0.3f_yA$	$0.5f_yA$	$0.7f_yA$	$0.9f_yA$	f_yA
设计 承载力 /kN	P	支弦杆	3131	3108	3041	2928	2815	2703

评价 指标		杆件	支弦杆受拉节点承载力					
			0	$0.3f_yA$	$0.5f_yA$	$0.7f_yA$	$0.9f_yA$	f_yA
设计 承载力 /kN	P	支弦杆	3131	3108	3041	2928	2815	2703
		竖腹杆	1842	1829	1789	1723	1657	1590
		斜腹杆 6、7	1059	1051	1028	990	952	914
	与规范计 算值比值	支弦杆	1.07	1.06	1.04	1.00	0.96	0.92
		竖腹杆	1.07	1.06	1.04	1.00	0.96	0.92
		斜腹杆 6	0.53	0.53	0.52	0.50	0.48	0.46
		斜腹杆 7	0.67	0.66	0.65	0.63	0.60	0.58
变形 性能	d_u/mm		7.29	7.32	7.42	8.09	9.29	9.68
	d_u/D		1/48	1/48	1/47	1/43	1/38	1/36
	d/mm		2.8	2.85	2.76	2.74	2.7	2.68
	d/D		1/98	1/96	1/99	1/100	1/101	1/102

由分析结果可知：

(1)无论支弦杆受拉还是受压,随主弦杆轴力的增加,节点设计承载力逐渐降低,在支弦杆受压情况下,主弦杆轴力为 f_yA 时支弦杆设计承载力比主弦杆轴力为零时降低了 18.4%,但仍高于规范计算值。在支弦杆受拉情况下,主弦杆轴力为 f_yA 时支弦杆设计承载力比主弦杆轴力为零时降低了 13.7%,已经低于规范计算值,无论支弦杆受力如何,当支弦杆受拉时,规范计算值偏于不安全。

(2)主弦杆轴力不同,支弦杆受拉和受压时主弦杆径向极限变形均大于 1/50 主弦杆管径,在设计承载力作用下,主弦杆径向变形在主弦杆管径的 1/100 左右,弦杆受拉空间相贯节点变形延性性能良好。

(3)规范计算的支弦杆受压设计承载力是支弦杆受拉设计承载力的 1.34 倍,而随着主弦杆轴力增加,支弦杆受拉设计承载力是支弦杆受压设计承载力的 1.1～1.17 倍。有限元分析计算的支弦杆受拉承载力并没有像规范计算值提高那么多。

6.5　承受弯矩相贯节点模型试验与设计研究

6.5.1　试验目的

贵阳奥体中心体育场罩棚为两向斜交大跨度平面桁架体系,为保证平面桁架体系整体稳定性能,桁架弦杆设计为梁单元,从而形成带弯矩工作的大直径空间相贯节点；另外，实际工程中腹杆及支弦杆的施工偏差，即腹杆对节点中心的偏心将产生附加弯矩。而现行《钢结构设计标准》(GB 50017—2017)对钢管相贯节点的计算公式均不考虑弯矩，节点设计存在不安全因素。因此，对带弯矩大直径钢管相贯节点进行足尺模型试验，试验目的包括四个方面：

（1）利用节点模型破坏试验，得出节点的实际承载力，对工程节点安全性进行确认。

（2）对节点试验过程和破坏现象进行详细的研究，了解各加载阶段相贯节点的应力分布情况及整个加载过程塑性区的开展过程，结合有限元分析对空间相贯节点破坏机理进行分析研究，得出此类节点的破坏模式和破坏机理，并对该类型钢管相贯节点破坏判定准则进行探讨。

（3）通过模型试验来研究带弯矩大直径相贯节点的设计承载力，并分别与规范计算结果和有限元计算结果进行对比分析，提出设计建议，为有关钢结构设计规范的修改及广大设计人员提供参考。

（4）应用有限元计算方法研究腹杆偏心产生弯矩对空间相贯节点承载力的影响，对工程实际中经常发生的施工偏差情况下节点的安全性判断提出建议。

试验[42]选取工程典型下弦节点，试件参数及设计荷载如表 6.16 所示。试件各杆件长度取杆件直径的 3 倍，以避免杆件端部约束对节点区受力的影响。试件制作过程中，采用实际施工过程中相贯焊接顺序，节点构造图见图 6.11，各试验节点对应的弦杆相贯区测点布置如图 6.43 所示。

表 6.16　承受弯矩相贯节点试验试件参数及设计荷载

杆件	截面尺寸/(mm×mm)	节点设计荷载	
		F_x/kN	M_z/(kN·m)
1	Φ325×16	−1534	97.78
2	Φ351×18	−1742	63.13
3	Φ325×16	−1409	0
4	Φ351×18	−1569	0
5	Φ203×6	463	0
6	Φ203×6	−286	0
7	Φ203×8	−366	0

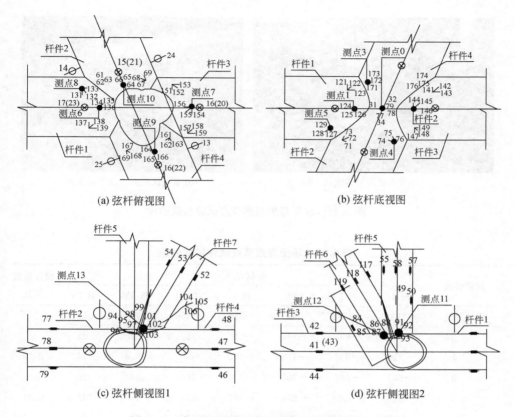

(a) 弦杆俯视图　　　　　　　　　　　　　　　　(b) 弦杆底视图

(c) 弦杆侧视图1　　　　　　　　　　　　　　　(d) 弦杆侧视图2

图 6.43　各试验节点对应的弦杆相贯区测点布置

图中数字代表应变片编号

6.5.2　试验过程与破坏机理分析

1）试验过程及破坏现象

试验节点为带平面内弯矩（相对于主、支弦杆组成的平面而言）的节点，试验通过在主弦杆 1、支弦杆 2 端头板侧面控制施加的横向力得到预期的节点弯矩，节点试验加载图片如图 6.44 所示，试件加载分级如表 6.17 所示。

第一阶段：试件采用单调静力加载，首先各杆按比例以试件设计内力的 20% 左右加载，各杆端荷载加至设计内力的 2.62 倍时，杆 2 局部受压屈曲，继续加载后，荷载增加幅度较小，变形则有较大发展，随后杆 5、6、7 发生屈曲。

(a) 节点试验整体加载　　　　　　　　　　(b) 节点试验剪力及弯矩加载

图 6.44　承受弯矩相贯节点试验加载图片

表 6.17　承受弯矩节点试件加载分级

加载级数		加载力/kN							设计荷载倍数
		杆1	杆2	杆5	杆6	杆7	杆1V	杆2V	
设计工况		−1534	−1742	463	−286	−366	79	56	
第一阶段	0	−614	−697	−146	−115	185	31	22	
	1	−319	−336	−114	−102	67	22.4	14	0.19
	2	−655	−698	−201	−120	164	33	26	0.4
	3	−920	−1055	−274	−167	213	45	33	0.61
	4	−1265	−1451	−370	−231	282	62	46	0.83
	5	−1600	−1758	−460	−293	345	71	50	1.01
	6	−1892	−2121	−564	−333	448	93	75	1.22
	7	−2140	−2460	−667	−389	521	94	89	1.41
	8	−2430	−2892	−778	−468	596	133	101	1.66
	9	−2696	−3134	−847	−500	656	138	113	1.8
	10	−3047	−3408	−950	−582	745	171	123	1.96
	11	−3250	−3660	−983	−610	797	168	118	2.1
	12	−3410	−3788	−1005	−627	851	167	118	2.18
	13	−3644	−3966	−1027	−697	848	170	122	2.28
	14	−3781	−4155	−1047	−702	876	192	127	2.39
	15	−3839	−4311	−1110	−714	898	200	144	2.48
	16	−4100	−4553	−1080	−731	986	200	135	2.62

加载级数		加载力/kN						设计荷载倍数
	杆1	杆2	杆5	杆6	杆7	杆1V	杆2V	
第二阶段	17	−3620	−3925	−1117	−739	880	195	161
	18	−3707	−3894	−1103	−732	873	214	185
	19	−3941	−3891	−1101	−737	873	206	175
	20	−4130	−3870	−1089	−737	870	210	160
	21	−4230	−3825	−1062	−747	877	252	190
	22	−4420	−3641	−1040	−775	918	254	150
	23	−4180	−3360	−958	−754	902	330	243
	24	−4409	−3333	−936	−756	894	246	190

　　第二阶段：杆2荷载维持在约3900kN左右的高内力水平，杆5、杆6、杆7也停止加载，继续给杆1加载至其设计内力的2.76倍后，杆2受压接近扁平状，未发生上弦受压试件试验中相贯焊缝撕裂情形，试验节点破坏形态如图6.45所示。

(a) 节点区开始受压屈曲　　　　　　　　　(b) 节点区受压屈曲严重

图 6.45　试验节点破坏形态

2)节点破坏机理的有限元分析

　　带弯矩空间相贯节点在设计荷载作用及在加载历程中有限元分析的应力、应变分布及发展规律与弦杆受压空间相贯节点试验结果基本相同，在此不再赘述，仅对计算终止时的等效应力、等效塑性应变进行分析，计算结果如图6.46和图6.47所示。

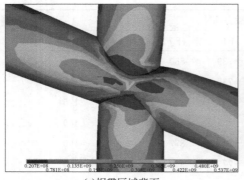
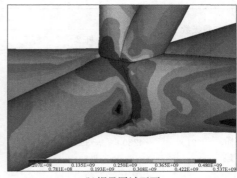

(a)相贯区域背面　　　　　　　　　　　　(b)相贯区域正面

图 6.46　节点破坏时的等效应力云图(单位:Pa)

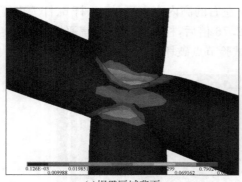
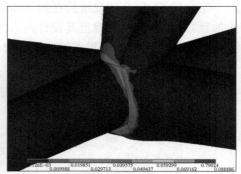

(a)相贯区域背面　　　　　　　　　　　　(b)相贯区域正面

图 6.47　节点破坏时的等效塑性应变云图

由图 6.46 和图 6.47 分析可知:

(1)支弦杆与主弦杆无腹杆背面在相贯区域(应变片 171~173、应变片 174~176、应变片 71~73、应变片 74~76)、主弦杆背面中心处附近(应变片 177~179)和正面支弦杆与腹杆相贯区域(应变片 131~133、应变片 134~136、应变片 167~169)达到屈服应力。

(2)支弦杆与主弦杆无腹杆背面(应变片 171~173、应变片 174~176、应变片 71~73、应变片 74~76)及侧面相贯区域和正面支弦杆与腹杆相贯区域(应变片 131~133、应变片 134~136、应变片 167~169)出现塑性应变,正面相贯区域塑性应变最大。

(3)在主弦杆相贯中心处对应试验位置(应变片 177~179)主弦杆被支弦杆挤

压管壁向外凸起。支弦杆 1 及主弦杆 2 在弯矩作用下,在平面内产生了一定的位移。

为了分析平面内弯矩对试验节点力学性能的影响,计算了一个仅受轴力作用的试验节点,将其与带弯矩作用的试验节点进行对比分析,计算终止时的等效应力、等效塑性应变云图如图 6.48 和图 6.49 所示。

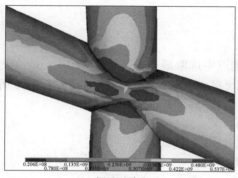
(a) 相贯区域背面

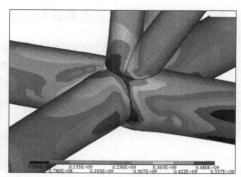
(b) 相贯区域正面

图 6.48　无弯矩节点破坏时的等效应力云图(单位:Pa)

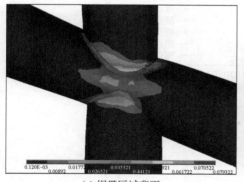
(a) 相贯区域背面

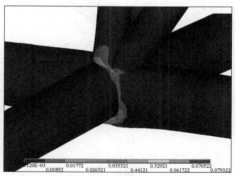
(b) 相贯区域正面

图 6.49　无弯矩节点破坏时的等效塑性应变云图

与带弯矩试验节点有限元分析结果比较可以得出:

(1)节点应力分布相差不大,带弯矩节点主弦杆相贯区域应力分布不均匀,由于平面内弯矩的作用,支弦杆在主弦杆一侧产生压应力,另一侧产生拉应力,拉应力与支弦杆本身的轴压应力部分抵消,压应力与支弦杆本身的轴压应力相加,使得主弦杆一侧应力水平较高,另一侧应力水平相对较低。

(2)弯矩作用使支弦杆与主弦杆侧向相贯区域塑性应变有所增大,而仅受轴力作用的支弦杆与主弦杆相贯区域背面塑性应变发展比带弯矩节点塑性应变发展快。

(3)带弯矩节点由于平面内弯矩的作用,支弦杆 1 明显向主弦杆 4 弯曲,根部受压一侧主弦管管壁局部凹陷比不带弯矩节点明显。

6.5.3　承受弯矩相贯节点承载力分析

1)荷载-应变(位移)全过程屈曲分析

根据 6.5.2 节分析结果,从试验所有测点中选取最先进入屈服的 14 个应变测点、主弦杆径向最大位移进行分析,节点足尺模型试验结果如图 6.50 和图 6.51 所示,节点弹塑性有限元分析结果如图 6.52～图 6.57 所示。

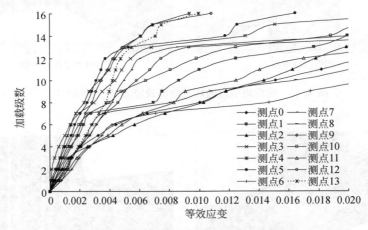

图 6.50　承受弯矩节点荷载-等效应变曲线试验结果

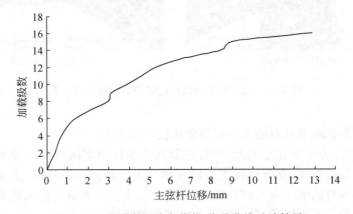

图 6.51　承受弯矩节点荷载-位移曲线试验结果

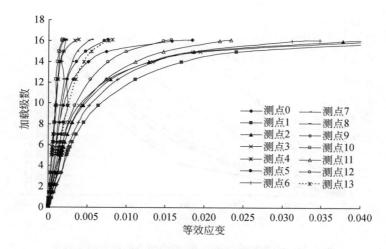

图 6.52　承受弯矩节点荷载-等效应变曲线有限元结果

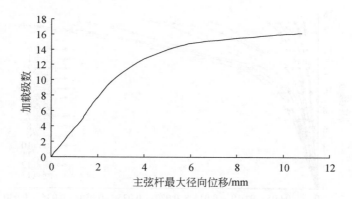

图 6.53　承受弯矩节点荷载-位移曲线有限元结果

2）节点破坏准则分析研究

由节点试验实测、有限元计算分析所得荷载-应变（应力、位移）全过程屈曲曲线分析可知，承受弯矩空间相贯节点从开始屈服到最后破坏经过三个阶段。

（1）弹性阶段。在加载初期，荷载-应变（位移）均呈线性变化，节点处于弹性受力阶段。当加载到一定程度时，全过程曲线出现非线性特征，将此拐点定义为节点名义弹性极限应变（位移），对应的荷载为节点弹性极限承载力。由于相贯节点鞍部应力集中严重，当外力很小时，该处就达到屈服，故节点名义弹性极限应变较低，约为 0.0025。

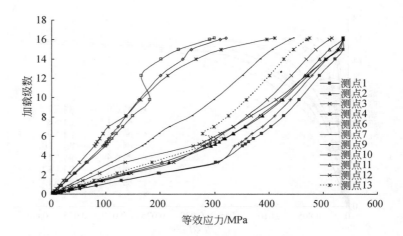

图 6.54　承受弯矩节点荷载–等效应力曲线有限元结果

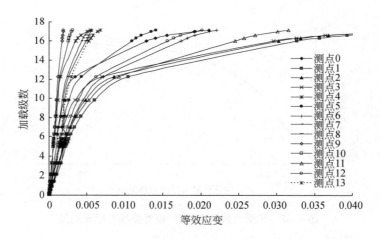

图 6.55　不承受弯矩节点荷载–等效应变曲线有限元结果

　　(2)屈服阶段。当作用在节点上的荷载超过弹性极限承载力后,节点已进入弹塑性受力状态,但由于刚进入塑性阶段,塑性区扩展缓慢;当节点的荷载超过一定值后,节点塑性呈明显的发展,刚度明显下降,变形速率逐渐加大,这一阶段称为屈服阶段。全过程曲线出现的明显拐点定义为节点名义屈服应变(位移)点,该点对应的荷载为节点屈服承载力。

　　(3)塑性变形阶段。当节点加载超过屈服承载力后,刚度显著下降,变形速度迅速加大。该阶段为塑性变形阶段,将塑性发展的极值点定义为节点名义屈服极

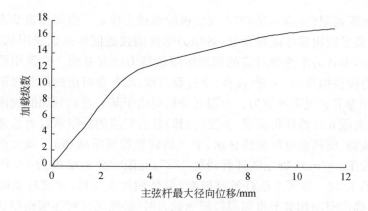

图 6.56 不承受弯矩节点荷载-位移曲线有限元结果

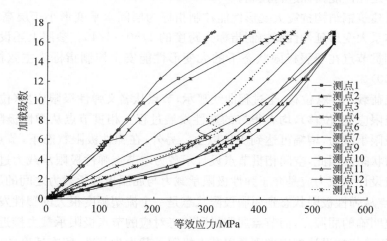

图 6.57 不承受弯矩节点荷载-等效应力曲线有限元结果

限应变(位移),对应的荷载为节点屈服极限承载力。

由节点荷载-应力全过程曲线分析可知,节点相贯区部分试验测点在材料应力达到弹性极限承载力(310MPa)前,即出现非线性增长,节点在材料应力较低时就进入塑性重分布状态;相贯区另一部分测点的应力增长速度明显慢于荷载增加速度,在节点处于屈服极限时仍处于弹性状态。另外,由节点荷载-应变全过程曲线分析可知,节点的名义弹性极限应变为 0.0025,大于材料弹性极限应变 0.0019,节点名义屈服应变约为 0.006,也远大于材料的屈服应变 0.0031。因此,空间相贯节点承载力不能采用材料的屈服应力、屈服应变作为其安全控制指标。

试验实测及有限元计算所得荷载-应变(位移)全过程曲线均表明,节点屈服极限应变与屈服极限位移对应的节点屈服极限承载力接近。空间相贯节点尽管受力不均匀,但是呈现出整体破坏特征,各项力学性能接近同步达到极限状态,整体受力性能良好,但各力学性能对应的屈服极限承载力仍有差别。钢管相贯节点屈服极限承载力应根据荷载-应变(位移)全过程曲线,取各自对应的屈服极限承载力中的最小值作为节点极限承载力。有限元分析时由于某一点达到屈服极限时即终止计算,因此有限元计算所得荷载-应变(位移)各自对应的极限承载力总是相等的。

节点荷载-位移全过程曲线显示,节点达到屈服极限状态时,最大点径向位移试验结果为 12.87mm,即主弦杆管径的 1/27;有限元分析结果为 10.79mm,即主弦杆管径的 1/32。尽管主弦杆没有破断,但是如此大变形,主弦杆实际上已经破坏。因此,确定空间相贯节点屈服极限承载力时,必须同时对屈服极限状态时的节点大变形延性性能指标进行控制。

高层建筑钢结构抗震大变形性能控制指标为层间水平变形小于层高的 1/50,钢结构体系大变形延性性能控制指标为跨度的 1/50~1/40。参照上述设计方法,取空间相贯节点在屈服极限状态下的大变形性能安全控制指标为主弦杆管径的 1/(40~50)。

节点荷载-应变(位移)全过程曲线显示,节点从名义弹性极限应变(位移)到名义屈服极限应变(位移),均有很好的塑性发展过程。相贯节点从弹性极限承载力到屈服极限承载力,增幅可达到 1 倍以上。另外,在弹性极限状态下,节点材料处于低应力状态。因此,空间相贯节点设计承载力取节点弹性极限承载力过于保守。相贯节点设计承载力应是介于弹性极限承载力与屈服极限承载力之间的屈服承载力,但节点从弹性极限状态到屈服极限状态是一个流塑幅度很大的塑性发展过程,很难确定明确的屈服点,而节点屈服极限状态对应的节点极限承载力接近于定值。因此,工程可行的设计判定准则是以节点极限承载力为基准,留有适度的安全系数作为节点屈服承载力,即节点设计承载力。

《钢结构设计标准》(GB 50017—2017)对钢构件强度延性性能(强屈比)、变形延性性能两方面均有规定。轴拉钢构件(Q345B)强度延性要求:屈服极限状态:屈服点状态:弹性极限状态约为 1.53∶1∶0.635。钢管相贯节点受力主弦杆相贯区域为压(拉)、弯、剪复合受力状态,与钢构件材料轴拉性能不同,其屈曲过程没有明显的屈服平台。因此,相贯节点极限强度与屈服强度比值按钢构件材料的 1.53∶1 是不合适的,应取其中间值。

《建筑抗震设计标准》(GB/T 50011—2010)要求钢材抗拉极限强度实测值与屈服强度实测值比值应大于 1.18。其他工程平面相贯节点研究成果[1]表明,取相贯节点极限承载力的 1/1.2 作为节点设计承载力,与现行规范计算结果基本吻合。

通过以上分析,空间相贯节点极限承载力与节点设计承载力的比值取为:试验结果取 1.2,有限元分析时,由于不存在材料性能、加工制作偏差、焊接次应力等不利因素,可取 1.3～1.4。

3)节点设计承载力确定准则

依据前面分析研究所得空间相贯节点破坏准则,可得节点设计承载力确定准则。

(1)强度延性性能准则(强屈比)。

根据荷载-应变(位移)全过程屈曲分析可得节点名义屈服极限应变(位移),并分别得出两者对应的屈服极限承载力,取其较小者作为节点屈服极限承载力。当主弦杆径向屈服极限位移大于 $D/(40～50)$(D 为主弦杆管径)时,取 $D/(40～50)$ 对应加载值为节点屈服极限承载力。取节点屈服极限承载力的 $1/(1.2～1.4)$ 作为节点屈服承载力,即节点设计承载力。

(2)变形延性性能准则。

节点屈服极限承载力对应荷载作用下,主弦杆径向大变形应小于主弦杆管径的 $1/(40～50)$;节点设计承载力对应荷载作用下,主弦杆径向大变形应小于主弦杆管径的 $1/100$。

4)节点承载力分析研究

根据节点模型试验与有限元计算所得荷载-应变(位移)全过程曲线,并依据节点设计承载力确定准则,试验与有限元计算节点承载力对比如表 6.18 所示。

表 6.18　承受弯矩节点承载力对比

评价指标		杆件	模型试验值	承受弯矩有限元计算值	不承受弯矩有限元计算值
屈服极限承载力/kN	P_{u1}	支弦杆 1	3375	4010	4161
		竖腹杆 5	1018	1210	1256
		斜腹杆 6	630	749	777
		斜腹杆 7	805	957	993
	P_{u2}	支弦杆 1	3989	4010	4161
		竖腹杆 5	1204	1210	1256
		斜腹杆 6	745	749	777
		斜腹杆 7	952	957	993
	P_{u3}	支弦杆 1	3568	3850	3835
		竖腹杆 5	1077	1162	1157
		斜腹杆 6	666	719	716
		斜腹杆 7	851	919	915

评价 指标		杆件	模型试验值	承受弯矩 有限元计算值	不承受弯矩 有限元计算值
设计 承载 力/kN	P	支弦杆 1	2813	2750	2739
		竖腹杆 5	848	830	826
		斜腹杆 6	525	514	511
		斜腹杆 7	671	656	654
	P/P_c	支弦杆 1	1.28	1.25	1.25
		竖腹杆 5	0.56	0.55	0.55
		斜腹杆 6	0.36	0.35	0.35
		斜腹杆 7	0.39	0.38	0.38
变形 性能	d_u/mm		12.87	10.79	11.52
	d_u/D		1/27	1/32	1/30
	d/mm		3.3	2.9	2.9
	d/D		1/106	121	121

由表 6.18 可知：

(1)弯矩的存在使节点极限承载力下降约 3.6%,极限大变形值减小约 6.8%,即弯矩的存在使节点的强度延性性能、变形延性性能同时降低。当以 1/50 主弦杆管径大变形延性性能作为控制指标时,试验节点的弯矩影响接近零。这是由于试验选用工程节点弯矩较小,对节点承载力降低幅度不大,证明当弯矩值加大时,弯矩对节点强度延性性能和变形延性性能的降低程度明显。

(2)模型试验与有限元分析计算结果均显示空间相贯节点达到屈服极限状态时,极限变形值约为主弦杆管径的 1/30,节点有良好的大变形延性性能,整体受力性能良好。

(3)空间相贯节点屈服承载力按强度延性性能准则判定时,有限元结果比模型试验结果大 18.8%左右,按变形延性性能指标判定时,有限元结果比模型试验结果大 7.9%左右。由于有限元计算不受材料、加工制作缺陷影响,计算结果偏高。

5)与规范计算结果对比分析

上节分析结果表明,由于各杆加载比例原因,试验节点的承载力由支弦杆加载值控制,模型试验与有限元分析结果均表明,支弦杆 1 对应的空间相贯节点实际承载力比规范计算值高约 25%,腹杆 5、6、7 对应的相贯节点实际承载力则小于规范计算值。分析原因如下：①由于选取试验节点按设计内力比例加载,支弦杆与腹杆加载比例不能与规范计算值相一致;②双 K 形的斜腹杆 6、7 共用竖腹杆 5,由于竖向节点力平衡要求,腹杆 5、6、7 不可能同时按规范平面 K 形节点计算所得的节点承载力比例加载。

为深入研究空间相贯节点承载力与规范按平面节点计算承载力的关系,同时研究支弦杆荷载对腹杆节点承载力的影响,应用有限元方法进行多加载组合的计算分析。由于斜腹杆 6、7 共用竖腹杆 5,如果按比例加载,竖腹杆构件首先屈曲,将无法研究节点承载力,因此腹杆 5、6、7 壁厚分别增加到 12mm、12mm、14mm。由于腹杆 5、6、7 为一组自平衡的荷载,其加载值分别取为 1305kN(规范计算)、753kN、753kN,支弦杆 1 加载规范计算轴力值偏心 $0.25D$ 产生的弯矩。由节点试验分析可以得出,主弦杆加载到第 10 级时节点接近屈服,因此以第 10 级加载荷载为主弦杆加载值。有限元分析中,各杆件按表 6.19 所示荷载同步加载,主弦杆加载至设计荷载时停止加载,而支弦杆及腹杆继续加载直至节点破坏。支弦杆与腹杆 5、6、7 加载比例及具体加载值见表 6.17,无弯矩与承受弯矩节点有限元计算结果与规范计算结果对比分别如表 6.20 和表 6.21 所示。

表 6.19　不同支弦杆轴力的规范计算设计承载力及分析加载值

杆件	不同支弦杆轴力的规范计算设计承载力/kN						分析加载值/kN
	0	$0.8P_c$	$0.85P_c$	$0.9P_c$	$0.95P_c$	P_c	
支弦杆 1	1910	1910	1910	1910	1910	1910	1910
主弦杆 2	3408	3408	3408	3408	3408	3408	3408
竖腹杆 5	1396	1305	1305	1305	1305	1305	1305
斜腹杆 6	1612	1464	1453	1441	1430	1418	753
斜腹杆 7	1507	1507	1507	1507	1507	1507	753

表 6.20　无弯矩节点有限元计算结果与规范计算结果对比

评价指标		杆件	无弯矩节点支弦杆设计加载轴力					
			0	$0.8P_c$	$0.85P_c$	$0.9P_c$	$0.95P_c$	P_c
屈服极限承载力/kN	P_{u1} (P_{u2})	支弦杆	0	3728	3864	4005	4137	4202
		竖腹杆	3302	3184	3106	3041	2975	2871
		斜腹杆 6、7	1905	1837	1792	1754	1717	1657
	P_{u3}	支弦杆	—	—	—	3937	3974	3992
		竖腹杆	—	—	—	2988	2858	2727
		斜腹杆 6、7	—	—	—	1724	1649	1574

评价指标		杆件	无弯矩节点支弦杆设计加载轴力					
			0	0.8P_c	0.85P_c	0.9P_c	0.95P_c	P_c
设计承载力/kN	P	支弦杆	0	2663	2760	2812	2839	2851
		竖腹杆	2359	2274	2219	2134	2041	1948
		斜腹杆 6、7	1361	1312	1280	1231	1178	1124
	P/P_c	支弦杆	—	1.39	1.45	1.47	1.49	1.49
		竖腹杆	1.69	1.74	1.70	1.64	1.56	1.49
		斜腹杆 6	0.84	0.90	0.88	0.85	0.82	0.79
		斜腹杆 7	0.90	0.87	0.85	0.82	0.78	0.75
变形性能		d_u/mm	—	6.14	6.83	7.77	9.27	10.2
		d_u/D	—	1/57	1/51	1/45	1/38	1/34
		d/mm	—	1.7	1.9	2	2.3	2.4
		d/D	—	1/206	1/185	1/176	1/153	1/146

表 6.21　承受弯矩节点有限元计算结果与规范计算结果对比

评价指标		杆件	承受弯矩节点支弦杆设计加载轴力					
			0	0.8P_c	0.85P_c	0.9P_c	0.95P_c	P_c
屈服极限承载力/kN	P_{u1} (P_{u2})	支弦杆	0	3637	3766	3833	3920	3954
		竖腹杆	3302	3106	3028	2910	2819	2701
		斜腹杆 6、7	1905	1792	1747	1679	1626	1559
	P_{u3}	支弦杆	—	3499	3572	3627	3774	3782
		竖腹杆	—	2988	2871	2754	2714	2584
		斜腹杆 6、7	—	1724	1657	1589	1566	1491
设计承载力/kN	P	支弦杆	—	2499	2551	2591	2696	2701
		竖腹杆	2359	2134	2051	1967	1939	1846
		斜腹杆 6、7	1361	1231	1184	1135	1119	1065
	P/P_c	支弦杆	—	1.31	1.34	1.36	1.41	1.41
		竖腹杆	1.69	1.64	1.57	1.51	1.49	1.41
		斜腹杆 6	0.84	0.84	0.81	0.79	0.78	0.75
		斜腹杆 7	0.90	0.82	0.79	0.75	0.74	0.71

评价 指标	杆件	承受弯矩节点支弦杆设计加载轴力					
		0	$0.8P_c$	$0.85P_c$	$0.9P_c$	$0.95P_c$	P_c
变形 性能	d_u/mm	—	9.18	10.4	10.91	11.06	10.95
	d_u/D	—	1/38	1/34	1/32	1/32	1/32
	d/mm		1.7	1.85	1.9	2.1	2.15
	d/D	—	1/206	1/190	1/185	1/167	1/163

分析可知：

（1）空间相贯节点无论是否承担弯矩，其平面 X 形分组节点所在的支弦杆 1 与双 K 形分组节点所在的腹杆 5、6、7 对应的节点设计承载力均随着各分组节点之间的加载比例不同而变化，且有无弯矩情况的节点承载力变化幅度基本相同。X 形与双 K 形分组节点加载比例从 0.8∶1 变化到 1∶1 时，支弦杆 1 节点承载力增加约 7.5%，腹杆 5、6、7 节点设计承载力下降约 13%。

（2）空间相贯节点承受弯矩，与无弯矩节点相比，节点设计承载力均下降。在 X 形与双 K 形分组节点加载比例小于 1 时，支弦杆 1 及腹杆 5、6、7 对应的节点设计承载力下降约 6%；当 X 形与双 K 形分组节点加载比例相差很大时（试验节点 X 形与双 K 形分组节点加载比例大于 5∶1），弯矩（约相当于 0.25D 偏心产生弯矩）对节点设计承载力几乎没有影响（表 6.21）。

（3）无论 X 形与双 K 形分组节点加载比例如何变化，空间相贯节点的支弦杆对应节点设计承载力总大于规范计算值，竖腹杆 5 对应节点设计承载力均大于规范计算值，而斜腹杆 6、7 对应节点设计承载力即使在支弦杆 1 不加载的情况下，仍小于规范计算值。这主要是由于双 K 形分组节点斜腹杆 6、7 共用竖腹杆 5，根据节点荷载平衡要求，竖腹杆 5 与斜腹杆 6、7 不能按规范计算值等比例加载。由此可知，对于空间相贯节点，为提高节点整体设计承载力，应避免节点某一方向的荷载分量只能由单根腹杆平衡，做到每个平面分组节点的腹杆荷载能自平衡，相互之间不共用腹杆。

6.5.4　腹杆偏心距对相贯节点承载力影响分析

钢管相贯桁架节点构造简洁美观，但安装难度较大。支弦杆及腹杆的施工误差经常导致其对相贯节点中心产生偏心距，进而对相贯节点产生附加弯矩，降低节点承载力。工程实际中若是在临时支撑拆除后的施工验收阶段发现腹杆偏心，将无法用换腹杆方法进行施工偏差处理。结合本工程试验节点，分别对支弦杆和竖腹杆赋予 0.25 倍、0.5 倍、0.75 倍和 1 倍主弦杆管径偏心距，应用有限元计算方法,对腹杆偏心距对节点承载力的影响进行分析研究,并提出工程可行的解决措施。实际工程相贯节点偏心示意图如图 6.58 所示。

图 6.58　实际工程相贯节点偏心示意图

1)节点弹塑性有限元分析

为分析支弦杆及腹杆偏心对节点承载力的影响,对无偏心节点、多组偏心节点进行有限元分析,各杆加载值分别为 1910kN(杆 1)、3408kN(杆 2)、1305kN(杆 5)、753kN(杆 6、7),各杆按等比例加载。限于篇幅,这里仅给出计算终止时部分节点应力、应变云图,如图 6.59～图 6.61 所示。

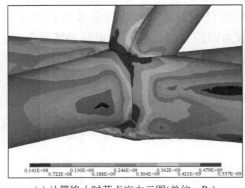
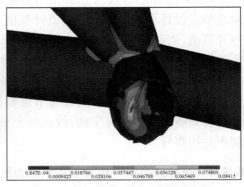

(a) 计算终止时节点应力云图(单位：Pa)　　　　(b) 计算终止时节点应变云图

图 6.59　无偏心节点分析结果

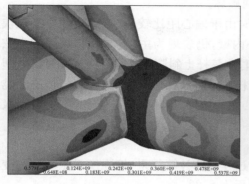

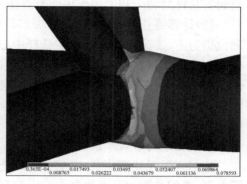

(a) 计算终止时节点应力云图(单位：Pa)　　　　　　　　(b) 计算终止时节点应变云图

图 6.60　支弦杆偏心 1D 时节点分析结果

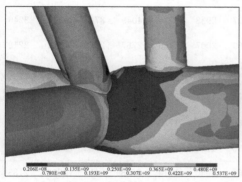

(a) 计算终止时节点应力云图(单位：Pa)　　　　　　　　(b) 计算终止时节点应变云图

图 6.61　竖腹杆偏心 1D 时节点分析结果

由上述分析可知：

(1)计算终止时,无偏心节点主、支弦杆相贯区底部中心主弦杆内壁塑性发展最快,塑性应变最大,表现为主、次弦杆相贯区域主弦杆中心内壁受压屈曲;支弦杆偏心 0.25D 时节点主、次弦杆相贯区底部中心主弦杆内壁塑性发展仍很快,但塑性发展最快的部位出现在竖腹杆与主、支弦杆相贯区竖腹杆根部;支弦杆偏心 0.5D 时与支弦杆偏心 0.25D 时节点塑性发展模式基本相同,但由于偏心距增大,主、支弦杆相贯区域侧面塑性发展很快;支弦杆偏心 0.75D 时节点塑性发展最快的点出现在主、支弦杆相贯区域上部靠近斜腹杆 6 部位,主弦杆受偏心支弦杆弯矩作用明显;支弦杆偏心 1D 时节点主、支弦杆相贯区域侧面塑性发展最快,主弦杆受到支弦杆的轴力和弯矩作用使节点扭曲破坏。

(2)计算终止时,竖腹杆偏心 0.25D 时由于偏心距比较小,节点塑性发展最快部位仍为主、支弦杆相贯区域主弦杆中心内壁,仍表现为主、支弦杆相贯区域主弦杆中心内壁受压屈曲;竖腹杆偏心 0.5D 时主弦杆上斜腹杆 6 与竖腹杆相贯区域塑性发展最快,主弦杆受竖腹杆拉伸及斜腹杆 6、7 轴压作用而破坏;竖腹杆偏心距越大,这种破坏模式发展越充分,之后随偏心距的增加,破坏模式基本相同,但节点极限承载力有所下降。

2)偏心距对节点承载力影响分析

依据有限元计算荷载-应变(位移)全过程屈曲计算结果,按强度极限准则和变形准则,将偏心距对节点承载力的影响列于表 6.22。

表 6.22　偏心距对节点承载力的影响

评价指标	杆件	无偏心	支弦杆偏心				竖腹杆偏心			
			0.25D	0.5D	0.75D	1D	0.25D	0.5D	0.75D	1D
屈服极限承载力/kN	P_{u1} (P_{u2}) 支弦杆	4136	3681	3307	2938	2570	4049	3744	3441	3246
	竖腹杆	2826	2515	2260	2007	1756	2767	2558	2351	2218
	斜腹杆 6、7	1630	1451	1304	1158	1013	1596	1476	1357	1280
	P_{u3} 支弦杆	3992	3553	3171	2865	2540	3763	3381	3228	3056
	竖腹杆	2727	2427	2166	1958	1736	2571	2310	2205	2088
	斜腹杆 6、7	1574	1401	1250	1130	1001	1483	1333	1273	1205
设计承载力/kN	P 支弦杆	2851	2538	2265	2046	1814	2688	2415	2306	2183
	竖腹杆	1948	1734	1547	1399	1240	1836	1650	1575	1491
	斜腹杆 6、7	1124	1001	893	807	715	1059	952	909	861
	P/P_c 支弦杆	1.49	1.33	1.19	1.07	0.95	1.41	1.26	1.21	1.14
	竖腹杆	1.49	1.33	1.19	1.07	0.95	1.41	1.26	1.21	1.14
	斜腹杆 6	0.79	0.71	0.63	0.57	0.50	0.75	0.67	0.64	0.61
	斜腹杆 7	0.75	0.66	0.59	0.54	0.47	0.70	0.63	0.60	0.57
变形性能	d_u/mm	9.87	9.81	10.53	8.28	7.22	10.51	12.24	11.18	9.64
	d_u/D	1/36	1/36	1/33	1/42	1/49	1/33	1/29	1/31	1/36
	d/mm	2.4	2.5	2.58	2.4	2.3	2.7	2.7	2.9	2.8
	d/D	1/146	1/140	1/136	1/146	1/153	1/130	1/130	1/121	1/125

由表 6.22 分析可知：

(1)支弦杆偏心、竖腹杆偏心均造成节点承载力大幅下降。对于工程中经常发生的 0.5D 偏心距情况，节点承载力下降了 15％以上。对于工程中可能发生的 1D 偏心距情况，节点承载力下降幅度超过 25％。因此，工程中必须对腹杆偏心施工偏差予以足够重视，并应采取加强措施。

(2)支弦杆偏心在造成节点承载力大幅下降的同时，造成节点极限变形值减小。偏心 1D 比无偏心时，下降幅度为 26.8％，支弦杆偏心使空间相贯节点变形延性性能下降。竖腹杆偏心对空间相贯节点的变形延性性能影响较小。

(3)对于本工程典型空间相贯节点，支弦杆与竖腹杆对应的节点承载力较高。当偏心距为 0.75D 时，其节点承载力已接近规范计算值，此时尽管斜腹杆 6、7 承载力仅约为规范计算值的 60％，但由于荷载平衡原则，其承担荷载比例仅为规范计算值的 50％，因此可认为仍处于临界安全状态。而当偏心距大于 0.75D 时，必须采取加强措施，方可保证空间相贯节点的安全。

3)偏心节点承载力加强措施分析

由前面分析可知，腹杆偏心造成节点承载力明显下降。对于腹杆施工偏心过大情况，目前设计规范对其承载力没有计算公式和明确的加强方法，工程实际往往采取换杆处理，这不仅会加大投资，而且在施工支撑拆除情况下会产生更大的安全隐患。因此，工程中常采用在节点相贯区域加劲板的方式来提高偏心节点承载力。选取支弦杆偏心 1D 的偏心节点，研究加劲板对节点承载力的影响，有限元分析加劲板厚度选取 10mm 和 16mm，各杆轴力加载值和 6.5.3 节完全相同，计算结果如图 6.62、图 6.63 和表 6.23 所示。

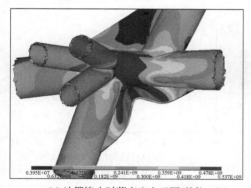

(a) 计算终止时节点应力云图(单位：Pa)　　　　　(b) 计算终止时节点应变云图

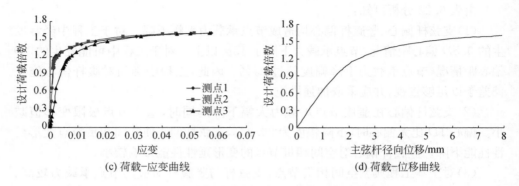

(c) 荷载-应变曲线   (d) 荷载-位移曲线

图 6.62   加劲板厚度 10mm 偏心节点分析结果

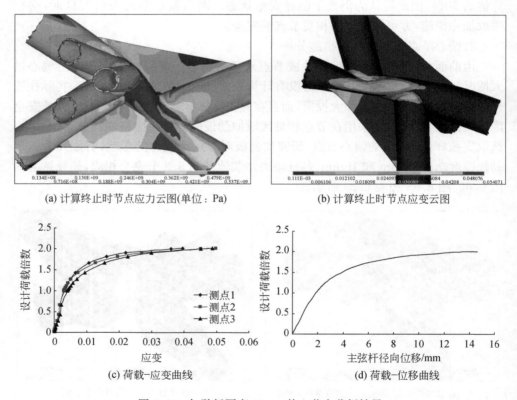

(a) 计算终止时节点应力云图(单位:Pa)   (b) 计算终止时节点应变云图

(c) 荷载-应变曲线   (d) 荷载-位移曲线

图 6.63   加劲板厚度 16mm 偏心节点分析结果

表 6.23 加劲板对偏心节点承载力影响对比

评价 指标		杆件	加劲板设置		
			无加劲板	10mm 厚加劲板	16mm 厚加劲板
屈服 极限 承载 力/kN	P_{u1} (P_{u2})	支弦杆	2570	3066	3839
		竖腹杆	1756	2095	2623
		斜腹杆 6、7	1013	1209	1514
	P_{u3}	支弦杆	2540	3037	3438
		竖腹杆	1736	2075	2349
		斜腹杆 6、7	1001	1197	1355
设计 承载 力/kN	P	支弦杆	1815	2169	2456
		竖腹杆	1240	1482	1678
		斜腹杆 6、7	715	855	968
	P/P_c	支弦杆	0.95	1.14	1.29
		竖腹杆	0.95	1.14	1.29
		斜腹杆 6	0.50	0.60	0.68
		斜腹杆 7	0.47	0.57	0.64
变形 性能	d_u/mm		7.22	7.92	14.68
	d_u/D		1/49	1/44	1/24
	d/mm		2.3	1.95	2.7
	d/D		1/153	1/180	1/130

由上述图表分析可知：

（1）在支弦杆（腹杆）偏心所在平面内设置加劲板可显著提高空间相贯节点承载力，加劲板厚度为 10mm 时，提高幅度达 20% 左右，加劲板厚度为 16mm 时，提高幅度为 36% 左右。

（2）加劲板厚度的增加不仅可提高空间相贯节点承载力，同时还可大幅提高节点极限位移。加劲板厚度为 10mm 时，极限变形值仅提高约 9.7%。加劲板厚度由 10mm 增加到 16mm 时，节点极限变形值增加了约 85%，增加加劲板厚度可大幅提高空间相贯节点变形延性性能。

6.6 大间隙焊缝相贯节点模型试验与设计研究

6.6.1 试验目的

河南艺术中心为实现流畅的立面曲线与简洁的室内空间艺术效果，艺术墙与屋面钢结构均采用钢管桁架结构体系。《钢结构设计标准》(GB 50017—2017)给出了相贯节点承载力公式,但目前试验研究成果基本上基于小管径钢管相贯节点,对工程应用的大直径钢管相贯节点(艺术墙弦杆已达 $\Phi600\text{mm}\times40\text{mm}$)是否适用不能确定。

钢管桁架结构相贯节点处无节点板,施工误差的调节量很有限,对腹杆长度尺寸、腹杆端部相贯线外形尺寸、相贯线剖口角度的加工精度提出了很高要求,但由于复杂的建筑几何造型、运输变形、焊接变形、安装误差等多方面因素,钢管相贯节点处腹杆相贯线与弦杆间隙易出现不符合规范设计要求的大间隙情况。规范规定腹杆相贯线距弦杆 1.5～6mm,但实际误差达 20～30mm 的情况在每个实际工程中都会发生,工程相贯节点处最大间隙达 30mm(图 6.64)。大间隙情况引起节点焊缝过厚,若焊接工艺处理不当,将会导致局部应力集中而降低节点承载力。为解决大管径、大间隙焊缝圆钢管相贯节点的安全问题,进行了专项研究[43]:①依据《钢结构设计标准》的公式计算典型相贯节点承载力;②对选定的 2 个节点制作足尺试件进行节点试验研究,相贯线处间隙按实际施工误差取 30mm,并按拟定的焊接工艺施焊;③建立节点的三维实体有限元模型进行弹塑性有限元分析;④将三种方法的结果进行对比分析,确认大管径、大间隙相贯节点的安全性,同时验证规范公式及有限元分析方法对该类相贯节点设计的适用性。

 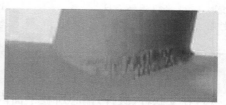

(a) 焊前　　　　　　　　　　(b) 焊后

图 6.64　大间隙焊缝相贯节点

为减小大间隙节点超厚焊缝产生的温度应力,采用如下特殊焊接工艺:①焊接前认真做好焊道清理工作,彻底清除坡口内及两侧 50mm 范围内的油污、水分、铁锈、氧化皮等;②不在焊缝以外母材上打火、引弧;③打底焊使用不大于 $\Phi3\text{mm}\times2\text{mm}$ 的焊条施焊,且焊肉厚度控制在 4mm 内,因工程钢管对接焊缝间隙较大(为 30mm),采用多道错位焊打底,收弧时填满弧坑;④焊缝的焊道布置采用多层多道焊,如图 6.65 所示;⑤定位焊时,应适当加大焊接电流 10%～20%,定位焊焊缝均不小于 50mm,间距应小于 200mm,收尾时填满弧坑;⑥定位焊焊缝有气孔或裂纹时,必须清除后重焊,返修焊接部位应一次连续焊成;⑦焊缝的余高控制在 0～4mm,焊缝宽小于等于上坡口宽加 4～8mm,焊缝同时满足《建筑钢结构焊接技术规程》(JGJ 81—2002)中二级焊缝外观和超声波检查的要求；⑧控制层间温度小于250℃，因钢管壁厚小于 25mm、材质为 Q345B 的钢材焊接前不需要预热，焊后不需要后热。工程按上述焊接工艺制作三组试件进行试验，焊缝外观、超声波、拉伸、弯曲、冲击、硬度等技术参数实测结果均合格。焊接工艺经评定合格后，用于指导大间隙焊缝相贯节点施工操作和施工验收。

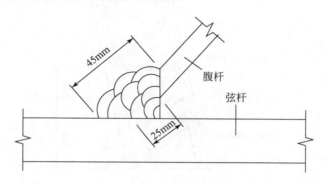

图 6.65　焊道布置

6.6.2　相贯节点技术参数与规范计算结果

研究选用艺术墙中部桁架相贯节点如图 6.66 所示，弦杆最大轴力约 ±1400kN，弦杆有受拉、受压两种，节点破坏形态为弦杆局部屈曲。依据《钢结构设计标准》的公式计算各腹杆对应的相贯节点承载力。受压弦杆 XG-1：$F=-780kN$，$F_1=-712kN$，$F_2=802kN$；受拉弦杆 XG-2：$F=783kN$，$F_1=761kN$，$F_2=-857kN$。钢管选用 Q235B 钢，屈服强度 $f_y=235MPa$，弹性模量 $E=2.06\times10^5MPa$，泊松比 $\mu=0.3$，材料假定为理想弹塑性，遵守 von Mises 屈服准则及相关的流动法则。

6.6.3　相贯节点试验研究

1)试验试件

试验共有 2 组试件，各组节点试件的几何尺寸及技术参数均与实际工程相同。腹杆相贯线距弦杆间隙取与实际最大误差值相近的 30mm，采用以减小焊接温度应力为原则并经评定合格的焊接工艺。

2)试验方案

试验在 8000kN 静载试验机上进行，其加载装置如图 6.67 所示。反力架(墙)具有足够的刚度，以避免反力装置变形对试件造成较大的次应力。试件采用卧位试验,通过分配梁将千斤顶的压力转化为试件的拉力。

弦杆Φ325×16

试验选用节点

腹杆Φ140×10

图 6.66　试验选用相贯节点位置示意图(单位:mm)

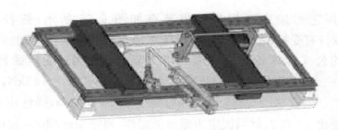

图 6.67　试验加载装置

　　试验根据规范公式计算得出的试件设计承载力进行分级加载,分为预载阶段和正式加载阶段。预载试验的主要目的是减少结构安装间隙,减小试件加工中引起的加工和装配应力,同时检查荷载传感器、应变片、位移计等检测仪器是否能正常工作;预载阶段反复 2~3 次,此阶段对试件弦杆和腹杆按正式试验加载方式缓慢加载,预载分三级进行,每级最大荷载取为试件计算设计承载力的 20%~30%,然后分级卸载 2~3 级卸完,加(卸)一级,停歇 10min。

　　为了连续观测试件在弹塑性阶段的性能并测出试件最大承载力,正式加载阶段将一直加载至试件破坏。考虑到三个方向同时加载的复杂性,在实际加载过程

中主要确保两腹杆荷载同时达到预计分级加载荷载，从而确保节点荷载保持平衡
状态。为尽量缩小短期加载和实际长期荷载作用的差别，加一级荷载的恒载时间
不小于 30min；为确保试验顺利有序和及时了解试件在加载过程中的位移、应力状
态，加载过程中每个试件选取特定的位移与应变测点进行实时监测。根据监测到
的荷载-应力（变）曲线发展情况，特别是试件接近破坏时，局部调整加载数值与速
度并由荷载控制转为荷载与位移联合控制。

　　测点的位置一般选择整个受力过程中应力一直较大且易于设置应变片的部
位，如腹杆与弦杆相贯区域及其邻近部位、腹杆根部等。在节点试件的弦杆和腹杆
表面布置单向应变片，监控千斤顶的加载情况和钢管局部进入塑性的情况，在双向
应力明显的部位布置三向应变片。各个试件单向应变片布置如图 6.68 所示，图中
数值为单向应变片编号，括号内标注为钢管背面对应的单向应变片编号，沿节点相
贯处布置的三向应变片如图 6.69 所示。

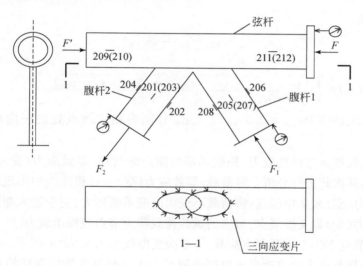

图 6.68　XG-1、XG-2 试件弦管受压试验及单向应变片布置

3）试验结果及分析

　　试验测试只能得到各测点的单向或三向应变值，而判定节点破坏的力学性能
指标是材料的主应力和主应变，因此需对试验实测结果进行换算。三向应变与主
应变 ε_1、ε_2 及主应力 σ_1、σ_2 按下列公式换算：

$$\varepsilon_1(\varepsilon_2) = \frac{\varepsilon_{0°} + \varepsilon_{90°}}{2} \pm \frac{1}{2}\sqrt{(\varepsilon_{0°} - \varepsilon_{90°})^2 + (2\varepsilon_{45°} - \varepsilon_{0°} - \varepsilon_{90°})^2}$$

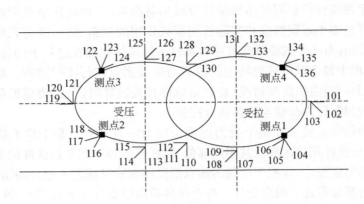

图 6.69　XG-1、XG-2 试件弦管受拉试验三向应变片布置

等效应变为

$$\varepsilon_e = 1 + \frac{1}{\mu}\sqrt{\frac{(\varepsilon_1 - \varepsilon_2) + \varepsilon_1^2 + \varepsilon_2^2}{2}}$$

$$\sigma_1(\sigma_2) = \frac{E}{2}\left[\frac{\varepsilon_{0°} + \varepsilon_{90°}}{1-\mu} \pm \frac{\sqrt{(\varepsilon_{0°} - \varepsilon_{90°})^2 + (2\varepsilon_{45°} - \varepsilon_{0°} - \varepsilon_{90°})^2}}{1+\mu}\right]$$

式中，$E = 2.06 \times 10^6$ MPa；$\mu = 0.3$；$\varepsilon_{0°}$、$\varepsilon_{45°}$、$\varepsilon_{90°}$ 分别为相应测点处的三向应变测量值。

　　限于篇幅，仅重点选择高应力、先破坏部位测点的荷载-等效应力（变）全过程结果进行统计，并据此进行分析。将荷载-等效应力（变）全过程曲线中出现非线性的拐点称为应力（变）名义屈服点；将荷载不变而应变不断加大、完全进入塑性水平段的点称为应力（变）名义极值点，对应的试验荷载称为节点极限承载力。

　　弦杆受压节点 XG-1 主要测点荷载-等效应变曲线如图 6.70(a) 所示。由图可知，弦杆受压相贯节点无论靠近受压腹杆的测点 1、4 还是靠近受拉腹杆的测点 2、3，其荷载-等效应变全过程曲线表现为相同规律：① 当压力 $F_1 = -475$ kN、拉力 $F_2 = 535$ kN（规范计算值的 67%）时，各测点应变达到名义屈服点，应变迅速增长，此时节点弦杆上该测点附近已经有部分材料屈服，发生应力重分布。② 当压力 $F_1 = -848$ kN、拉力 $F_2 = 935$ kN（规范计算值的 119%）时，各测点应变进入完全塑性阶段，荷载不增加但应变无限加大，节点达到承载力极限状态。③ 靠近受压腹杆的测点 1、4 与靠近受拉腹杆的测点 2、3 相比，虽然两者名义屈服点与极限承载力基本一致，但是进入完全塑性的极限状态与开始进入屈服状态的应变差值在靠近受压腹杆相贯线部位的弦杆区域远小于受拉腹杆对应部位，受压腹杆与弦杆相贯区域的延性较差。

弦杆受拉节点 XG-2 主要测点荷载-等效应变曲线如图 6.70(b)所示。由图可知,弦杆受拉与弦杆受压相贯节点具有不同的力学规律。4 个测点的名义屈服点同步出现。节点在名义应变屈服点对应的试验荷载为拉力 $F_1 = 800\text{kN}$、压力 $F_2 = -900\text{kN}$(规范计算值的 105％)。应变进入极值点时对应的试验荷载为拉力 $F_1 = 940\text{kN}$、压力 $F_2 = -1028\text{kN}$(规范计算值的 120％)。与弦杆受压的节点 XG-1 不同,拉杆、压杆相贯线对应的弦杆区域的应变延性性能基本一致。

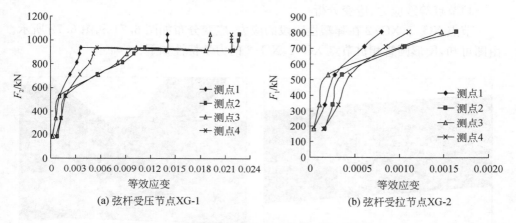

(a) 弦杆受压节点XG-1　　　　　　　　(b) 弦杆受拉节点XG-2

图 6.70　弦杆受压和受拉节点荷载-等效应变曲线

由节点足尺试件试验所得荷载-等效应变全过程曲线结果分析可知,钢管相贯节点的力学性能与节点材料自身的力学性能具有不同的规律,具体如下:①相贯节点应变名义屈服点与材料的应变屈服点接近(约 0.002),材料达到应变屈服点后,应力应变不再呈对应关系,因此节点荷载-应力曲线中超过材料屈服应力后的部分不具有工程力学意义,未进行节点荷载-应力曲线分析。②弦杆受压相贯节点的压杆与弦杆相贯区域的延性较差,弦杆受拉相贯节点的拉、压杆与弦杆相贯区域的延性基本相同。③相贯节点的应变名义屈服点到极值点对应的试验荷载增幅均在40％以上,因此相贯节点总体上具有较好的延性,按名义屈服点进行节点承载力设计富余太大,可以适当提高。④试验结果显示,弦杆受压相贯节点 XG-1 进入完全塑性的极限状态时,试验荷载为规范计算值的 119％;弦杆受拉相贯节点 XG-2 进入完全塑性的极限状态时,试验荷载为规范计算值的 120％。⑤工程大直径钢管、大间隙焊缝相贯节点在采取特定的焊接工艺后,节点承载力若按 1/1.20 名义极值承载力原则取值,则该值和规范计算值相比,弦杆受压相贯节点承载力下降了1％,弦杆受拉相贯节点承载力未下降。

6.6.4　相贯节点弹塑性有限元分析

应用 ANSYS 有限元软件进行节点弹塑性有限元计算,考虑了相贯节点的材料理想弹塑性和几何非线性,未考虑大间隙节点超厚焊缝产生的温度应力影响。分析时定义全过程曲线出现拐点处为名义屈服点,有限元计算终止即荷载不变而塑性区快速发展、位移无限发展,全过程曲线出现水平段处为名义极值点。

1)节点等效应力、应变分析

节点 XG-1、XG-2 在弹塑性阶段的应力、应变分布如图 6.71 和图 6.72 所示。由图可知,K 形圆管相贯节点 XG-1、XG-2 的力学特性如下:

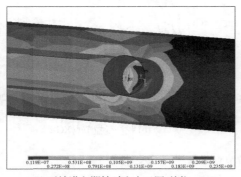
(a) 开始进入塑性时应力云图(单位:Pa)

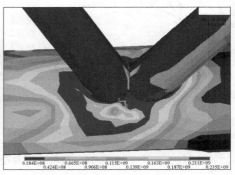
(b) 计算终止时应力云图(单位:Pa)

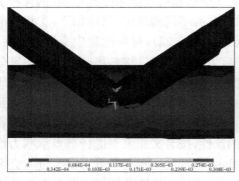
(c) 开始进入塑性时塑性应变云图

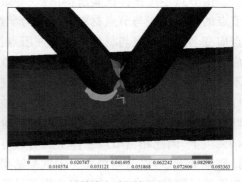
(d) 计算终止时塑性应变云图

图 6.71　节点 XG-1 应力、应变分布

(1)应力较大的部位为节点腹杆与弦杆相贯部位、两腹杆的搭接部位。当荷载增加为设计荷载的 40%～45%时,在试件两腹杆与弦杆相贯的根部和搭接部分的局部首先出现塑性区域。

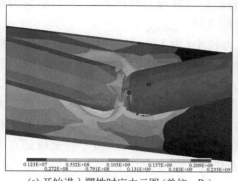

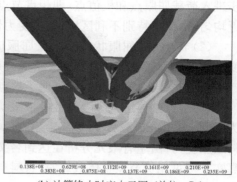

(a) 开始进入塑性时应力云图 (单位：Pa)　　　　(b) 计算终止时应力云图 (单位：Pa)

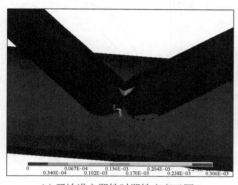

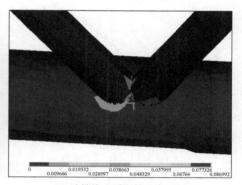

(c) 开始进入塑性时塑性应变云图　　　　(d) 计算终止时塑性应变云图

图 6.72　节点 XG-2 应力、应变分布

（2）荷载进一步加大后，塑性区范围首先在腹杆相交处扩大，与弦杆夹角较大的腹杆根部及其附近的弦杆部分区域的塑性区增加比较迅速，另一腹杆根部的塑性区没有太明显扩大。荷载达到极值点时，节点塑性区进一步发展，应变增长很快。

（3）弦杆拉、压两种荷载工况下节点应力分布规律基本相同，破坏发展模式也一样，即弦杆与腹杆相贯处及两腹杆相交部位发生塑性破坏。

（4）节点在设计荷载作用下局部应力集中进入弹塑性状态，但距离完全塑性状态仍有 10% 以上的发展余量；节点绝大部分区域基本上处于弹性工作状态，因此节点处于安全状态。

2）节点荷载-应力（变）全过程屈曲分析

节点 XG-1、XG-2 荷载-应力（变）曲线如图 6.73 所示，由图可知：

（1）无论是弦杆受压节点 XG-1 还是受拉节点 XG-2，不同部位单元均基本同步进入荷载屈服点和极值点,即相贯节点各部位尽管应力分布不均匀,但承载力接近均匀,不存在特别不利区域,整体受力性能良好。

(2)节点整体屈服状态时名义屈服应力较小(为 120～150MPa),名义屈服应变亦较小(为 0.006～0.0011)。相贯节点在材料应力较低时即进入弹塑性状态,产生应力重分布,试验结果也证明了这点。

(3)节点整体进入完全塑性的极限状态时,弦杆受压节点 XG-1 名义极值应力为 130～170MPa,弦杆受拉节点 XG-2 名义极值应力为 150～190MPa,均低于材料屈服应力;由于有限元分析在达到名义极值应力时终止计算,图中应变极值点不真实。可见相贯节点整体破坏时,材料自身仍处于低应力水平。

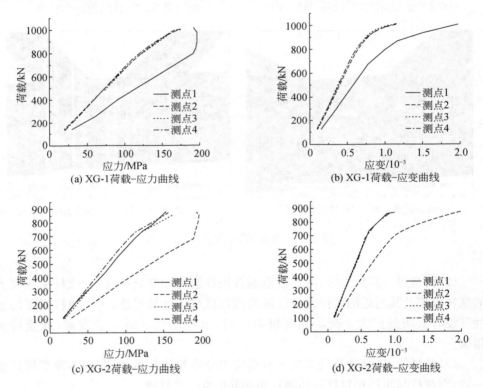

图 6.73　节点 XG-1、XG-2 荷载-应力(变)曲线

3)节点荷载-位移全过程屈曲分析

弦杆上节点沿管径方向总位移 y 由两部分组成:一是弦杆自身沿管径方向的整体位移 y_0,二是弦杆节点沿管径方向的局部位移 δ(图 6.74),后者为与相贯节点安全相关的性能指标。ANSYS 有限元分析所得的是总位移,整体位移取局部位移

为 0 的位置。结果分析显示,两个节点的最大局部位移均出现在相贯线的"趾部",对应于试件的测点 119(应变片 121、120、119),于是局部位移为 0 的部位正好在管中心轴平面处。主要计算结果如表 6.24 和图 6.75 所示。分析可知,以相贯节点沿管径方向局部位移为控制目标时,节点安全性能如下:

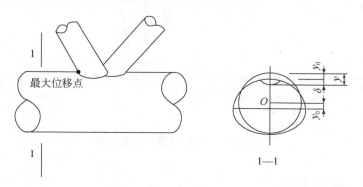

图 6.74 节点沿管径方向位移示意图

表 6.24 节点最大变形统计

变形	节点类型	变形最大部位节点号	总位移 y/mm	整体位移 y_0/mm	局部位移 δ/mm	管径 D/mm	$\delta/D/\%$
位移出现拐点时弦杆	XG-1	50(测点 119)	1.180	0.485	0.695	325	0.214
	XG-2	64(测点 119)	−1.138	−0.445	−0.693	325	0.213
位移计算最终时弦杆	XG-1	50(测点 119)	2.210	0.500	1.710	325	0.526
	XG-2	64(测点 119)	−2.274	−0.501	−1.773	325	0.546
承载力对应荷载作用下节点	XG-1	50(测点 119)	1.529	0.530	0.999	325	0.307
	XG-2	64(测点 119)	−1.442	−0.497	−0.945	325	0.291

(1)弦杆受压相贯节点 XG-1 屈服点位移为 0.695mm,与管径(325mm)比值为 1/468(0.214%),极值点位移为 1.71mm,与管径比值为 1/190(0.526%)。

(2)弦杆受拉相贯节点 XG-2 屈服点位移为 −0.693mm,与管径比值为 1/469(0.213%),极值点位移为 1.773mm,与管径比值为 1/183(0.546%)。

(3)在规范公式计算出节点承载力对应荷载作用下,节点最大位移介于屈服点与极值点之间。节点 XG-1 最大位移为 0.999mm,与管径比值为 1/325(0.308%),节点 XG-2 最大位移为 −0.945mm,与管径比值为 1/344(0.291%)。

(4)若以 1/1.20(极限位移值)确定节点承载力值,节点 XG-1 最大位移为 1.425mm,与管径比值为 1/228(0.439%),节点 XG-2 最大位移为 1.478mm,与管

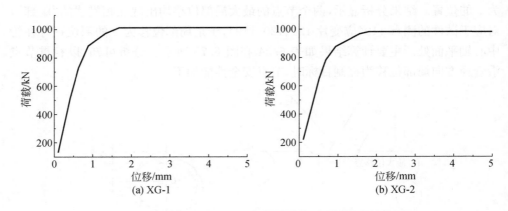

图 6.75　荷载-位移全过程曲线

径比值为 1/220(0.455%)。

综合以上分析可知,以位移屈服点为节点安全控制目标过于严格、不经济,以位移极值点为节点安全控制目标不安全,应依据工程实际情况,取 D(1/300~1/250)作为节点安全的位移控制目标值。

进一步分析可知,以应力、应变、位移为安全控制目标时,屈服点与极值点对应的荷载(即节点承载力值)基本相同,误差在 10% 以内;表 6.24 中弦杆受压相贯节点 XG-1 的三种变形情况下的屈服荷载平均值为 $F_1=-728\text{kN}$、$F_2=820\text{kN}$(规范计算值的 102%),极限荷载平均值为 $F_1=-890\text{kN}$、$F_2=1002\text{kN}$(规范计算值的 125%);弦杆受拉相贯节点 XG-2 的三种变形情况下的屈服荷载平均值为 $F_1=690\text{kN}$、$F_2=-777\text{kN}$(规范计算值的 91%),极限荷载平均值为 $F_1=830\text{kN}$、$F_2=-935\text{kN}$(规范计算值的 109%)。两个节点从屈服承载力到极限承载力均有约 20% 的增量。

相贯节点承载力若以 1/1.20(极限承载力)确定,工程弹塑性有限元分析结果与规范计算值相比,弦杆受压节点 XG-1 增大了 5%,弦杆受拉节点 XG-2 减小了 9%。说明按弹塑性有限元分析进行相贯节点承载力设计基本安全可行。

第7章　预应力钢结构稳定性能设计

7.1　预应力索、杆构件性能设计

预应力大跨度钢结构的基本构件索与拉杆分别为经过冷作硬化处理和调质热处理的高强度钢构件,其延性性能(塑性变形性能)大幅降低。另外,预应力大跨度钢结构的大变形失稳极限状态是结构安全的控制因素。因此,索与拉杆的延性性能分析研究对预应力大跨度钢结构安全设计至关重要。

理论分析和试验研究都表明,用于塑性设计的钢材必须具有应变硬化性能,需对钢材的强屈比做出最低限值规定,钢材的屈服强度不宜过高,同时要求有明显的屈服台阶,伸长率应大于 20%,以保证构件具有足够的塑性变形能力。因此,钢材的强屈比和伸长率是钢结构塑性设计、保证结构延性性能需同时具备的两个基本力学性能。本节将结构构件设计的钢材强屈比定义为强度延性性能,将钢材伸长率定义为变形延性性能。很显然,预应力大跨度钢结构用的索与拉杆延性性能远不能满足抗震规范的相关要求。因此,需对静力失稳极限状态和罕遇地震作用下该类结构索和拉杆的内力、变形情况进行性能设计。

7.1.1　索、杆构件设计

预应力钢结构索单元设计主要包含索体、索锚具、索-索连接节点三部分内容,预应力钢拉杆与之类似。

索体设计包括索体截面尺寸和预应力的确定。工程设计时,可先根据工程师经验设定索体截面尺寸;然后根据所有索单元预应力为零状况时其他荷载最不利基本组合工况下的索内力初步确定截面尺寸;再对各索取设计承载力的 30%～40% 作为预应力值,重新进行荷载基本组合下的结构效应分析,要求索单元内力不能出现零应力,同时不能超过设计承载力;通过多次迭代优化,可最终确定索体截面尺寸和索预应力值。索体的安全设计承载力取值不应只是构件层面的强度设计,还应从结构体系等层面考虑,适当加大安全度。主要原因如下:索体自重轻,受可变荷载、意外荷载影响大;索锚具不可避免地对索体造成应力集中,钢索实际存在弯曲应力;施工偏差对索、索具的不利影响;索的破断会造成结构体系失稳。

索锚具的技术设计和相关责任由生产单位承担,一般需经过行业技术鉴定后定型生产,安全质量可得到保证。实际工作中,长达数十米、上百米的索体两端索锚具节点之间不产生制作和安装偏差是不可能的,设计院应在图纸中明确工程允许偏差范围,并要求加工制作单位必须考虑上述不利因素进行索锚具设计。索-索连接节点即索夹是结构传力的关键部位,构造复杂且具有非标准特性,又对施工偏差高度敏感;国内外产业分工现状是索夹由索产品生产单位设计制作,设计单位应高度关注,审核并确认其安全性。

7.1.2　工程示例

北京奥运会羽毛球馆采用弦支穹顶预应力大跨度钢结构体系,环索与径向拉杆是该结构体系预应力施加和结构体系安全最重要的结构单元。环索采用高强度扭绞型钢丝束,钢丝束外包聚乙烯防腐保护层。为加强施工过程体系稳定性,增加防火性能,并更好地满足结构体系准确施工监测及健康检测的需要,径向斜拉构件采用高强度钢拉杆。以羽毛球馆工程为实例,对结构体系在罕遇地震作用下及静力失稳极限状态下索与拉杆的应力、变形性能进行分析研究,验证索及拉杆在上述两种大变形极限状态下的应力、应变是否超过其材料的允许设计值,进而判断索及拉杆材料性能能否满足结构安全要求。

设计采用 ANSYS 有限元软件进行计算,上部钢网壳均采用梁单元 Beam188,环索和径向拉杆均采用只受拉单元 Link10,撑杆采用杆单元 Link8,悬挑部分采用变截面梁单元 Beam188。环索、径向拉杆和其他杆件材料均考虑材料弹塑性,并考虑几何非线性,进行结构整体非线性屈曲分析和罕遇地震下结构弹塑性时程动力分析。

1. 索与拉杆强屈比性能分析研究

预应力钢结构体系的基本构件索与钢拉杆分别为经过冷作硬化处理和调质热处理的高强度钢构件,改变了钢材的力学性能。在此情况下,索与钢拉杆能否保证在罕遇地震作用及整体失稳状态下的强度性能而不被拉断,保证结构实现不倒塌破坏,现从三个方面予以分析论证。

本工程环索采用外包聚乙烯防腐保护层的高强度扭绞型钢丝束,其基本材质为冷拉高强度钢丝。极限抗拉强度 $f_u = 1670\text{N/mm}^2$,名义屈服抗拉强度 $f_y \approx 0.8 f_u = 1336\text{N/mm}^2$,抗拉强度设计值 $f \approx 0.55 f_u = 930\text{N/mm}^2$,弹性模量为 $2.0 \times 10^5 \text{N/mm}^2$。钢拉杆采用 835 级高强度钢棒,极限抗拉强度 $f_u = 1030\text{N/mm}^2$,名义屈服抗拉强度 $f_y \approx 0.8 f_u = 835\text{N/mm}^2$,抗拉强度设计值 $f \approx 0.45 f_u = 460\text{N/mm}^2$,弹性模量为 $2.06 \times 10^5 \text{N/mm}^2$。

材料的抗拉强度极限值与屈服值的比值:环索为 $1670/1336 \approx 1.25$,钢拉杆为

1030/835≈1.23,均大于1.20,满足《建筑抗震设计标准》(GB/T 50011—2010)第3.9.2条对材料强度延性性能的要求。

预应力钢结构体系中的索与拉杆均处于独自受力状态,而不同于预应力混凝土结构体系中的预应力索与混凝土共同受力的状态,因此预应力钢结构体系设计对索、拉杆的抗拉设计指标比预应力混凝土结构要求更严格。索、拉杆的抗拉强度设计值与极限抗拉强度比值分别为0.55、0.45,远低于预应力混凝土体系0.7的取值。通过索、拉杆的低应力设计控制,提高了高强度钢材的强度安全储备,同时保证了结构塑性设计的强屈比延性性能要求。

预应力钢结构体系失稳变形极限状态包括罕遇地震作用下塑性大变形和静力失稳极限状态两种状态。考虑结构几何非线性和材料弹塑性、实际施工几何缺陷,并考虑索撑节点6%的摩擦损失,进行了罕遇地震作用下结构弹塑性三维时程动力分析,为了避免由地震波选取的随机性造成计算结果失真,根据最不利地震动理论,采用地震记录选取表中周期结构Ⅲ类场地土两条地震波(1940 年 El Centro 波、1966 年 Cholame 波)及一条人工波。根据《建筑抗震设计标准》(GB/T 50011—2010),加速度峰值按北京地区罕遇地震400Gal进行地震波调幅处理,结构阻尼采用瑞利阻尼。综合三条地震波计算所得结构各构件最不利作用值如下:在罕遇地震作用下,索和拉杆的最大应力分别为 504N/mm^2、214N/mm^2;在静力失稳极限状态下,索和拉杆的最大应力分别为 1300N/mm^2、918N/mm^2。由此可见,在罕遇地震作用下,索和拉杆应力均处于弹性阶段;在静力失稳极限状态下,索和拉杆应力接近但尚未达到名义屈服应力,均未达到极限抗拉强度。

即使在整体结构发生大变形倒塌极限状态下,索和拉杆仍未发生强度破坏。

2. 索与拉杆变形延性性能分析研究

本工程环索采用外包聚乙烯防腐保护层的高强度扭绞型钢丝束,伸长率为3%;钢拉杆采用835级高强度钢棒,本工程采用钢棒的实测伸长率为8%~12%。索与拉杆的变形延性性能指标远远不满足《建筑抗震设计标准》(GB/T 50011—2010)"伸长率大于20%"的要求。在此情况下,环索、钢拉杆能否保证结构体系在罕遇地震作用下及静力失稳极限状态下有足够的塑性变形能力而不被拉断。

《无粘结预应力混凝土结构技术规程》(JGJ 92—2016)规定,常用预应力钢绞线的伸长率≥3.5%;《预应力钢结构技术规程》(CECS 212—2006)规定,拉索伸长率>2%;《预应力混凝土结构抗震设计标准》(JGJ/T 140—2019)对索的伸长率无特别要求。

《预应力混凝土用钢棒》(GB/T 5223.3—2017)规定钢棒应进行拉伸试验,对于835级光圆钢棒,断后伸长率的要求为5%;英国标准委员会规范《混凝土预加应力用热轧和热轧并处理的高强抗拉钢筋》(BS 4486:1980)中,热轧钢筋和热处理高强度钢棒的最小断后伸长率为 6%。

由此可见,国内外相关预应力规范(程)对索与拉杆的伸长率要求均远小于 20%,我国《预应力混凝土结构抗震设计标准》(JGJ/T 140—2019)也未对其伸长率指标作特别要求。因此,本工程预应力材料伸长率为:索 3%,钢棒 8%~12%,从预应力结构的设计相关规范(程)要求方面分析,上述技术参数是可行的。

通过与上节相同的计算分析过程可见,在三向罕遇地震作用下,索与拉杆的最大应变分别为 0.0027、0.001;在静力失稳极限状态下,索与拉杆的最大应变分别为 0.0068、0.0045。由此可见,在结构体系两种大变形倒塌破坏极限状态下,索与拉杆应变均远远小于材料允许伸长率。事实上,索与拉杆仍处于弹性应变阶段。可以保证结构体系在大变形倒塌极限状态下索与拉杆不破坏,即索与拉杆的变形延性性能是安全的。同时发现,弦支穹顶结构体系存在着"体系大变形、索杆小应变"的特殊几何力学现象。

7.1.3　索杆构件延性性能设计

以弦支穹顶、索穹顶、张弦结构、预应力钢桁架结构等各类体系的二十余项实际工程为对象,对结构体系在罕遇地震作用和体系静力失稳两种结构极限破坏状态下索与拉杆的强度、变形延性性能进行了分析。

预应力钢结构,尤其整体张拉结构的结构变形以几何变形为主要成分,索杆受拉变形(应变)对体系变形贡献只占很少成分,从而形成了"体系大变形、索杆小应变"特有的预应力钢结构几何力学特征。在罕遇地震、体系静力失稳两种结构大变形极限破坏状态下,索的应力仍处于弹性状态,材料强度性能满足结构安全要求;在罕遇地震、体系静力失稳两种结构大变形极限状态下,索与拉杆的最大应变远小于各自允许伸长率而处于弹性状态,材料伸长率延性性能同样满足结构安全稳定要求。预应力大跨度钢结构的索、钢拉杆应基于"罕遇地震及体系静力失稳极限状态下处于弹性"的原则进行延性性能设计。

7.2　钢结构稳定性能设计

7.2.1　实际工程结构几何参数与稳定性能

基于性能的设计方法首先在高层建筑结构抗震设计中得到应用,抗震"超限"高层建筑结构的防倒塌即动力稳定性能设计技术已广为设计人员掌握,本节不再赘述。

　　对于大跨度钢结构体系的弹性小变形能力,我国相关设计标准(规程)有具体规定,但实际工程设计时面临着如何确定结构稳定性指标的难题(见 1.3.5 节)。对于大跨度钢结构体系失稳极限状态阶段的设计,我国相关设计标准(规程)中只有《空间网格结构技术规程》(JGJ 7—2010)对空间网壳结构的稳定承载力有规定;对于大跨度钢结构失稳状态下大变形能力设计,还没有提出相应规定和要求。预应力大跨度钢结构还具有自身特点,为保证结构安全,工程设计界迫切需要对结构稳定性能进行研究,提出明确的稳定承载能力、大变形能力设计控制指标。

　　哈尔滨工业大学沈世钊院士、范峰教授首次将基于稳定性能的大跨度钢结构设计方法和设计指标纳入相关标准(规程)中,尽管研究成果主要针对网壳结构,但其提出的相关研究思路、设计方法对我国大跨度钢结构稳定性能设计和工程应用起到了巨大的推动作用。作者及团队正是受益于以上科研成果,开展北京奥运会羽毛球馆、河南艺术中心、贵阳体育中心、内蒙古伊金霍洛旗全民健身体育活动中心等大量工程实践,对平面桁架体系、空间桁架体系、平面张弦梁体系、空间张弦梁体系、预应力管桁架体系、塔柱-拉索管桁架体系、弦支穹顶体系、索穹顶体系等不同大跨度钢结构体系分析研究(详见第 3、4、5 章)。工程结构几何参数和稳定性能指标如表 7.1～表 7.13 所示。

表 7.1　贵阳奥体中心体育场几何参数和稳定性能指标

结构体系	预应力悬挑桁架		变形性能	D_u/L	0.61/49＝1/80
矢高/跨度	1/7.5			D_y/L	0.51/49＝1/96
最大索直径 /(mm×mm)	$\Phi5\times127$			D_u/D_y	1.20
最大钢构件尺寸 /(mm×mm)	$\Phi377\times20$		稳定性能曲线		
预应力	0.3P				
弹性变形/跨度	1/114				
稳定承载力性能	p_u	2.18			
	p_y	2.00			
	p_u/p_y	1.09			

表 7.2　东北师范大学体育馆几何参数和稳定性能指标

结构体系	预应力钢管桁架	变形性能	D_u/L	$0.403/70 = 1/174$
矢高/跨度	1/26		D_y/L	$0.23/70 = 1/304$
最大索直径/mm	主结构 14Φ15.2		D_u/D_y	1.75
最大钢构件尺寸/(mm×mm)	主结构 Φ299×18	稳定性能曲线		
预应力	0.25P			
弹性变形/跨度	1/319			
稳定承载力性能	p_u	4.59		
	p_y	3.26		
	p_u/p_y	1.41		

表 7.3　中关村国家自主创新示范区展示中心几何参数和稳定性能指标

结构体系	预应力钢桁架	变形性能	D_u/L	$0.693/75 = 1/108$
矢高/跨度	1/26		D_y/L	$0.604/75 = 1/124$
最大索直径/mm	每组 2 根 Φ5×73		D_u/D_y	1.15
最大钢构件尺寸/(mm×mm)	Φ402×35	稳定性能曲线		
预应力	0.31P			
弹性变形/跨度	1/293			
稳定承载力性能	p_u	2.25		
	p_y	2.00		
	p_u/p_y	1.13		

表 7.4 河南艺术中心艺术墙几何参数和稳定性能指标

结构体系	预应力钢桁架		D_u/L	$141/8470＝1/60$
矢高/跨度	1/4.3	变形性能	D_y/L	$55/8470＝1/154$
最大索直径/mm	Φ24		D_u/D_y	2.56
最大钢构件尺寸/(mm×mm)	Φ400×40	稳定性能曲线		
预应力	0.16P			
弹性变形/跨度	1/425			
稳定承载力性能	p_u	2.80		
	p_y	2.10		
	p_u/p_y	1.33		

表 7.5 长春经济技术开发区体育场几何参数和稳定性能指标

结构体系	塔柱-拉索-钢桁架斜拉结构		D_u/L	$1.85/176＝1/95$
矢高/跨度	1/26	变形性能	D_y/L	$1.15/176＝1/153$
最大索直径/mm	Φ24		D_u/D_y	1.61
最大钢构件尺寸/(mm×mm)	Φ600×40	稳定性能曲线		
预应力	0.16P			
弹性变形/跨度	1/220			
稳定承载力性能	p_u	2.69		
	p_y	2.00		
	p_u/p_y	1.35		

表 7.6　迁安文化会展中心几何参数和稳定性能指标

结构体系	平面张弦梁	变形性能	D_u/L	$1.50/48＝1/32$
矢高/跨度	1/12		D_y/L	$0.94/48＝1/51$
最大索直径/mm	双 PE 索:$\Phi7\times55$		D_u/D_y	1.60
最大钢构件尺寸/(mm×mm×mm)	$H700\times250\times16\times20$	稳定性能曲线		
预应力	0.16P			
弹性变形/跨度	1/247			
稳定承载力性能	p_u	7.20		
	p_y	6.75		
	p_u/p_y	1.07		

表 7.7　北京金融街 F7/9 几何参数和稳定性能指标

结构体系	空间张弦梁	变形性能	D_u/L	$0.62/36＝1/58$
厚度/跨度	1/8		D_y/L	$0.48/36＝1/75$
最大索直径/mm	$\Phi42.2$		D_u/D_y	1.29
最大钢构件尺寸/(mm×mm)	$\Phi480\times35$	稳定性能曲线		
预应力	0.15P			
弹性变形/跨度	1/150			
稳定承载力性能	p_u	2.52		
	p_y	2.21		
	p_u/p_y	1.14		

表 7.8　北京奥运会羽毛球馆几何参数和稳定性能指标

结构体系	弦支穹顶结构		D_u/L	2.15/93＝1/43
厚度/跨度	1/10	变形性能	D_y/L	0.42/93＝1/221
最大索直径/mm	$\Phi100(\Phi7\times199)$		D_u/D_y	5.12
最大钢构件尺寸/(mm×mm)	$\Phi351\times20$	稳定性能曲线		
预应力	0.19P			
弹性变形/跨度	1/700			
稳定承载力性能	p_u	3.20		
	p_y	2.74		
	p_u/p_y	1.17		

表 7.9　三亚体育中心体育馆几何参数和稳定性能指标

结构体系	弦支穹顶结构		D_u/L	0.52/76＝1/146
厚度/跨度	1/8.6	变形性能	D_y/L	0.162/76＝1/469
最大索直径/mm	$\Phi85$		D_u/D_y	3.21
最大钢构件尺寸/(mm×mm)	$\Phi402\times28$	稳定性能曲线		
预应力	0.186P			
弹性变形/跨度	1/1583			
稳定承载力性能	p_u	3.09		
	p_y	2.00		
	p_u/p_y	1.55		

表 7.10　国家科技传播中心混凝土屋盖几何参数和稳定性能指标

结构体系	轮辐式张弦穹顶	变形性能	D_u/L	0.80/60＝1/75
厚度/跨度	1/20		D_y/L	0.32/60＝1/188
矢高/跨度	1/14		D_u/D_y	2.5
最大索直径 /mm	Φ80	稳定性能曲线		
最大钢构件 尺寸/(mm× mm×mm)	600×450×16×20			
预应力	0.2P			
弹性变形/跨度	1/800			
稳定承 载力 性能	p_u	2.55		
	p_y	2.10		
	p_u/p_y	1.21		

表 7.11　成都金沙遗址博物馆几何参数和稳定性能指标

结构体系	车辐式索网	变形性能	D_u/L	0.163/23.5＝1/144
厚度/跨度	1/17		D_y/L	0.082/23.5＝1/287
最大索直径 /mm	Φ26		D_u/D_y	1.99
最大钢构件尺寸 /(mm×mm)	撑杆 Φ76×5, 环梁 Φ450×16	稳定性能曲线		
预应力	0.18P			
弹性变形/跨度	1/190			
稳定承 载力 性能	p_u	3.2		
	p_y	2.5		
	p_u/p_y	1.28		

表 7.12　内蒙古伊金霍洛旗全民健身体育活动中心几何参数和稳定性能指标

结构体系	索穹顶结构		D_u/L	4/71.2＝1/17.4
厚度/跨度	1/9.5	变形性能	D_y/L	2.9/71.2＝1/24.5
矢高/跨度	1/10.5		D_u/D_y	1.41
最大索直径/mm	$\Phi65$		稳定性能曲线	
最大钢构件尺寸/(mm×mm)	$\Phi219\times12$			
预应力	0.186P			
弹性变形/跨度	1/144			
稳定承载力性能	p_u	8.4		
	p_y	6.4		
	p_u/p_y	1.31		

稳定性能曲线（纵轴：稳定承载力系数 0~12；横轴：位移/m 0、0.9、1.8、2.7、3.6、4.5）

表 7.13　盘锦市体育中心体育场几何参数和稳定性能指标

结构体系	开口式整体张拉索膜结构		D_u/L	11.1/41＝1/3.69
最大索直径/mm	$\Phi115$	变形性能	D_y/L	5.1/41＝1/8.03
			D_u/D_y	2.18
最大钢构件尺寸/(mm×mm)	$\Phi1000\times50$		稳定性能曲线	
预应力	0.2P			
弹性变形/跨度	1/199			
稳定承载力性能	p_u	14.2		
	p_y	6.5		
	p_u/p_y	2.18		

稳定性能曲线（纵轴：稳定承载力系数 0~16；横轴：位移/m 0、2、4、6、8、10、12）

7.2.2　稳定承载能力

哈尔滨工业大学沈世钊院士、范峰教授团队早在 20 世纪 90 年代,在结构非线性分析理论和计算手段有限的条件下,对网壳结构进行了大量考虑几何非线性的荷载-位移全过程性能分析,并取几何非线性条件下网壳结构全过程分析得到的第一个临界点处的荷载值作为网壳的稳定极限承载力。范峰教授等对球面网壳结构的弹塑性稳定性能(双非线性性能)开展了系统研究,提出了代表材料弹塑性影响的塑性折减系数,对线弹性安全系数进行折减。《空间网格结构技术规程》(JGJ 7—2010)规定,网壳稳定容许承载力(荷载取标准值)应等于网壳稳定力除以安全系数 K。当按弹塑性全过程分析时,K 可取 2.0;当按弹性全过程分析且为单层球面网壳、柱面网壳和椭圆抛物面网壳时,可取 4.2。

作者在河南艺术中心、北京金融街 F7/9、迁安文化会展中心等工程的设计研究中发现,大跨度钢结构体系仅考虑几何非线性的稳定承载力远大于设计荷载标准值的 4.2 倍,但同时考虑几何非线性和材料弹塑性时,结构稳定承载力却急剧下降,仅为设计荷载标准值的 2~3 倍。因此,工程设计中建议采用同时考虑几何非线性和材料弹塑性的分析方法,由于非线性分析方法和计算软件均已成熟,该设计方法在工程中已容易实现。

大量的设计分析表明,预应力大跨度钢结构工程的实际加载-效应全过程性能曲线千差万别,并不是都具备"线弹性屈服、进入弹塑性直至破坏"的典型特征。多数工程的全过程性能曲线没有明显的结构屈服性能点,而预应力整体张拉结构则在加载量较小时,部分索就将出现卸载而使结构变形出现明显非线性变化,但之后结构仍然具有很高的后续承载能力。由此可见,对于预应力钢结构,采用失稳破坏状态对应的破坏荷载作为结构稳定承载力的确定基准是合理可行的。然而另一方面,实际工程中,有的预应力钢结构体系在达到失稳破坏状态前没有明显的屈服点和塑性变形阶段,或者屈服后尽管有明显弹塑性变形能力,但是 P_y 与 P_u 之间增幅很小,结构将存在发生无征兆脆性破坏的风险。因此,应该对计算得到的破坏荷载值 P_u 考虑一定的折减系数,作为结构稳定承载力指标的确定基准。另外,有的结构工程在失稳极限状态时具有很高的破坏荷载,但是此状态对应的结构变形值非常大,甚至超过结构跨度的 1/20,结构已处于事实上的倒塌状态,对于实际工程是不可接受的。因此,结构稳定承载力的确定还需要考虑结构的变形状态因素。

在大量设计分析研究和工程实践基础上,提出预应力钢结构稳定承载力设计与指标要求:

(1)进行基于体系几何非线性、材料弹塑性的荷载-位移全过程分析,得到结构体系屈服荷载系数 p_y、破坏荷载系数 p_u 等关键性能参数。其中,结构屈服荷载系数为结构屈服荷载与设计荷载标准值之比,破坏荷载系数为结构破坏荷载与设计荷载标准值之比。p_u/p_y 值越小,结构体系的延性性能越小。

(2)对比结构破坏荷载系数 p_u/K_1 和 L/K_2 大变形值对应的荷载系数,取两者中较小值作为结构稳定承载力系数。系数 K_1 建议取值:预应力钢桁架结构为 1.2～1.3、张弦结构为 1.3～1.4、整体张拉结构为 1.4～1.5,预应力高时取偏高系数;系数 $1/K_2$ 建议取值:预应力钢桁架为 <1/50、张弦结果为 1/50～1/40、整体张拉结构为 1/40～1/25。

(3)仅考虑体系几何非线性的结构稳定承载力系数应取 4.2～5.0,同时考虑体系几何非线性和材料弹塑性的结构稳定承载力系数,预应力钢桁架和张拉结构取 2.0～2.5,整体张拉结构和新型预应力钢结构体系取 2.5 以上。

7.2.3　结构变形能力

针对结构设计人员在大跨度钢结构构件与体系变形能力设计方面面临的困惑,作者及其团队结合大量工程实践开展设计分析研究。对于刚度小的大跨度钢结构,在构件强度满足要求后,通过结构预起拱、施加预应力措施均可实现现行规范规定的结构弹性状态下小变形性能指标要求。预起拱对结构体系稳定承载能力有一定影响,不同结构体系影响程度不等;但预起拱对大跨度钢结构体系静力失稳极限状态下的大变形值降低幅度很小,不能提高大跨度钢结构体系大变形能力。除大悬挑结构体系外,大跨度钢结构体系的稳定承载力均有较大幅度的提高,同时大幅度减小所有大跨度钢结构体系失稳极限状态下的弹塑性大变形值。另外,预应力将对大跨度钢结构失稳极限状态下的变形值造成较大幅度下降,当预应力过大时,其荷载-位移全过程曲线甚至出现无明显屈服台阶的脆性破坏特征,因此应对预应力索系布置及预应力进行全程优化,尽量使结构稳定性能曲线有明显的屈服台阶。对于弦支穹顶、整体张拉结构等预应力起主要作用的结构体系,当结构荷载-变形曲线无明显屈服台阶时,不能以结构失稳破坏变形值 D_u 作为其变形值,而应以 D_u 除以一定的系数作为结构变形值。刚度偏小的预应力钢结构在仅满足稳定承载力指标条件下,结构失稳极限状态下的变形值可能很大,有的工程变形值大于 $L/20$,甚至达到 $L/15$,此时结构体系实际已处于大变形倒塌状态。因此,预应力钢结构还必须将失稳极限状态下的绝对变形值作为重要的性能指标要求。在大量工程实践与分析研究基础上,提出了预应力钢结构变形能力设计方法与控制指标。

(1)在正常使用荷载作用下,可基于弹性计算分析得到结构变形值,最大弹性变形可按现行规范进行设计。

(2)预应力钢结构应进行基于体系几何非线性和材料弹塑性的荷载-位移全过

程分析,得到结构屈服变形值 D_y、失稳破坏变形值 D_u 等关键性能参数,综合考虑结构屈服变形值 D_y 与失稳破坏变形值 D_u/K_3,确定结构稳定性能对应的变形值。系数 K_3 建议取值:预应力钢桁架平面及空间张弦桁架取 1.2～1.4,弦支穹顶、整体张拉结构取 1.4～1.6。

(3)预应力钢结构体系的结构稳定性能对应的变形值应小于结构跨度的 1/ K_2,系数 K_2 取值详见 7.2.2 节。

7.3　索钢节点性能设计

作者在工程设计实践中将节点作为微型体系,采用与体系设计过程相同的基于双非线性的加载-力学效应全过程分析,并对河南艺术中心[19]与贵阳奥体中心体育场大直径钢管空间相贯节点[40-42]、贵阳奥体中心体育场索-钢转换节点[17]进行足尺模型试验与研究。计算分析与试验研究发现,节点在加载历程中的"加载-效应"呈现出线弹性阶段、屈服阶段、弹塑性阶段的全过程力学特征,该力学特征为钢节点延性性能设计明确了工作方向。

7.3.1　节点承载能力

节点的荷载-应变全过程的计算分析曲线及试验实测曲线表明,节点在绝大部分区域材料应变达到屈服应变前即出现非线性增长,说明在钢管构件应力较低时,节点局部区域就进入应力重分布状态;另一方面,从节点局部出现塑性到塑性区充分发展,加载增幅可达到 1 倍以上,钢结构节点设计承载力采用材料的屈服应力作为其安全控制指标过于保守。因此,节点屈服荷载定义为节点塑性区充分发展后,荷载-应变(位移)全过程曲线出现明显拐点时对应的荷载值,而不是节点局部出现塑性时的荷载,节点屈服荷载对应的节点应变和位移为节点屈服应变和屈服位移。节点屈服荷载可以作为节点设计承载力,但节点从弹性极限状态到屈服状态是一个流塑幅度很大的塑性发展过程,很难确定屈服点及对应的屈服荷载值,而节点破坏极限状态对应的破坏荷载接近于定值,因此可行的节点设计承载力确定方法是以节点破坏荷载为基准,留有适度的安全系数作为节点设计承载力。

依据工程实践大量计算分析与试验研究成果,提出钢节点基于非线性计算分析的节点承载力设计方法与控制指标。

(1)根据荷载-应变(位移)全过程分析,可分别得节点屈服应变及屈服位移对应的荷载值,取其较小者作为节点设计承载力;当节点全过程分析曲线中无明显屈服点时,取节点破坏荷载的 1/1.4～1/1.2 作为节点设计承载力。

（2）当节点破坏位移大于 $D/100$（D 为主管管径）时，取 $D/100$ 对应加载值作为节点设计承载力。

7.3.2　节点变形能力

节点的荷载-应变全过程分析曲线及试验实测曲线还表明，节点性能曲线的屈服应变约为 0.006，也远大于材料的屈服应变 0.0031，节点的应变能力不能采用材料的屈服应变作为其安全控制指标。节点的荷载-应变（位移）全过程性能曲线还显示，节点从弹性极限应变（位移）到屈服极限应变（位移）再到破坏极限应变（位移）均有很好的塑性发展过程，但节点达到破坏极限状态时，径向位移最大点超过 10mm，约为管径的 1/30，此时主弦杆已经破坏。因此，确定钢节点设计承载力时必须同时对破坏极限状态下节点大变形值进行控制。

依据工程实践大量计算分析与试验研究成果，提出预应力钢结构节点基于双非线性分析的变形能力设计方法与控制指标。

（1）根据荷载-应变（位移）全过程分析得到节点屈服应变 ε_y、屈服变形 D_y、节点破坏变形 D_u 等延性性能参数，D_u/D_y 越大，节点延性性能越好。取 $D_u/1.2$ 作为节点稳定的大变形值。

（2）节点在正常使用荷载作用下变形值应小于 $D/100$，节点加载全过程中的变形值应小于 $D/50 \sim D/40$。

以上主要是针对钢管相贯节点的研究结论，对于实际工程中各类复杂钢节点，可按上述延性设计方法开展节点延性性能设计。

参 考 文 献

[1] 李国平. 桥梁预应力混凝土技术及设计原理[M]. 北京：人民交通出版社，2004.

[2] 熊学玉. 体外预应力结构设计[M]. 北京：中国建筑工业出版社，2005.

[3] 林同炎. 预应力混凝土结构设计与分析的平衡荷载法[J]. 美国混凝土学会（ACI）学报，1963.

[4] 陆赐麟. 预应力钢结构发展五十年[C]//第二届全国现代结构工程学术研讨会，天津，2002：61-69.

[5] 陆赐麟，尹思明，刘锡良. 现代预应力钢结构[M]. 北京：人民交通出版社，2003.

[6] 白正仙，刘锡良，李义生. 新型空间结构形式——张弦梁结构[J]. 空间结构，2001，7(2)：33-38，10.

[7] Kawaguchi M，Masaru A，Tatemichi I. Design，tests and realization of 'suspen-dome' system[J]. Journal of the International Association for Shell and Spatial Structures，1999，40(131)：179-192.

[8] 葛家琪，王树，梁海彤，等. 2008奥运会羽毛球馆新型弦支穹顶预应力大跨度钢结构设计研究[J]. 建筑结构学报，2007，28(6)：10-21，51.

[9] Fuller R B. Tensile-integrity structures：3063521[P]. 1962.

[10] 詹伟东，董石麟. 索穹顶结构体系的研究进展[J]. 浙江大学学报(工学版)，2004，38(10)：1298-1307.

[11] 张国军，葛家琪，王树，等. 内蒙古伊旗全民健身体育中心索穹顶结构体系设计研究[J]. 建筑结构学报，2012，33(4)：12-22.

[12] 葛家琪，张爱林，杨维国，等. 基于性能的大跨度钢结构设计研究[J]. 建筑结构学报，2011，32(12)：29-36.

[13] 沈世钊，陈昕. 网壳结构稳定性[M]. 北京：科学出版社，1999.

[14] 曹正罡，孙瑛，范峰，等. 单层柱面网壳弹塑性稳定性能研究[J]. 土木工程学报，2009，42(3)：55-59.

[15] 陈骥. 钢结构稳定理论与设计[M]. 北京：科学出版社，2001.

[16] 葛家琪，张国军，王树，等. 2008奥运会羽毛球馆弦支穹顶结构整体稳定性能分析研究[J]. 建筑结构学报，2007，28(6)：22-30，44.

[17] 张国军，葛家琪，谷鹏，等. 预应力大悬挑钢结构索-钢转换节点足尺模型试验与设计研究[J]. 建筑结构，2010，40(12)：34-40，83.

[18] 葛家琪，王树，张国军，等. 东北师范大学体育馆体内预应力大跨度钢管桁架结构设计研究[J]. 建筑结构，2009，39(10)：58-61，98.

[19] 葛家琪，张曼生，张玲，等. 索网次结构-主体钢结构连接转换节点计算分析与试验研究[J].

建筑结构,2008,38(12):23-27.

[20] 王树,张国军,葛家琪,等. 2008奥运会羽毛球馆预应力损失对结构体系影响分析[J]. 建筑结构学报,2007,(6):45-51.

[21] 王树,黄季阳,刘鑫刚,等. 大跨度煤场封闭结构预应力体系研究[J]. 建筑结构学报,2022,43(5):51-61.

[22] 葛家琪,张国军,王树. 弦支穹顶预应力施工过程仿真分析[C]//首届全国钢结构施工技术交流会,北京,2006:36-39.

[23] 秦杰,王泽强,张然,等. 2008奥运会羽毛球馆预应力施工监测研究[J]. 建筑结构学报,2007,28(6):83-91.

[24] 董石麟,罗尧治,赵阳,等. 新型空间结构分析、设计与施工[M]. 北京:人民交通出版社,2006.

[25] 董石麟,袁行飞,赵宝军,等. 索穹顶结构多种预应力张拉施工方法的全过程分析[J]. 空间结构,2007,13(1):3-14,25.

[26] 葛家琪,张爱林,刘鑫刚,等. 索穹顶结构张拉找形与承载全过程仿真分析[J]. 建筑结构学报,2012,33(4):1-11.

[27] 张国军,葛家琪,秦杰,等. 2008奥运会羽毛球馆弦支穹顶预应力张拉模拟施工过程分析研究[J]. 建筑结构学报,2007,(6):31-38.

[28] 葛家琪,周顺豪,谷鹏,等. 贵阳奥体中心主体育场罩篷钢结构预应力张拉施工仿真分析研究[J]. 建筑结构,2010,40(12):49-55.

[29] 葛家琪,张国军,王树,等. 贵阳体育场体外预应力大悬挑钢管桁架结构设计研究[J]. 建筑结构,2009,39(10):47-52.

[30] 黄季阳,聂悦,王树,等. 中关村国家自主创新展示中心折线形布索预应力钢桁架结构设计研究[J]. 建筑结构,2012,42(1):49-54.

[31] 葛家琪,王永宁,张玲,等. 河南艺术中心艺术墙单层索网-钢结构基于性能的设计研究[J]. 建筑结构,2011,41(2):31-36.

[32] 葛家琪,王树,杨霄,等. 河南艺术中心艺术墙共享大厅结构体系稳定性分析[J]. 建筑结构,2008,38(12):11-13,6.

[33] 葛家琪,王树,张国军,等. 长春经济开发区体育场塔柱-拉索-大跨度钢管桁架结构设计研究[J]. 建筑结构,2009,39(10):62-66,115.

[34] 王树,葛家琪,李健. 迁安文化会展中心平面张弦梁结构稳定性研究[J]. 建筑结构,2009,39(10):79-84.

[35] 王树,管志忠,葛家琪,等. 北京金融街F7/9大厦空间张弦梁结构设计研究[J]. 建筑结构,2009,39(10):73-78.

[36] 王彬,张国军,王树,等. 三亚市体育中心体育馆大跨弦支穹顶钢结构设计研究[J]. 建筑结构,2009,39(10):67-72.

[37] 杨霄,张国军,管志忠,等. 成都金沙遗址博物馆轮辐式双层索网结构设计研究[J]. 建筑结构,2009,39(10):85-89.

[38] 葛家琪,刘邦宁,王树,等. 预应力全索系整体张拉结构设计研究[J]. 建筑结构学报,2019,

　　　　40(11)：73-80.

[39] 王树,苏果,管志忠,等. 迁安文化会展中心平面张弦梁结构稳定分析与设计[C]//第七届
　　　全国现代结构工程学术研讨会,杭州,2007:167-172.

[40] 张国军,王树,王耀峰,等. 弦杆受压大直径空间相贯节点足尺模型试验与设计研究[J]. 建
　　　筑结构,2010,40(12)：10-18.

[41] 王树,张国军,葛家琪,等. 弦杆受拉大直径空间相贯节点足尺模型试验与设计研究[J]. 建
　　　筑结构,2010,40(12)：19-24.

[42] 刘鑫刚,葛家琪,张国军,等. 承受弯矩大直径空间相贯节点足尺模型试验与设计研究[J].
　　　建筑结构,2010,40(12)：25-33.

[43] 葛家琪,王树,张玲,等. 钢管桁架结构大间隙焊缝相贯节点性能试验与理论研究[J]. 建筑
　　　结构,2008,38(12)：18-22,17.